用于国家职业技能鉴定
国家职业资格培训教程
YONGYU GUOJIA ZHIYE JINENG JIANDING
GUOJIA ZHIYE ZIGE PEIXUN JIAOCHENG

防腐蚀工

（中级）

第2版

U0347797

编审委员会

主　任　刘　康　任振铎
副主任　张亚男　潘小洁
委　员　张炎明　李济克　段林峰　张志宇　余　波
　　　　姚　建　辜志俊　王卫东　陶永顺　张庆虎
　　　　王贵明　雍兴跃　高　扬　任　朋　李　侠
　　　　陈　蕾　张　伟

编写人员

主　编　余　波　潘小洁
副主编　王　鸿
编　者　段林峰　刘冬梅　叶　亮　吕今强　邱小云
　　　　郝晓燕　张庆虎　陈国宝　王海英　倪永泉
　　　　王　鸿　张志宇　王贵明　于春洋　雍兴跃
　　　　余　波　黄万福　辜志俊　王卫东　陶永顺
　　　　姚　建　翁子懋　姚松年

中国劳动社会保障出版社

图书在版编目(CIP)数据

防腐蚀工：中级/中国就业培训技术指导中心组织编写. —2版. —北京：中国劳动社会保障出版社，2013

国家职业资格培训教程

ISBN 978-7-5167-0770-8

Ⅰ.①防… Ⅱ.①中… Ⅲ.①防腐-技术培训-教材 Ⅳ.①TB304

中国版本图书馆CIP数据核字(2013)第320234号

中国劳动社会保障出版社出版发行

(北京市惠新东街1号 邮政编码：100029)

*

北京北苑印刷有限责任公司印刷装订 新华书店经销

787毫米×1092毫米 16开本 20.75印张 363千字

2013年12月第2版 2013年12月第1次印刷

定价：45.00元

读者服务部电话：(010) 64929211/64921644/84643933

发行部电话：(010) 64961894

出版社网址：http：//www.class.com.cn

前　言

为推动防腐蚀工职业培训和职业技能鉴定工作的开展，在防腐蚀工从业人员中推行国家职业资格证书制度，中国就业培训技术指导中心在完成《国家职业技能标准·防腐蚀工（2009年修订)》（以下简称《标准》）制定工作的基础上，委托中国工业防腐蚀技术协会组织参加《标准》编写和审定的专家及其他有关专家，编写了防腐蚀工国家职业资格培训系列教程（第2版）。

防腐蚀工国家职业资格培训系列教程（第2版）紧贴《标准》要求，内容上体现“以职业活动为导向、以职业能力为核心”的指导思想，突出职业资格培训特色；结构上针对防腐蚀工职业活动领域，按照职业功能模块分级别编写。

防腐蚀工国家职业资格培训系列教程（第2版）共包括《防腐蚀工（基础知识)》《防腐蚀工（初级)》《防腐蚀工（中级)》《防腐蚀工（高级)》《防腐蚀工（技师 高级技师)》5本。《防腐蚀工（基础知识)》内容涵盖《标准》的“基本要求”，是各级别防腐蚀工均需掌握的基础知识；其他各级别教程的章对应于《标准》的“职业功能”，节对应于《标准》的“工作内容”，节中阐述的内容对应于《标准》的“技能要求”和“相关知识”。

本书是防腐蚀工国家职业资格培训系列教程（第2版）中的一本，适用于对中级防腐蚀工的职业资格培训，是国家职业技能鉴定推荐辅导用书，也是中级防腐蚀工职业技能鉴定国家题库命题的直接依据。

本书共15章，第1、2章由段林峰编写，第3章由刘冬梅、叶亮编写，第4章由吕今强、邱小云、郝晓燕编写，第5章由张庆虎、陈国宝编写，第6章由王海英、倪永泉编写，第7章由王鸿编写，第8章由张志宇编写，第9章由王贵明编写，第10章由于春洋、雍兴跃编写，第11章由余波编写，第12章由黄万福、辜志俊编写，第13章由王卫东编写，第14章由陶永顺编写，第15章由姚建、翁子懋、姚松年编写。

本书在编写过程中得到安钢集团附属企业有限责任公司、上海正臣防腐科技有限公司、黄石市汇波防腐技术有限公司、厦门洗霸科技有限公司等单位的大力支持与协助，在此一并表示衷心的感谢。

中国就业培训技术指导中心

目　录

CONTENTS　国家职业资格培训教程

第1章 基础准备工作

第1节 环 境 测 量

学习单元1 测量环境温度和相对湿度

学习目标

- 掌握温度计、湿度计的使用规范。
- 能测量环境和基体表面的温度、环境相对湿度。

知识要求

在防腐蚀工程施工中，环境的温度、相对湿度和基体表面温度的变化都会对施工质量产生影响。一般情况下，温度低或相对湿度大，会降低防腐材料如涂料类、树脂类、水玻璃类材料的固化速度和强度；而温度高也会使防腐材料固化过快，强度降低。因此，在进行基体表面处理和施工作业前，必须掌握施工环境的温度、相对湿度和基体表面的温度，以保证施工质量。下面介绍温度计、表面温度计和湿度计的使用规范。

一、玻璃管温度计

工程上测量施工环境温度常用的是玻璃管温度计，它由一个盛有水银或酒精等液体的玻璃泡、毛细管、刻度和温标等组成，如图 1—1 所示。

在读数时，要待温度计中的液面高度不再变化才能进行。读数时眼睛要平视，与温度计液面位置平齐的刻度就是读数。

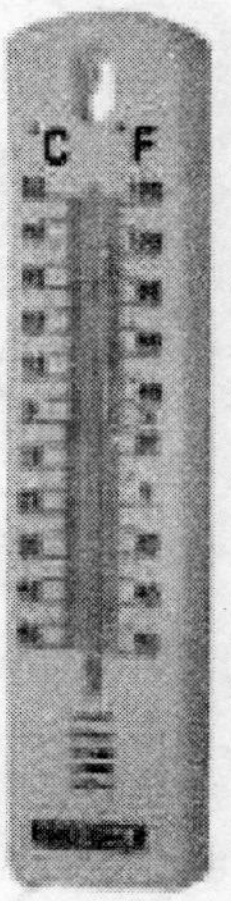

图 1—1　玻璃管温度计

二、表面温度计

防腐蚀工程中用于测量基体表面温度比较常用的表面温度计有数字式表面温度计、红外线表面测温仪和磁性机械式表面温度计等，如图 1—2 所示。

a)　　b)　　c)

图 1—2　表面温度计

a）数字式表面温度计　b）红外线表面测温仪　c）磁性机械式表面温度计

数字式表面温度计由表面温度传感器和显示仪表构成。表面温度传感器可以是热电偶，也可以是热电阻。显示仪表可以是通常使用的热电偶显示仪或热电阻显示仪。

使用时安装好温度传感器，打开电源开关，一只手持显示仪表，另一只手持传感器，将传感器接触钢铁基体表面，从显示仪表上即可读取测量温度值。

红外线表面测温仪由光学系统、光电探测器、信号放大器及信号处理、显示输出等部分组成。通过对物体自身辐射的红外能量的测量，便能准确地测定它的表面温度。

磁性机械式表面温度计是一种低成本且实用的温度测量工具。磁性机械式表面温度计可以放置在较难测量的部位，直接吸附在物体表面，使用者可以直接读值而不必手持仪器测量。仪器通过固定在外壳内的双金属簧片实现测量，将仪器吸附在钢板表面后，双金属簧片的移动可以传导给指针，操作者直接读值即可。

三、湿度计

环境相对湿度（RH）是指给定的湿空气中，水汽压与同一温度（*T*）和压力（*P*）下纯水表面的饱和水汽压之比，用百分数表示。

湿度计用于测量环境温度、相对湿度，常用的有干湿球湿度计和电子数显温湿度计，如图 1—3 所示。

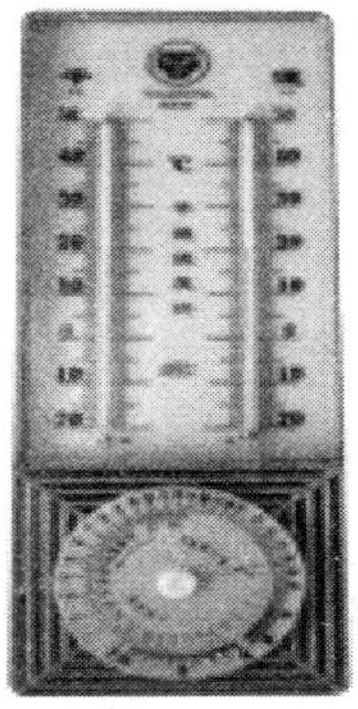

a)

b)

图 1—3　湿度计

a）干湿球湿度计　b）电子数显温湿度计

干湿球湿度计由两支规格完全相同的普通温度计组成，一支称为干球温度计，其玻璃泡暴露在空气中，用以测量环境温度；另一支称为湿球温度计，其玻璃泡用白纱布包裹起来，将纱布另一端浸在蒸馏水槽里，并使纱布保持湿润，纱布中的水分不断向周围空气中蒸发并带走热量，使湿球温度下降。水分蒸发速率与周围空气含水量有关，空气湿度越低，水分蒸发速率越快，导致湿球温度越低。可见，空气湿度与干湿球温差之间存在某种函数关系。干湿球湿度计就是利用这一现象，通过测量干球温度和湿球温度来确定空气湿度的。

当空气中水蒸气量没饱和，包住湿球的纱布不断地蒸发水蒸气，并吸取汽化热，湿球所表示的温度比干球所示要低。空气越干燥（即湿度越低），湿球的纱布水蒸气蒸发越快，吸取汽化热越多，湿球所示的温度降低，而与干球间的温差增大。两个温度计的示数差越大，说明空气越干燥。当空气中水蒸气量较多时，湿球的纱布蒸发慢，吸热少，两个温度计的示数差就小。两个温度计的示数差越小，说明空气越潮湿。相反，当空气中的水蒸气量呈饱和状态时，水便不再蒸发，也不吸取汽化热，湿球和干球所示的温度即相等。

使用时，应将干湿球湿度计放置在距地面1.2~1.5 m的高处。读出干、湿两球所指示的温度差，由该湿度计所附的对照表就可查出当时空气的相对湿度。因为湿球所包纱布水分蒸发的快慢，不仅和当时空气的相对湿度有关，还和空气的流通速度有关。所以干湿球湿度计所附的对照表只适用于指定的风速，不能任意应用。

干湿球湿度计的维护相当简单，在实际使用中，只需定期给湿球加水及更换湿球纱布即可。与电子数显温湿度计相比，干湿球湿度计不会产生老化、精度下降等问题，所以干湿球湿度计更适合在高温及恶劣环境下使用。电子数显温湿度计适合在洁净及常温的场合使用，所以在防腐蚀工程中使用较少。

技能要求

一、测量温度

玻璃管温度计直接在环境中测量读数即可。

使用数字式表面温度计测量基体表面温度，需注意表面温度计传感器的安装要正确，电池要充足，要遵循制造商提供的说明书操作。

使用红外线测温仪测基体表面温度时，将仪器对准要测的物体，按下触发器，在仪器的LCD显示器上读出温度数据。仪器使用时应注意环境条件，如蒸汽、尘土、烟雾等。这些易阻挡仪器的光学系统而影响测温的精度。如果测温仪突然暴露在环境温差为20℃或更高的情况下，允许仪器在20 min内调节到新的环境温度。

使用磁性机械式表面温度计测基体表面温度时，先校准仪器，再将磁性机械式表面温度计吸附于待测钢板表面。观察仪表并读出表盘上的刻度值，此读数即为钢板表面温度。

二、测量相对湿度

用干湿球湿度计测量环境的相对湿度时，湿度计应挂在通风良好处，避免装在阳光直射的墙面、空调机出气口处，30 min后可指示正确读数。计算干、湿两球的温度差，查表得出所需数据。例如，如果干球温度计为25℃，湿球温度计是23.5℃，则此时该处的温度差是1.5℃。转动下部滚盘，使铝罩上“干湿度差”箭头指向“1.5”，再看铝罩上25℃线条（干表温度）所指的（滚筒上）对照表数字为"86"，则此时此处空气中相对湿度为 86%。

电子数显温湿度计测量环境相对湿度的使用见产品使用说明书。

三、注意事项

（1）干湿球湿度计使用前必须进行认真检查，湿球泡是否被纱布包裹，纱布是否干净，如不干净要清洗干净或更换。

（2）干湿球湿度计包有纱布的玻璃泡与装水容器的水面，应保持 1～1.5 cm 的距离不变，其显示的湿球温度才准确。

（3）如果干湿球湿度计的干球温度和湿球温度基本接近或相等时，说明水槽中的水用完或漏掉，湿球实际也是干球，应尽快检查并补充水分。

学习单元 2　测量露点

学习目标

- 了解露点、表面温度、相对湿度与施工条件的关系。
- 能测量露点。

知识要求

一、露点的定义

给定的湿空气在气压不变的情况下，当温度下降达到某一温度时，湿空气的水汽压达到该温度下的饱和水汽压，饱和水汽开始结露，该温度称为露点。

当相对湿度为 100% 时，周围环境的温度等于露点。露点越低，湿空气就越干燥，结露的可能性越小。

二、露点、表面温度、相对湿度与施工条件的关系

各种防腐蚀施工对露点、表面温度、相对湿度的要求不完全相同，一般表面覆盖层施工应在 5℃ 以上、相对湿度 80% 以下，同时应满足金属表面的温度高于露点 3℃ 以上。

（1）在表面温度不变的情况下，相对湿度越大，则表面温度与露点的差值越小，见表1—1。

表1—1　表面温度不变，相对湿度与表面温度、露点的关系

表面温度（℃）	相对湿度（%）	露点（℃）	表面温度－露点（℃）	施工条件
25	40	10.43	14.57	符合
25	50	13.82	11.18	符合
25	60	16.67	8.33	符合
25	70	19.13	5.87	符合
25	80	21.29	3.71	符合
25	85	22.29	2.71	不符合
25	90	23.24	1.76	不符合

（2）在相对湿度不变的情况下，表面温度越高，则表面温度与露点的差值越大，越有利于防腐蚀施工，见表1—2。

表1—2　相对湿度不变，表面温度与露点，相对湿度的关系

表面温度（℃）	相对湿度（%）	露点（℃）	表面温度－露点（℃）	施工条件
40	83	36.53	3.47	符合
35	83	31.66	3.34	符合
30	83	26.78	3.22	符合
25	83	21.90	3.10	符合
20	83	17.02	2.98	不符合
15	83	12.13	2.87	不符合
10	83	7.24	2.76	不符合
5	83	2.36	2.64	不符合

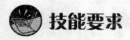

技能要求

测量露点

（1）用露点仪测出露点

用露点仪直接测出露点。

（2）用查图法查出露点

已知表面温度和相对湿度，查出露点，如图1—4所示。

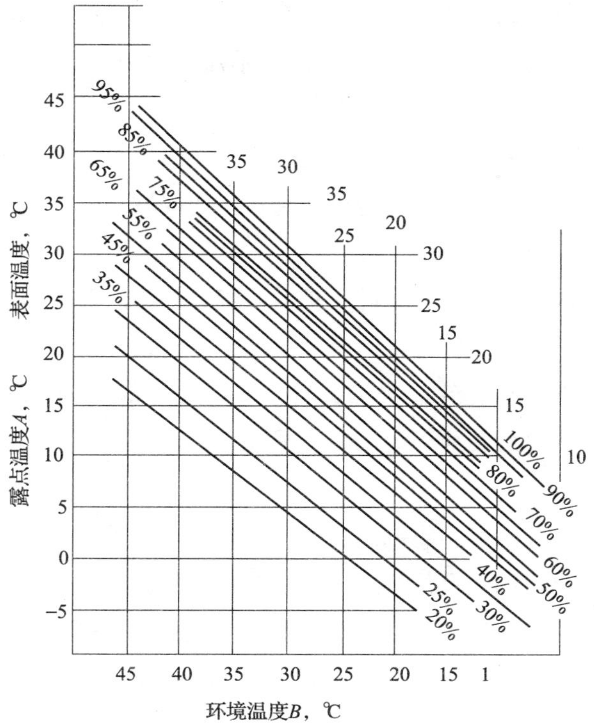

图 1—4　露点图

注：①图中斜线表示环境湿度。

②$A=B$ 时，则 $RH=100\%$ 就结露。

③A 取决于 B 和 RH（相对湿度）的条件，但涂刷面温度低于 A 则结露，高于 A 就不结露。

第 2 节　选择安全环保设备

学习目标

- 了解常用的通风设备和防火器材的一般知识。
- 能选择通风设备和防火器材。

知识要求

一、轴流风机

轴流风机又称局部通风机，是指固定位置并使空气移动，产生与风叶的轴同方向气流的风机，如电风扇、空调室外机风扇都是轴流方式运行的风机。之所以称为“轴流式”，是因为气体平行于风机轴流动。轴流式风机通常用在流量要求较高而压力要求较低的场合。

轴流风机的电动机和风叶都安装在一个圆筒里，用于局部通风，安装方便，通风换气效果明显，也可以外接风筒把风送到指定的区域。轴流风机在工程施工通风中得到了广泛应用。

轴流风机由集风器、叶轮、导叶和扩散筒组成。集风器的作用是减少入口风流的阻力损失；叶轮的作用是叶轮旋转时叶片冲击空气，使空气获得一定的速度和风压；导叶的作用是扭转从叶轮流出的旋转气流，使一部分偏转气流动能变为静压能，同时可减少因气流旋转而引起的阻力损失；扩散筒的作用是将一部分轴向气流动能转变为静压能。

轴流风机的横截面一般为翼剖面。叶片可以固定位置，也可以调节。改变叶片角度或间距是轴流风机的主要优势之一。小叶片间距会产生较低的流量，而增加叶片间距则可产生较高的流量。先进的轴流风机能够在风机运转时改变叶片间距（这与直升机旋翼颇为相似），从而相应地改变流量。这称为动叶可调（VP）轴流风机。

轴流风机的额定电压为单相 220 V、三相 380 V，额定频率为 50 Hz。

轴流风机必须符合国家标准《一般用途轴流通风机技术条件》（JB/T 10562—2006）和《通风机基本型式、尺寸参数及性能曲线》（GB/T 3235—2008）的要求。

二、排风扇

排风扇是由电动机带动风叶旋转驱动气流，使室内外空气交换的一类空气调节电器，又称通风扇。

排风扇按进、排风口的不同，分为隔墙型（隔墙孔的两侧都是自由空间，从隔墙的一侧向另一侧换风）、导管排风型（一侧从自由空间进风，另一侧通过导管排风）、导管进风型（一侧通过导管进风，另一侧向自由空间排风）、全导管型（排风扇两侧均安置导管，通过导管进风和排风）。按风流形式不同分为离心式（风由平行于转动轴的方向进入，垂直于轴的方向排出）、轴流式（风由平行于转动轴的方向进入，仍由平行于轴的方向排出）和横流式（风的进入和排出均垂直于轴的方向）。

排风扇按换气方式不同分为排出式、吸入式、并用式三种。排出式从自然进风口进入空气，通过排风扇排出污浊空气；吸入式通过换气扇吸入新鲜空气，从自然排气口排出污浊空气；并用式是吸气与排气均由换气扇来完成。

排风扇的额定电压为单相 220 V、三相 380 V，额定频率为 50 Hz。

排风扇须符合国家标准《排风扇》（GB/T 23174—2008）的要求。

三、灭火器

灭火器由筒体、灭火器头、喷嘴等部件组成，借助驱动压力可将所充装的灭火剂喷出，达到灭火的目的。灭火器由于结构简单、操作方便、轻便灵活、使用广泛，是扑救各类初期火灾的重要消防器材。

灭火器的种类很多，按其移动方式可分为手提式和推车式，按驱动灭火剂的动力来源可分为储气瓶式、储压式、化学反应式，按所充装的灭火剂可分为泡沫灭火器、干粉灭火器、卤代烷灭火器、二氧化碳灭火器、酸碱灭火器、清水灭火器等。

我国灭火器的型号编制是由类、组、特征代号和主要参数组成。类、组、特征代号用汉语拼音字母表示具有代表性的字头，主要参数是灭火剂的充装量，其型号编制方法见表 1—3。

表 1—3　　各种灭火器的型号编制方法

	组	代号	特征	代号含义	主要参数	
					名称	单位
灭火器 M（灭）	水 S（水）	MS MSQ	酸碱 清水，Q（清）	手提式酸碱灭火器 手提式清水灭火器	灭火剂充装量	L
	泡沫 P（泡）	MP MPZ MPT	手提式 舟车式，Z（盘） 推车式，T（推）	手提式泡沫灭火器 舟车式泡沫灭火器 推车式泡沫灭火器		L
	干粉 F（粉）	MF MFB MFT	手提式 背负式，B（背） 推车式，T（推）	手提式干粉灭火器 背负式干粉灭火器 推车式干粉灭火器		kg
	二氧化碳 T（碳）	MT MTZ MTT	手提式 鸭嘴式，Z（嘴） 推车式，T（推）	手提式二氧化碳灭火器 鸭嘴式二氧化碳灭火器 推车式二氧化碳灭火器		kg
	1211 Y（1）	MY MYT	手提式 推车式	手提式 推车式 1211 灭火器		kg

常用的手提式泡沫灭火器按照充装灭火剂的容量，分为6L和9L两种规格。其型号分别为MP6和MP9。主要性能指标见表1—4。

表1—4　　手提式泡沫灭火器的技术性能

项目规格			MP6（MPZ6）	MP9（MPZ9）
灭火剂充装量	酸性剂	硫酸铝（g）	600±10	900±10
		清水（mL）	1 000±50	900±50
	碱性剂	碳酸氢钠（g）	430±10	650±10
		清水（mL）	4 500±100	750±100
有效喷射时间（s）			≥40	≥60
有效喷射距离（m）			≥6	≥8
喷射滞后时间（s）			≤5	≤5
喷射剩余率（%）			≤10	≤10

四、沙

沙可分为天然沙和人工砂。天然沙指的是岩石风化后经雨水冲刷或由岩石轧制而成的粒径为0.074～2 mm的粒料，主要成分是石英（二氧化硅）、人工砂是经除土处理的机制砂、混合砂的统称。机制砂是指由机械破碎、筛分制成的粒径小于4.75 mm的岩石颗粒，但不包括软质岩、风化岩石的颗粒。混合砂是指由机制砂和天然砂混合制成的砂。

砂按细度模数分为粗、中、细三种规格，其细度模数分别为：粗砂3.7～3.1，中砂3.0～2.3，细砂2.2～1.6。

一般在紧急情况下，普通的河沙、海沙等建筑用沙均可临时用作灭火的沙。

技能要求

一、选择通风设施

1. 轴流风机

可用于有害气体浓度较高的厂房、容器、池槽等通风。

2. 排风扇

用于有害气体浓度较低的厂房、容器池槽的通风。

二、选择灭火器材

应根据各种不同的工况条件，选择合适的灭火器材。

1. 灭火器

（1）泡沫灭火器

手提式泡沫灭火器适用于扑救一般 B 类（液体）火灾，如石油制品、油脂类火灾，也适用于 A 类（固体）火灾，但不能扑救 B 类火灾中的水溶性可燃、易燃液体火灾，如醇、酮、醚、酯等物质火灾；也不适用于扑救带电设备及 C 类（气体）和 D 类（金属）火灾。

（2）酸碱灭火器

酸碱灭火器是一种内部装有 65% 的工业硫酸和碳酸氢钠的水溶液作为灭火剂的灭火器。使用时，两种药液混合发生化学反应，产生二氧化碳压力气体，灭火剂在二氧化碳气体的压力下喷出灭火。

手提式酸碱灭火器适用于扑救 A 类物质燃烧的初期火灾，如木材、织物、纸张等燃烧的火灾。它不能扑救 B 类物质燃烧的火灾，也不能扑救 C 类火灾和 D 类火灾。同时也不能进行带电场合的扑救。

（3）干粉灭火器

干粉灭火器以液态二氧化碳或氮气作为动力，将灭火器内干粉灭火剂喷出而进行灭火。干粉灭火器适用于扑救石油、可燃液体、可燃气体、可燃固体物质的初期火灾。这种灭火器由于灭火速度快、灭火效力高，广泛应用于石油化工企业。

碳酸氢钠干粉灭火器适用于易燃、可燃液体，气体及带电设备的初期火灾扑救。

磷酸铵盐干粉灭火器除用于扑救易燃、可燃液体、气体及带电设备火灾外，还可扑救固体类物质的初期火灾，但不能扑救轻金属燃烧的火灾。

（4）二氧化碳灭火器

二氧化碳灭火器利用其内部的液态二氧化碳的蒸气压将二氧化碳喷出灭火。二氧化碳灭火器按充装量分为 2 kg、3 kg、5 kg、7 kg 四种手提式的规格和 20 kg、25 kg两种推车式规格。

由于二氧化碳灭火器具有灭火不留痕迹，并有一定的电绝缘性等特点，它适宜扑救 600 V 以下的带电电器、贵重设备、图书资料、仪器仪表等物品的初期火灾，以及一般可燃液体的火灾。

2. 沙

消防用沙一般是中粗的干燥沙，放在消防桶或消防池内，用于扑救油质品等作业现场引发的火灾，只限于扑救小面积的火灾。

消防沙只适用于扑救以下类型的火灾：

A 类火灾，即固体物质火灾。这种物质通常具有有机物质性质，一般在燃烧时能产生灼热的余烬。如木材、煤、棉、毛、麻、纸张等火灾。

B类火灾，即液体或可熔化的固体物质火灾。如煤油、柴油、原油、甲醇、乙醇、沥青、石蜡等火灾。

D类火灾，即金属火灾。如钾、钠、镁、铝镁合金等火灾。

三、注意事项

1. 风机使用的注意事项

（1）风机在使用过程中，如发现风叶振动、杂音或异味时必须停机检查，确保使用安全。

（2）风机运转带电时勿用湿手、湿脚触及，也勿用手指、铅笔等类似物件插入网罩内。

（3）电源线的选择和连接必须由专业人员来操作。

（4）按期检查风机叶片是否松动，叶片与风筒间隙是否正常；按期清除叶片积灰、污垢；按期为机电轴承更换润滑脂，一般三个月更换一次，也可按实际环境更换润滑脂。

2. 灭火器使用的注意事项

（1）灭火器设置点的环境温度应在灭火器的使用温度范围内。

（2）堆场、易燃易爆的施工现场应选用较大灭火级别的灭火器。

第3节　劳动防护用品

学习目标

- 掌握劳动防护用品的一般知识。
- 能正确使用劳动防护用品。

知识要求

一、安全帽

安全帽是防止头部受撞击、挤压伤害的防护用品，由帽壳、帽衬、下颌带和后箍组成。帽壳呈半球形，坚固、光滑并有一定弹性，打击物的冲击和穿刺动能主要由帽壳承受。帽壳和帽衬之间留有一定空间，可缓冲、分散瞬时冲击力，从而避免或减轻对头部的直接伤害。

安全帽按用途分为一般作业类（Y 类）安全帽和特殊作业类（T 类）安全帽，防腐蚀作业一般选用 Y 类安全帽。

二、安全带

安全带是高处作业工人预防坠落的防护用具，由带子、绳和金属配件组成。安全带材料主要有高强涤纶、丙纶等。

安全带种类有电工安全带、全身式安全带、防坠减震安全带。防腐蚀作业一般选用电工安全带和全身式安全带。

三、防毒面罩

防毒面罩是预防职业病的重要防护用品，按用途分为防尘、防毒、供氧三类，按作用原理分为过滤式、隔绝式两类。

1. 过滤式防毒面具

过滤式防毒面具只能用在普通的工作环境，不能在缺氧、有致命性气体的环境使用，如含氯气、硫化氢、一氧化碳气体的环境。过滤式防毒面具是通过滤毒罐、盒内的滤毒药剂滤除空气中的有毒气体再供人呼吸。因此劳动环境中的空气含氧量低于 18%（体积分数）时不能使用。通常滤毒药剂只能在确定了毒物种类、浓度、环境温度和一定的作业时间内起防护作用。所以过滤式防毒口罩、面具不能用于险情重大、现场条件复杂多变和有两种以上毒物的作业。

2. 隔绝式防毒面具

隔绝式防毒面具能在过滤式防毒面具不能使用的地方使用，包含缺氧、剧毒气体环境等。隔绝式防毒面具是依靠输气导管将无污染环境中的空气送入密闭防毒面具内供作业人员呼吸。它用于缺氧、毒气成分不明或浓度很高的污染环境。

四、防护眼镜

从事工业生产的作业工人，为了保护眼睛免受有害因素损伤，有时需要戴眼镜操作，这类眼镜称为安全防护眼镜。使用的场合不同，需要的眼镜也不同。防护眼镜分为安全防护眼镜和防护面罩两大类，作用主要是保护眼睛和面部，使其免受紫外线、红外线和微波等的辐射，防止粉尘、烟尘、金属和砂石碎屑以及化学溶液溅射的损伤。

防护眼镜种类很多，防腐蚀作业需要的防护眼镜有防尘埃的防尘眼镜、防砂石冲击的防冲击眼镜和防化学液体飞溅的防化学眼镜等。

因此，每一个需要佩戴防护眼镜作业的工人，都应了解自己作业环境的有害因素，佩戴合适的安全防护眼镜，不可乱戴。

五、防护手套

具有保护手和手臂的功能，供作业者劳动时佩戴的手套称为劳动防护手套。

防护手套的种类繁多，防腐蚀施工作业常用一般防护手套、防毒手套、防酸碱手套、防水手套等。

技能要求

一、安全帽的使用

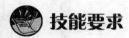

（1）戴安全帽前应将帽后调整带按自己头型调整到适合的位置，然后将帽内弹性带系牢。缓冲衬垫的松紧由带子调节，帽体有足够的空间可供缓冲。

（2）不要歪戴安全帽，也不要把帽沿戴在脑后方。

（3）安全帽的下颌带必须扣在颌下并系牢，松紧要适度。

（4）注意事项

1）安全帽在使用时不要为了透气而随便再行开孔。

2）安全帽要定期检查有无龟裂、下凹、裂痕和磨损等情况，发现异常现象要立即更换，不准再继续使用。任何受过重击的安全帽，不论有无损坏现象，均应报废。

3）严禁使用下颌带与帽壳连接的（帽内无缓冲层）安全帽。

4）施工人员在现场作业中，不得将安全帽脱下搁置一旁，或当坐垫使用。

二、安全带的使用

（1）使用安全带时，应检查安全带的部件是否完整，有无损伤，金属配件的各种环不得使用焊接件，边缘要光滑。

（2）使用电工安全带时，围杆绳上的保护套不允许随意在地面上拖着绳走，以免损伤绳套影响主绳。

（3）安全带应高挂低用，注意防止摆动碰撞。使用 3 m 以上长绳时应加缓冲器，自锁钩用吊绳例外。

（4）不准将绳打结使用，也不准将钩直接挂在安全绳上使用，应与连接环连接使用。

（5）注意事项

1）安全带上的各种部件不得任意拆掉，更换新绳时要注意加绳套。

2）全身式安全带不得低挂高用。

3）在使用过程中，应注意查看安全带的使用情况，在每 0.5 ~ 1 年要进行试验，以主部件不损坏为要求，如发现有破损变质情况应及时反映，并停止使用，以保证操作安全。

4）使用频繁的绳要经常做外观检查，发现异常时，应立即更换新绳。安全带使用期为 3 ~ 5 年，发现异常应提前报废。

三、防毒面具的使用

（1）面具使用前要检查部件是否完整，如有损坏必须及时修理或更换。此外，应注意检查各连接处的气密性，特别是送风口罩或面罩，查看接头、管路是否畅通。

（2）对于长管面具，在使用前应对导气管进行查漏，确定密闭时才能使用。导气管的进气端必须放置在空气新鲜、无毒无尘的场所中。所用导气管长度小于 10 m 为宜，以防增加通气阻力。

（3）注意事项

1）各式面具的主体（口鼻罩）脏污时，可用肥皂水洗涤。洗后应在通风处晾干，切忌暴晒、火烤，避免接触油类、有机溶剂等。

2）当使用长管面具需移动作业地点时，应特别注意不要猛拉、猛拖导气管，并严防压、戳、拆导气管等。

四、防护眼镜的使用

（1）将防护眼镜四周贴合于脸上。

（2）暂时放置眼镜时，将眼镜的凸面朝上放置。不戴眼镜时，将防护眼镜用眼镜布包好放入眼镜盒。

（3）镜片沾有灰尘或脏东西时，用清水冲洗再用纸巾吸干水分后用专用眼镜布擦干。镜片很脏时用低浓度的中性洗剂清洗，然后用清水冲洗擦干。

（4）注意事项

1）防护眼镜的宽窄和大小要适合使用者的脸型，使用者佩戴时要感觉较舒适。

2）防止重摔、重压，防止使用坚硬的物体摩擦镜片和面罩。

五、防护手套的使用

（1）选择适当尺码的手套，避免手套过大。

（2）每次使用之前要检查手套是否有损坏。

（3）再用式防护手套使用后要用适当的溶剂清洗，但要避免使用腐蚀性清洗液。

（4）注意事项

1）手套洗干净后要充分晾干再使用。

2）已被污染的手套要先包好再丢弃。

第4节　三废的处理

学习目标

➢ 掌握三废的处理要求。

➢ 能对三废进行处理。

知识要求

一、三废的内容

防腐蚀施工中的三废主要有：涂料、树脂施工中产生的刺激性气味，除锈、基体表面处理、金属喷涂产生的灰尘，施工材料废弃物和金属喷涂等施工中产生的噪声等。

二、三废处理要求

针对施工不同的工序和现场条件，通过规范的劳动保护用品和除尘装置、隔声设施，以及对废弃物及时地清理并集中处理，来解决环保及身体健康问题。

技能要求

一、施工现场三废的处理

1. 对废气的处理

（1）操作人员佩戴防毒面具等劳动防护用品。

（2）选择专门的空间进行挥发性原材料的配料。

（3）安装通风装置。

2. 对灰尘的处理

（1）安装通风除尘装置。

（2）接通开启除尘装置。

（3）穿好带有供呼吸用的送风管喷射除锈服。

3. 对废弃物的处理

（1）集中清理、存放。

（2）送垃圾处理站。

4. 对噪声的处理

（1）现场施工

操作人员在耳朵内塞上防噪声的耳塞。

（2）工厂化施工

1）金属喷涂厂房采取隔声处理。

2）操作人员在耳朵内塞上防噪声的耳塞。

二、注意事项

应安排操作人员定期做相应项目的体检。

本章思考题

1. 环境测量有哪几个指标？
2. 湿度计怎样使用和保管？
3. 风机使用时应注意哪些问题？
4. 灭火器有哪些种类？各种灭火器的适用范围有什么不同？

5. 灭火器使用时应注意哪些事项？

6. 常用的劳动防护用品有哪几种？

7. 如何正确选用安全帽？

8. 如何正确选用安全带？

9. “三废”指的是什么？

第2章

基体表面处理

第1节　喷　射　除　锈

学习单元1　喷射除锈装置的连接

学习目标

➢ 了解喷射除锈装置的组成。

➢ 能安装连接并试运行装置。

知识要求

一、喷射除锈工作原理及装置系统

1. 喷射除锈工作原理

喷射除锈是将各种磨料在一定压力气流的作用下，通过喷嘴喷到金属表面，因磨料与金属的摩擦和撞击角度不一，在持续性的摩擦与撞击下，金属表面的锈层会纷纷破碎、脱落，从而露出金属本色。因为目前所用磨料多为各种砂料，如石英砂、河沙、钢砂等，所以习惯上将喷射除锈称为喷砂除锈。

喷砂除锈是除锈方法中工作效率高、质量好的表面处理方法，在大面积的防腐作业中广泛采用。对于准备喷砂处理的工件，可以不用事先去油污。喷砂处理的主要缺点是粉尘大，污染环境，对人体有一定危害。喷砂处理的方法一般分为干式和湿式两种，以下主要介绍干式喷砂法。

2. 喷砂除锈装置系统组成

喷砂除锈装置系统如图2—1所示。

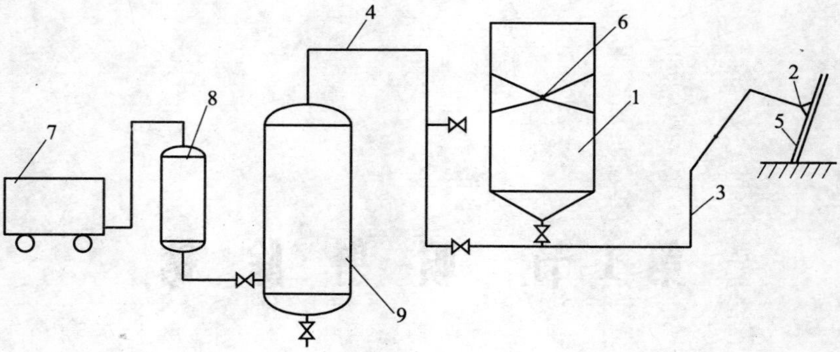

图2—1　喷砂除锈装置系统

1—喷砂机　2—喷嘴　3—橡胶管　4—压缩空气　5—被喷工件

6—气动阀　7—空压机　8—油水分离器　9—储气罐

储气罐送来的压缩空气一路送入储砂罐，将砂子加压输送，保证砂子顺畅输出；另一路通过橡胶管，将砂子从储砂机引出并加压向前推进，使砂子从喷嘴喷出，喷到金属表面形成连续而密集的砂料流。

二、喷砂除锈主要设备介绍

1. 空压机

空压机是产生压缩空气的设备，按冷却方式可分为风冷和水冷，风冷比较适合野外和临时场所的作业，水冷适宜方便提供水源的场所；按安装方式可分为移动式空压机和固定式空压机。移动式空压机如图2—2所示。

2. 喷砂机

喷砂机是用来存储磨料的设备，常常安装若干控制阀门，根据阀门的特点，可分为手动喷砂机、气动喷砂机和遥控喷砂机，按搬运方式可分为固定式喷砂机和移动式喷砂机，喷砂机属于压力容器，要定期安排容器检测。喷砂机如图2—3所示。

图 2—2　移动式空压机外观

3. 喷嘴

喷嘴是喷砂的关键设备，属于易耗品，经过一段时间的使用，需要定期更换。喷嘴可购买定型产品，也可由机械工程师测绘加工。喷嘴如图 2—4 所示。

图 2—3　喷砂机

图 2—4　喷嘴

三、喷砂除锈的作业程序

1. 连接设备

如图 2—1 所示，利用管路和阀门，将空压机、储气罐、油水分离器、喷砂机、喷嘴进行正确连接。

2. 试运行

装置连接完毕，进行试车、运行正常后方可喷砂作业。

技能要求

一、连接喷射除锈装置

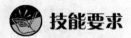

按顺序将空压机、油水分离器、储气罐等喷砂装置依次连接好，在喷砂机的储砂罐内装满砂料。

二、检查装置并试运行

1. 空压机

（1）遵守压力容器安全操作的一般规定。

（2）开车前检查一切防护装置和安全附件是否处于完好状态，检查各处的润滑油面是否合乎标准，不合乎要求不得开车。

（3）每年进行一次储气罐、导管接头内外部检查，每三年进行一次全部检验和水压强度试验，并要做好详细记录，在储气罐上注明工作压力、下次检验日期，并经专业检验单位发放“定检合格证”，未经定检合格的储气罐不得使用。

（4）安全阀需按使用工作压力定压，每班拉动、检查一次，每周做一次自动启动试验并且每六个月与标准压力表校正一次，并加铅封。

（5）当检查修理时，应注意避免木屑、铁屑、抹布等掉入气缸、储气罐及导管内。

（6）用柴油清洗过的机件必须无负荷运转 10 min，无异常现象后，才能投入正常工作。

（7）机器在运转中或设备有压力的情况下，不得进行任何修理工作。

（8）压力表每年应校验、铅封并完好保存。使用中如果发现指针不能回零位，表盘刻度不清或破碎等，应立即更换。工作时在运转中若发出不正常的声响、气味、振动或发生故障，应立即停车，检修好后才准使用。

（9）水冷式空压机开车前先开冷却水阀门，再开电动机。无冷却水或停水时，应停止运行。若是使用高压电动机，启动前应与配电室联系，并遵守有关电气安全操作规程。

（10）非机房操作人员，不得进入机房，若因工作需要必须进入，必须经有关部门同意。机房内不准放置易燃易爆物品。

（11）工作完毕将储气罐内余气放出。冬季应放掉冷却水。

2. 喷砂机

（1）喷砂机的储气罐、压力表、安全阀要定期校验。储气罐两周排放一次灰尘，储砂罐里的过滤器要每月检查一次。

（2）检查喷砂机通风管及喷砂机门是否密封。工作前 5 min，需开动通风除尘设备，通风除尘设备失效时，禁止喷砂机工作。

（3）工作前必须穿戴好防护用品，不准赤裸上身操作喷砂机。

（4）喷砂机压缩空气阀要缓慢打开，气压不得超过 0.8 MPa。

（5）喷砂粒度应与工作要求相适应，一般在 10～20 号，砂子应保持干燥。

（6）喷砂机工作时，禁止无关人员接近。清扫和调整运转部位时，应停机进行。

（7）不准用喷砂机压缩空气吹身上灰尘。

（8）工作完后，喷砂机通风除尘设备应继续运转 5 min 再关闭，以排出室内灰尘，保持场地清洁。

学习单元 2　喷砂除锈操作

学习目标

- 了解喷砂除锈工艺流程及除锈质量等级。
- 能进行喷砂除锈作业并能判定除锈质量。

知识要求

一、喷砂除锈的操作要领及参数

喷砂前，要对基体表面进行检查，对坚硬附着物或厚的污垢先进行清理。

将压缩空气的工作压力调整为 0.6 MPa，按下开关，砂子在压缩空气的带动下沿管道经喷嘴射出。根据基体大小和性状选择合适的喷砂角度和距离。喷砂角度一般控制在 30°～75°。喷嘴与工作面距离应为 80～200 mm。匀速移动喷枪，喷砂后应将钢结构表面的细屑粉尘清扫干净。每罐砂喷完后应进行检查，如发现漏喷应作出醒目标记并进行重喷。

二、喷砂除锈质量等级

1. 清洁度

喷砂除锈等级以字母“Sa”表示。喷砂除锈前，厚的锈层应铲除，可见的油脂和污垢也应清除。喷砂除锈后，钢材表面应清除浮灰和碎屑。对于喷砂除锈后的钢材表面，按 GB/T 8923.1—2011 规定制定了四个除锈等级，见表2—1。

表 2—1　　喷砂除锈等级标准

除锈级别	定　义	验 收 标 准
Sa1	轻度的喷砂或抛砂除锈	除去金属表面上的油脂和污垢，并且金属表面上没有附着不牢的氧化皮、锈蚀产物或旧漆存在
Sa2	彻底的喷砂或抛砂除锈	钢材表面应无可见的油脂和污垢，并且氧化皮、铁锈和油漆涂层等附着物已基本清除，其残留物应牢固附着
Sa2（1/2）	非常彻底的喷砂或抛砂除锈	完全除去金属表面上的油脂、氧化皮、锈蚀产物等一切杂物，并用吸尘器、干燥洁净的压缩空气或刷子清除粉尘。残存的锈斑、氧化皮等引起轻微变色的面积在任何 100 mm × 100 mm 的面积上不得超过5%
Sa3	完全彻底的喷砂或抛砂除锈	金属表面应无可见的油脂、污垢、氧化皮、铁锈和油漆涂层等附着物，任何残留的痕迹仅是点状或条纹状的轻微色斑

2. 粗糙度

GB/T 13288.1—2008 及 ISO8501 - 1 中对于粗糙度的评定使用比较样块法，按使用磨料的不同分为 G 样块和 S 样块，对于砂粒磨料喷射清理后的粗糙度适用 G 样块，如图 2—5 所示。对于丸粒磨料喷射清理后的粗糙度适用 S 样块。

各区域表面粗糙度的标称值和公差见表 2—2。

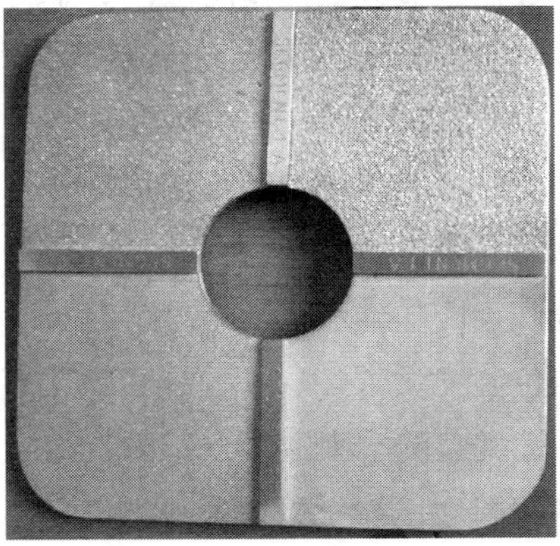

图 2—5　粗糙度标准比较样块（G 样块）

表 2—2　各区域表面粗糙度的标称值和公差

砂粒磨料喷射清理后的比较样块		
区域	标称值（μm）	公差（μm）
1	25	3
2	60	10
3	100	15
4	150	20
丸粒磨料喷射清理后的比较样块		
区域	标称值（μm）	公差（μm）
1	25	3
2	40	5
3	70	10
4	100	15

技能要求

一、喷砂

1. 准备工作

（1）喷砂操作控制人员要取得压力容器操作证才能上岗。

（2）喷砂人员和操作控制人员进入操作岗位，要穿戴好劳动防护用品。

（3）按工作顺序连接好空压机、油水分离器、储气罐、喷砂机等喷砂装置。

（4）检查设备管线、电动照明等设备是否正常。

（5）检查储砂罐中砂料是否充满。

（6）打开空压机送气阀、冷却罐水阀及冷却槽进水阀（指水冷式空压机）。

（7）被喷工件安全就位。

（8）检查或更换喷嘴，并装配牢固。

（9）确认喷砂系统各阀门（压缩气体和送砂阀门）都处于关闭状态。

2. 操作步骤

（1）开启空压机，控制压力不低于0.5 MPa。

（2）开启除尘风机。

（3）开启储砂罐的送气阀门，使罐内保持不低于0.4 MPa的压力。

（4）通知喷砂操作人员拿好喷枪后，开启送气胶管阀门。

（5）开启送砂阀门，开启时要缓慢，先开启至最小位置，以能正常出砂为准。操作过程中再逐渐开大，不可一次全开，以防带砂过多堵塞喷嘴和胶管。不出砂时，可用金属器物轻轻敲击储砂罐底部及阀门附近部位。

（6）操作过程中控制人员要经常观察喷砂情况，及时排除不正常现象与事故。

（7）喷砂人员发现砂量喷出过多，且除锈效率不高时，应令控制人员停车，更换喷嘴。

（8）喷砂过程中如发现喷嘴堵塞，应令控制人员关闭送砂阀门和送风阀门，进行处理，待正常后再开车。

（9）喷砂过程中发现出气不出砂，应同控制人员联系，开大出砂阀门或敲击储砂罐底部，如无效，应停车检查。如是喷嘴局部堵塞，可用钢丝疏通。

（10）喷砂操作时喷嘴与设备表面距离60～80 mm，设备与喷嘴呈30°～40°，喷砂效果好，砂粒不易弹到操作者身上。

（11）补充砂粒前，按停车步骤停车，将砂粒注入喷砂机中。

3. 正常停车

（1）设备表面除锈完毕正常停车时，先将出砂阀门关闭。再继续送风1 min左右将带砂气体阀门关闭并通知喷砂人员。

（2）停压缩空气，关闭送气总阀门，并通知空压机控制人员。

（3）关闭淋水阀（针对水冷式空压机）。

（4）清理现场。

（5）拆除或切断临时照明线路，关闭照明系统电源。

（6）以上工作确认无误后，方允许离开现场。

4. 紧急停车

如发生突然气体中断、停电、胶管破裂及其他不正常事故时，要紧急停车。

（1）因停气紧急停车。发现气体压力下降，并继续下降时，先关闭出砂阀门，如短时间不能正常供气，则按正常停车步骤停车。若发现因气量不足砂料已堵塞在胶管中，应将喷嘴卸下，待送气后先把胶管中的砂子吹出再按正常步骤进行。

（2）因停电紧急停车。突然停电后，应先关闭出砂阀门，1 min 后再按正常停车步骤停车。

（3）其他原因需要紧急停车。均先关闭出砂阀门，再关送气阀门。

（4）照明设备停电时，喷砂人员要握紧喷枪，勿离开现场，控制人员迅速关闭送砂阀门和总气体阀门，然后再关闭各风机。待正常送电后，再按正常开车步骤进行。

二、喷砂故障原因及处理方法

喷砂故障原因及处理方法见表 2—3。

表 2—3　　喷砂故障原因及处理方法

喷砂故障	原因分析	处理方法
喷嘴出气不出砂	喷嘴被大颗粒杂物或砂粒堵塞 出砂口阻力大或堵塞 砂子水分太大排不出 气体压力不够	可在不停气情况下用铁丝疏通 调节阀门或敲击 停车，更换合适砂子 调整压力至 0.5 MPa
喷嘴不出砂、不出气	因气体压力小，或砂子出得太快，使胶管堵塞 杂物堵塞 喷嘴未加工好，孔径过小	关闭出砂阀门和气体阀门，打开喷嘴，用气吹出胶管中的砂子 关闭出砂阀门和送气阀门 更换合适喷嘴

续表

喷砂故障	原因分析	处理方法
提砂时效率低	铁丝网被杂物堵塞，砂子流不过去 砂量不够或堆积四周	清理杂物 补充砂子，将四周堆积的砂子移至进砂口
砂粒反击	喷枪与工件表面角度不正确	移动工件或改变操作角度
出砂阀门漏气	安装不正确 焊缝漏气	重新安装 修补漏气处

三、质量判定

喷砂质量的评定一般都用目测法，清洁度可按 GB/T 8923. 1—2011 中的照片对比；粗糙度可使用粗糙度对比样块进行比对评定。

在喷砂的过程中，要对比喷砂除锈的等级标准，核实工件表面的喷砂要求是否达标，如不达标要进行重复喷砂，不允许残留锈迹，不允许漏喷，直至合乎要求。需要注意的是，喷砂后禁止再进行工件处理，否则会沾污表面。喷砂后，要及时对工件涂底漆或采取其他保护措施，以防返锈。

四、注意事项

（1）喷砂操作应尽可能缩短气源与作业场所之间的距离。整个系统不应有漏气部位存在，应尽量减少系统内接头的数目。

（2）磨料采用纯净的铜矿砂，含有油污的砂子应清除干净严禁使用，铜矿砂要严防受潮。

（3）露天放置的喷砂机要有防雨罩，隔夜应将添料口盖平，以免露水在喷砂机内凝聚。

（4）喷砂操作前，应先关上磨料流量阀，空喷一段时间，以驱走可能积聚在管道内的水分。

（5）无论是空气软管还是喷砂软管，工作时应尽可能顺直，若转弯过多甚至盘绕，将增大压力降，并加快软管磨损。

第 2 节　混凝土基体表面缺陷处理

学习目标

- 了解混凝土基体表面缺陷现象。
- 能修补混凝土基体表面缺陷。

知识要求

一、混凝土基体表面缺陷现象

在混凝土（水泥）基体上进行防腐蚀施工时，基体表面必须符合要求，否则要进行处理。混凝土（水泥）基体表面上常见的缺陷现象如下：

1. 蜂窝

混凝土局部疏松，砂浆少，石子多，石子之间出现空隙，形成蜂窝状的孔洞。

2. 麻面

混凝土表面局部缺浆粗糙，或有许多小凹坑，但无钢筋外露。

3. 起砂

混凝土表面粗糙，光洁度差，颜色发白，不坚实。走动后，表面先有松散的水泥灰，用手摸时像干水泥面。随着走动次数的增多，砂粒逐步松动或成片水泥硬壳剥落，露出松散的水泥和沙子。

4. 脱壳

通常是水泥砂浆找平层与混凝土基层之间有空隙，用小锤敲击有空鼓声。

5. 平整度差

混凝土表面没有振捣平或搓平，表面高低不平整，甚至有凹坑、脚印等。

6. 阴阳角

混凝土基体表面的阴阳角没有做成斜面或圆角。

7. 含水率高

混凝土表面有明水，或在深度为 20 mm 的厚度层内含水率大于 6%。

二、缺陷的修补技术

防腐蚀施工的混凝土（水泥）基体表面必须平整、牢固，表面构造必须符合防腐蚀的要求，如阴阳角要圆弧过渡等。而土建施工中往往会存在一定的问题，所以，防腐蚀施工前必须对基体表面的缺陷进行修补。

先对基体表面缺陷部位进行清理，去掉疏松部分，清洗掉粉尘、浮灰，然后再在基体表面修补缺陷，使表面平整、坚固。

技能要求

一、清理基体表面

在修补基体表面缺陷前，必须对基体表面进行清理。用扫帚、铲刀等工具将基体表面的灰尘、污物、水泥渣等铲除、清扫干净。

二、修补缺陷

基体表面清理后即可进行缺陷的修补。

1. 蜂窝的修补

混凝土有小蜂窝，可先用水冲洗干净，然后用 1:2 或 1:2.5 的水泥砂浆修补；如果是大蜂窝，则先将松动的石子和突出的颗粒剔除，尽量剔成喇叭口，外边大些，然后用清水冲洗干净并湿透，再用高一级的细石混凝土填筑、捣实，加强养护。

2. 麻面的修补

将麻面部位用清水刷洗，充分湿润后用水泥素浆或 1:2 水泥砂浆抹平。

3. 起砂的修补

（1）小面积起砂且不严重时，可将起砂部位磨掉，直至露出坚硬的表面。也可以用纯水泥浆罩面的方法进行修补，其操作顺序是：清理基层→充分冲洗湿润→铺设纯水泥浆，厚度为 1 ~ 2 mm→压光 2 ~ 3 遍→养护。

（2）如果是大面积起砂，则应要求土建单位整改。

4. 脱壳的修补

（1）局部翻修小面积脱壳、空鼓时，先将空鼓部分凿去，四周宜凿成方形或圆形，并凿进结合良好处 30 ~ 50 mm，边缘应凿成斜坡形，底层表面应适当凿毛。凿好后，将修补部位周围 100 mm 范围内清理干净。修补前 1 ~ 2 天，用清水冲洗，使其充分湿润。修补时，先在底面及四周刷素水泥浆一遍，然后用与面层相同材料的拌和物填补。如原有面层较厚，修补时应分次进行，每次厚度不宜大于 20 mm。

（2）如果是大面积脱壳、空鼓，则应要求土建单位整改。

5. 平整度差的修补

如果是局部表面高低不平整，可采用 107 胶水泥浆多次涂抹，每次厚度不宜超过 1 mm；如果是大面积平整度差，可要求土建单位或业主增加细石混凝土找平层。

6. 阴阳角的修补

将不符合要求的阴阳角部位用清水刷洗，充分湿润后用水泥素浆或 1∶2 水泥砂浆抹斜面或圆角。

7. 含水率高的修补

用拖把将明水清干，用喷灯进行烘烤，使混凝土基体在深度为 20 mm 的厚度层内含水率小于 6%。

本章思考题

1. 简述喷砂除锈工艺原理及工艺流程。
2. 简述喷砂操作步骤。
3. 简述喷砂除锈安全及劳动防护用品。
4. 简述喷砂除锈等级标准。
5. 混凝土基体表面缺陷有哪些？
6. 混凝土基体表面缺陷的处理方法分别是什么？

第 3 章

涂层防腐蚀作业

第 1 节　准 备 工 作

学习单元 1　检查进场材料

学习目标

➢ 了解涂料产品说明书和涂料性能指标。

➢ 能检查进场材料。

知识要求

涂层防腐蚀作业前，要通过涂料产品说明书或根据产品说明书编制的技术文件，了解产品的性能指标、应用范围、产品使用指南、注意事项等。

涂料的性能指标需要掌握的有干燥时间、体积固体分、配比、密度和涂布率。同时需注意涂料施工前是否需要进行前处理，对各涂层之间施工间隔和涂层的配套性、稀释剂的选择和用量、清洗剂的选择、产品的施工环境要求和施工注意事项等。

技能要求

一、检查进场材料的品种和数量

材料进场时，需检查涂料的品种是否符合，包装有无破损，有无胀桶现象，并对包装物上的产品合格证及说明进行检查，以确保进场材料符合实际需求。需特别注意双组分或多组分的材料，各个组分是否同时到场且是否配套。

材料进场时，需仔细核对材料数量，需特别注意双组分或多组分材料的数量是否符合配比要求，并根据施工方法的不同，仔细检查所需的辅助材料是否够用。

二、检查进场材料的质量

材料进场时，需在施工前对材料的质量进行检查。除了核对材料的品种和颜色外，还需对产品的生产厂家、生产日期和生产批号进行检查，确保进场的材料是在有效期内。如果标志模糊，应仔细核对。还应仔细核对产品合格证、产品出厂检测报告是否符合要求。如有要求复验的指标，需按产品说明书或产品技术条件规定的指标和施工的实际情况测定其物理和化学性能指标是否合格。如要求进行抽样检测以确认材料质量是否符合要求，需按抽样方法正确取样并送具有检测资质的第三方机构进行检测，检测合格方可进行正式的涂层施工。

三、注意事项

（1）材料进场时需仔细检查数量、品种，并确保所用的材料在有效期内。

（2）双组分或多组分材料进场时需严格按照包装物上的说明按比例配合使用。

（3）对材料的质量有争议时，需按正确的取样方法取样并对指标进行复验检测。

学习单元 2　计算材料用量

学习目标

- 了解涂料工程消耗量。
- 能根据工程量计算材料用量。

知识要求

一、涂料的基本参数

涂料的基本参数包括体积固体分、干膜厚度、湿膜厚度和理论涂布率。

1. 体积固体分

体积固体分是涂料中非挥发性成分占液体涂料体积的百分率。

这是一个非常重要的概念，液体涂料中的溶剂挥发后，真正留在被涂物表面成为漆膜的就是涂料的非挥发分，即体积固体分。它既是涂料生产中正常的质量控制项目，也是涂料施工必不可少的工艺控制参数。

$$体积固体分 = \frac{干膜厚度}{湿膜厚度} \times 100\% \quad (3—1)$$

体积固体分可以从涂料商提供的数据手册中查到，在计算涂料的理论消耗量中，体积固体分是必须使用的数据。

例 3—1 厚浆型环氧中间漆的体积固体分是 80%，干膜厚度要达到 200 μm，计算湿膜厚度至少要多厚才达到要求？

由式（3—1）计算：$湿膜厚度 = \frac{200}{80\%} \times 100\% = 250\ \mu m$

2. 稀释后的湿膜厚度

实际施工中，经常要加入一定量的稀释剂。稀释剂并不增加涂料的体积固体分。

按以下公式计算稀释后的涂料湿膜厚度：

$$稀释后的湿膜厚度 = \frac{干膜厚度 \times (1 + 稀释率)}{体积固体分} \quad (3—2)$$

如例 3—1 中涂料稀释 10% 后，计算湿膜厚度要多厚才能达到要求的干膜厚度？

由式（3—2）计算：$稀释后的湿膜厚度 = \frac{200 \times (1 + 10\%)}{80\%} = 275\ \mu m$

3. 理论涂布率

理论涂布率是指将涂料涂布在光滑的表面上而毫无损耗，每升可以涂布的面积，单位是 m^2/L。

$$理论涂布率 = \frac{1\,000 \times 体积固体分}{干膜厚度} \quad (3—3)$$

例 3—2 环氧富锌底漆，体积固体分是 54%，规定干膜厚度为 60 μm，计算其理论涂布率。

由式（3—3）计算：理论涂布率 = $\frac{1\ 000 \times 54\%}{60}$ =9 m^2/L

二、涂料理论消耗量的计算

$$涂料的理论消耗量 = \frac{刷涂面积}{理论涂布率} = \frac{刷涂面积 \times 干膜厚度}{1\ 000 \times 体积固体分} \qquad (3—4)$$

三、涂料损耗

实际涂装施工时，因施工工件表面形状、施工方法、工人技术、施工环境条件、涂膜分布程度等各种因素的影响，油漆的实际使用量一定大于涂料理论损耗量。

1．表面粗糙度引起的损耗

通常，底漆的涂装都是在喷砂过的表面上进行的。表面粗糙度对漆膜与钢材的附着力有非常重要的影响。表面粗糙度增加了钢板面积，因此也增加了涂料消耗量。表面粗糙度只对底漆损耗有影响。

当表面粗糙度一定时，所需要用来填平表面轮廓的涂料量基本上也是一定的，通常这个数值被称为绝对值。根据试验和计算，不同的表面粗糙度与其所要求的相应涂料填充量见表 3—1。

表 3—1　　不同表面粗糙度的涂料损耗绝对值

表面粗糙度 *Rz*（μm）	绝对值	
	L/m^2	cm^3/m^2
30	0.02	20
45	0.03	30
60	0.04	40
75	0.05	50
90	0.06	60
105	0.07	70

$$总的绝对值 = \frac{面积 \times 绝对值 \times 100\%}{体积固体分} \qquad (3—5)$$

例 3—3　100 m^2的钢板，用体积固体分为 59% 的环氧富锌底漆施工，计算不同的表面粗糙度带来的额外涂料用量，计算结果见表 3—2。

表3—2　　计算结果

表面粗糙度 Rz（μm）	需要的涂料用量（L）
45	5.08
60	6.78
75	8.47

由式（3—5）计算仅由表面粗糙度带来的涂料损耗，过程如下：

表面粗糙度 Rz45 μm：额外用量 $= \dfrac{100 \times 0.03 \times 100\%}{59\%} = 5.08$ L

表面粗糙度 Rz60 μm：额外用量 $= \dfrac{100 \times 0.04 \times 100\%}{59\%} = 6.78$ L

表面粗糙度 Rz75 μm：额外用量 $= \dfrac{100 \times 0.05 \times 100\%}{59\%} = 8.47$ L

2. 涂膜分布情况造成的损耗

一方面，要求涂膜厚度完全均匀是不可能达到的，平均干膜厚度（所有测定值的平均值）通常会超出设计的额定干膜厚度，这将引起过多涂料的消耗；另一方面，在一些施工难度大的部位，过量涂装（超厚）更是不可避免，这也将加大涂料的消耗量。由于涂料分布造成的损耗，辊刷通常在5%～15%，喷涂通常在15%～40%。

3. 施工损耗

施工中涂料的损耗与施工方式、构件形状等相关，比如喷涂时的漆雾飞散等，无气喷涂时施工损耗一般在5%～60%，总之，大面积结构比小杆件的损耗小，大风时室外施工也会加大这部分损耗。施工损耗通过采取适当措施虽然可以降低，但是不可避免，见表3—3。

表3—3　　不同施工方式造成的损耗

施工方式	施工损耗
无气喷涂	10%～20%
空气喷涂	50%以上
滚涂	5%
刷涂	5%以下

4. 油漆浪费

这部分包括包装桶残留及涂漆设备上的黏附以及配料不当造成的损失，平均损耗值约为5%。

四、工程量计算方法

一般设备、管道按面积计算工程量，钢结构（包括吊架、支架、托架、梯子、栏杆、平台）、管廊钢结构以重量计算，大于 400 mm 型钢及 H 型钢按展开面积计算。计算工程量时，应依施工图样顺序分部、分项依次计算，并尽可能采用计算表格和计算机计算，简化计算过程。计算方法和公式见有关手册。

五、涂料实际消耗量计算方法

涂料的实际消耗量是在实际涂布率的基础上得到的，可以按以下公式计算：

$$\text{涂料实际用量} = \frac{\text{面积} \times \text{干膜厚度}}{1\,000 \times \text{体积固体分} \times (1 - \text{损耗率})} \qquad (3—6)$$

式中，（1 - 损耗率）即损耗系数，如损耗率为 20%，则损耗系数为 0.8。

例 3—4　已知酚醛环氧涂料的体积固体分为 76%、内壁面积为 1 000 m^2 的储罐，喷涂酚醛环氧涂料两道，每道 150 μm，估算损耗 40%，计算共要使用多少酚醛环氧涂料？

根据式（3—6）计算每道涂料实际用量为

$$\text{涂料实际用量} = \frac{1\,000 \times 150}{1\,000 \times 76\% \times (1 - 40\%)} \approx 329\ \text{L}$$

则两道涂料共计：329 × 2 = 658 L

技能要求

一、根据工程量计算材料用量

1. 确定计算参数

根据涂料说明书及厂家给出的施工数据查询涂料的体积固体分，确定施工要求的干膜厚度。

2. 确定损耗

涂料损耗包括表观损失（因表面粗糙及涂料分布所造成的损失）和实际损失（因损耗和浪费引起的损失）。

3. 确定工程量

计算工程施工面积，确定工程量。

二、计算涂料实际用量

根据有关方法和公式，计算涂料实际用量。

三、注意事项

准确应用计算公式。

学习单元3　施工设备和工具的保管、维护及调试

学习目标

➢ 了解施工设备和工具的结构。

➢ 能保管和维护设备、工具。

知识要求

涂层施工需要各种不同的施工设备和工具，施工前需了解其结构和特点。

一、铲刀

铲刀又称油灰刀，由装有木柄的薄钢片制成。刀板薄而有弹性，不易弯曲变形，是清出松散沉积物、旧涂料、调配腻子、刮批腻子和清理腻子疤痕、沙灰等常用的工具。常用的规格有 38 mm、50 mm、75 mm 等多种规格，刀口在 70 mm 以上的适用于满批大面积涂层表面，刀口在 40 ~ 60 mm 的适用于一般面积的满批，刀口在 40 mm 以下的适用于刮填洞眼和裂缝。

二、锤子

锤子是施工中必不可少的工具。常用锤子的种类如图 3—1 所示。

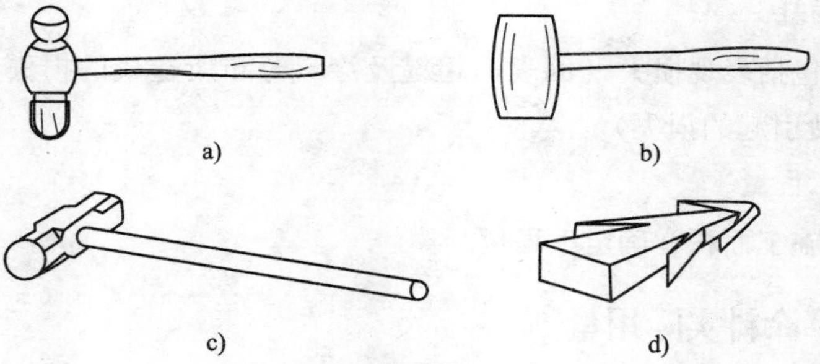

图 3—1　常用锤子的种类

三、钢丝刷

钢丝刷是手工除锈的工具之一。用于小面积部位和不需要喷砂处理的地方的除

锈，可以除去附着不牢的氧化皮、锈蚀物、松散的漆皮和其他杂物。

1. 钢丝刷刷丝类型

有直丝和曲丝（波纹丝）两种。直丝适用于钻孔植毛方式的刷子，如木板钢丝刷、手柄钢丝刷、圆盘钢丝刷等；曲丝的应用范围更广，基本上所有类型的钢丝刷都可采用，特别是弹簧钢丝刷必须采用曲丝。

2. 钢丝刷产品分类

钢丝刷产品类型较多，如圆盘钢丝刷、木板钢丝刷、手柄钢丝刷、钢丝刷轮（见图 3—2）、钢丝刷辊、钢丝条刷、钢丝管道刷、弹簧钢丝刷（见图 3—3）等。

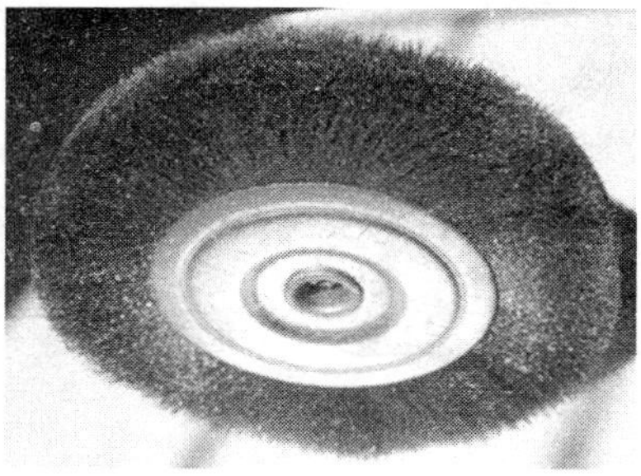

图 3—2　钢丝刷轮

图 3—3　弹簧钢丝刷

3. 钢丝刷钢丝型号

钢丝刷所用钢丝型号有 201#、204#、206#、304#、316#等，针对钢丝刷的不同用途选取相应的钢丝型号和钢丝直径，这样可避免不必要的浪费及达到理想的清除效果。

201#钢丝浸水后较易生锈，206#不锈钢丝的韧性比 204#要强得多，适用于铝业厂对铝带表面进行刮痕、肌理等特殊处理，或者用于塑胶业、木业去毛刺等。304#不锈钢丝是比较优质的一种钢丝，它不仅韧性强，而且耐酸碱，适用于钢板或矿业、机械制造行业，对钢材表面进行除锈、去油、酸洗等。

四、辊筒

辊筒的种类、规格很多，主要根据辊筒的宽度、绒毛长度及辊套材料进行区别。选用时要与涂饰面的状况和涂料的类型相适应。

1. 辊筒的宽度、形状及结构

辊筒的宽度多为 38 ~ 455 mm，常用的是 75 mm、100 mm、175 mm 和 220 mm，不同宽度的辊筒与用途的关系见表 3—4。

表 3—4　　不同宽度的辊筒与用途的关系

辊筒宽度	用途
455 mm	工业厂房的墙壁等大面积的涂装
175 ~ 220 mm	作一般滚涂用，应用最广泛
50 ~ 75 mm	应用于小面积或卡边

辊筒由两部分组成，即刷辊和支撑结构。除了普通形状的辊筒外，还有各种形状的异形辊筒，专门用于特殊形状物面的涂装，如用于墙角滚涂的铁饼形辊筒，管形面滚涂的曲形辊筒等。普通辊筒的结构如图 3—4 所示。

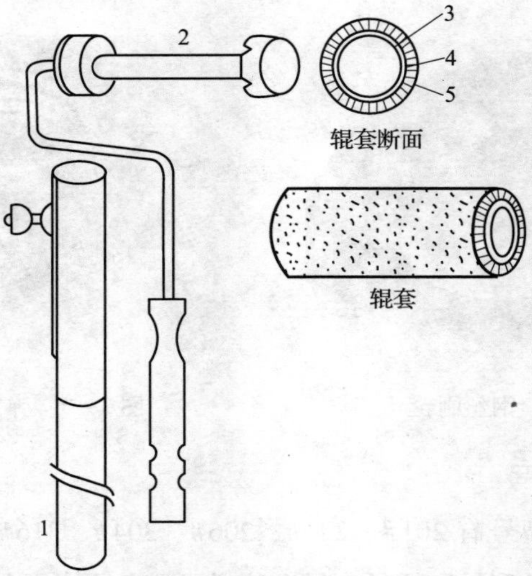

图 3—4　普通辊筒的结构

1—长柄　2—滚子　3—芯材　4—黏层　5—毛头

2. 辊套绒毛的长度

辊套绒毛的长度一般为 4.5 ~ 40 mm，分为短、中、长三种规格，辊筒的性能与之有一定关系。短绒毛吸附的涂料少，产生的纹理细、浅，可用于滚涂光滑面。中、长绒毛吸附的涂料多用于普通面和粗糙面。此外，选用的涂料类型也影响对辊套绒毛的长度的选择。

辊套绒毛的长度与辊筒性能及用途的关系见表 3—5。

表 3—5　　绒毛长度与辊筒性能及用途的关系

绒毛长度	辊筒特点	用途
6 mm 左右	吸附的涂料不多，涂膜较薄且平滑，需频繁蘸取涂料。泡沫橡胶、毡层的辊筒也属此类	用于在光滑面上滚涂有光或半光涂料

续表

绒毛长度	辊筒特点	用途
12 ~ 19 mm	一次吸附的涂料较多，涂膜带有轻微的纹理，可使涂料渗进表面的毛孔或细缝	用于无光墙面和顶棚，19 mm 的适宜滚涂砖石面和其他粗糙面
25 ~ 30 mm	一次吸附的涂料很多，涂层较厚。滚涂铁网时，能将整根铁丝裹住	适宜滚涂粗糙面或铁网等特殊部位

3. 常用的辊套材料

常用的辊套材料有合成纤维、马海毛和羔羊毛等，辊套材料的选用、涂饰面的状况和涂料的类型有关。各种辊套材料的使用特性见表 3—6。

表 3—6　　辊套材料的使用特性

材料种类	使用特性
羔羊毛	各种长度规格，适合粗糙面、溶剂型涂料。滚涂水性涂料绒毛易缠结，不易使用
丙烯酸系纤维	适合光滑面或粗糙面、溶剂型或水性涂料，但不宜滚涂含酮等强溶剂的涂料
聚酯纤维（涤纶）	绒毛很软，在光滑面上滚涂乳胶漆不易起泡，也适宜滚涂油性涂料，多用于室外物面
各种混杂纤维	制成毡层状，多用于滚涂黏稠的辅助材料或涂料，如玛蹄脂、斑纹涂料等

不同类型的涂料及各类基面对辊套材料的选择见表 3—7。

表 3—7　　涂料、基面对辊套材料的选用

涂料类型		光滑面	半粗糙面	粗糙面或有纹理的面
乳胶漆	无光或低光	中长度的羊毛或化纤绒毛	化纤长绒毛	化纤特长绒毛
	半光	化纤绒毛或马海毛的短绒毛	化纤的中长绒毛	化纤特长绒毛
	有光	化纤的短绒毛	化纤的短绒毛	—
溶剂型涂料	底漆	中长度的羊毛或化纤绒毛	化纤长绒毛	—
	中间涂层	短马海毛绒毛或中长羊毛绒毛	化纤长绒毛	—
	无光面漆	中长羊毛绒毛或化纤绒毛	化纤长绒毛	化纤特长绒毛
	半光或全光面漆	短马海毛绒毛，化纤绒毛或泡沫塑料	中长羊毛绒毛	化纤长绒毛
特殊涂料	防水剂或水泥封闭底漆	化纤的短绒毛或中长羊毛绒毛	化纤长绒毛	化纤特长绒毛
	油性着色料	化纤中长绒毛或羊毛绒毛	化纤特长绒毛	—

续表

涂料类型		光滑面	半粗糙面	粗糙面或有纹理的面
特殊涂料	氯化橡胶涂料、环氧涂料、聚氨酯涂料及地板、家具清漆	短马海毛绒毛、化纤绒毛或泡沫塑料	中长羊毛绒毛	—

注：短绒毛为 7 mm 左右；中长绒毛为 10 mm 左右；长绒毛为 20 mm 左右；特长绒毛为 40 mm 左右。

五、毛刷

1. 毛刷的形状及结构

毛刷是刷涂法的主要工具。毛刷常见的原毛有猪鬃、羊毛、马尾毛、狼毫、獾毛、人发和棕丝等。按毛刷所采用的原毛分为硬毛刷和软毛刷。硬毛刷主要是用猪鬃制作，软毛刷通常采用狼毫、羊毛制作。毛刷按其形状大致可分为扁平形、圆形和弯柄形三种。按刷毛的宽度，毛刷分为 12 mm、19 mm、25 mm、38 mm、50 mm、65 mm、75 mm、100 mm 等规格。其外观如图 3—5 所示。

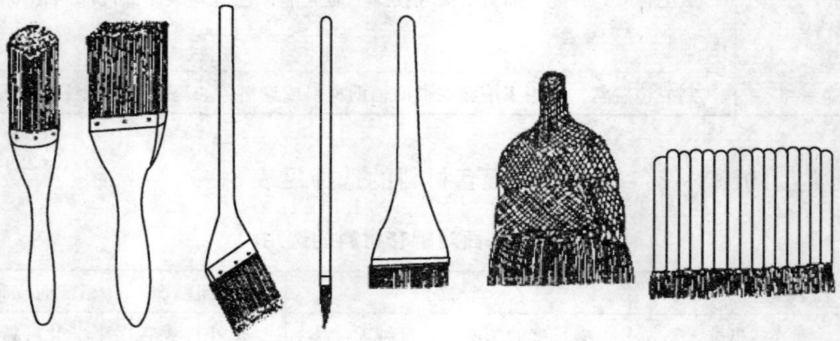

a)　b)　c)　d)　e)　f)　g)

图 3—5　各种毛刷

a）圆形刷　b）长毛刷　c）弯柄刷　d）毛笔　e）底纹刷　f）棕刷　g）排笔

2. 毛刷使用方法

毛刷在使用时，一般采用直握方法，即拇指与其余四指配合，握紧刷柄，不允许毛刷在手中有松动。操作时靠手腕来转动毛刷，必要时要用手臂和身体的移动来配合手腕的动作。

3. 毛刷的操作要点

（1）选择合适的毛刷。

（2）目测毛刷是否干燥。如果刷头湿润，可用鼻子轻轻吸气，闻闻有无气味，若无气味一般为水分。在刷油性涂料之前，要将水分晒干或烘干，而在刷水性涂料之前，无须晒干或烘干，只要握住手柄，刷头向下，用力甩至无水滴落即可；若有气味一般为溶剂，此时，毛刷不宜用于刷涂水性涂料，只可用于刷涂油性涂料。在刷油性涂料之前，握住手柄，刷头向下，用力甩至无溶剂滴落即可。

（3）去除脱落的刷毛。用手指彻底梳理一遍，以确保全部清除。

（4）去除毛刷中的颗粒等杂质。用一只手握住毛刷手柄，毛刷头垂直向下，另一只手反复拨弄刷毛，以确保全部清除。

六、手提式砂轮机

手提式砂轮机主要用来磨削不易在固定砂轮机上磨削的工件。如车架、车身各部骨架及其覆盖件的焊缝以及大型铸锻件的飞边、毛刺等，可以用手提式砂轮机磨修平整。

手提式砂轮机有电动和风动两种类型。按砂轮直径分，常用的规格有 80 mm、140 mm 和 150 mm 三种。手提式砂轮机的形状如图 3—6 所示。

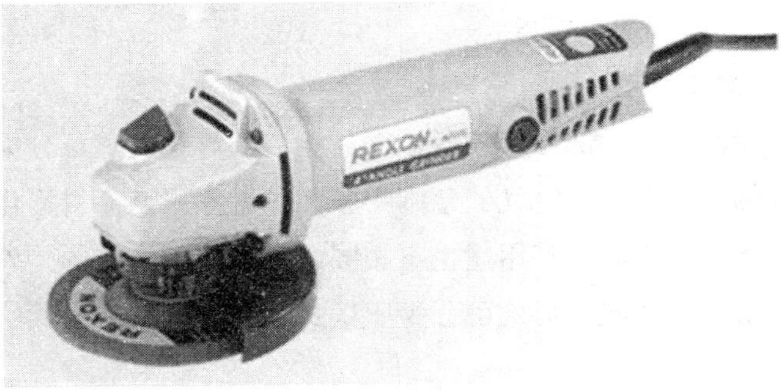

图 3—6　手提式砂轮机

手提式砂轮机的安全使用方法见产品说明书。

七、工业吸尘器

工业吸尘器又称真空吸尘器，如图 3—7 所示。它的主要部件是真空泵、集尘袋、软管及各种不同形状的管嘴，它有一个电动抽风机，通电后高速运转，使吸尘器内部形成瞬间真空，使内部的气压大大低于外界的气压，在这个气压差的作用下，尘埃和脏物随着气流进入吸尘器桶体内，再经过集尘袋的过滤，将尘垢留在集尘袋中，净化后的空气则经过电动机重新进入室内，起到冷却电动机、净化空气的作用。

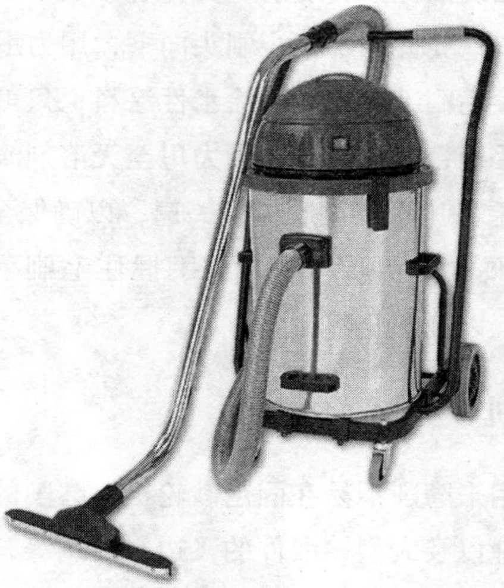

图3—7　工业吸尘器

工业吸尘器的安全使用方法见产品说明书。

八、喷枪

1. 喷枪的结构和类型

喷枪是空气喷涂的关键部件。喷枪依据其涂料的雾化方式可分为外混式和内混式两大类，两者都是借助压缩空气的急剧膨胀和扩散作用使涂料雾化，并形成喷雾图形，但由于雾化方式不同，其用途也不相同，目前使用最广的是外混式。

按照涂料供给方式不同，喷枪可分为压送式、吸上式和重力式三种，如图3—8所示。

a)　　b)　　c)

图3—8　喷枪

a）压送式　b）吸上式　c）重力式

（1）压送式喷枪。压送式喷枪是从专门的涂料增压罐供给涂料，增压后的涂料从涂料喷嘴喷出，与空气混合并雾化。压送式喷枪适用于涂料用量多且需要连续喷涂的作业。

（2）吸上式喷枪。涂料罐位于喷枪的下部，压缩空气从空气帽的中心孔喷出，在涂料喷嘴的前端形成负压，将涂料从涂料罐内吸出并雾化。吸上式喷枪的涂料喷出量受涂料黏度和密度影响较大，不适用于密度大且易沉降的涂料。吸上式喷枪应用最普遍，适用于非连续性喷涂。

（3）重力式喷枪。涂料罐位于喷枪的上部，涂料在自身的重力与涂料喷嘴前端形成的负压共同作用下从涂料喷嘴喷出，与空气混合并雾化。重力式喷枪适用于涂料用量少且换色频繁的喷涂作业。

喷枪的种类虽然很多，但它们的结构大体相同，一般都有枪头、调节旋钮和枪体三部分。其中，枪头基本都由顶针、喷嘴和气帽三部分组成；调节旋钮通常包括涂料流量调节旋钮、喷幅调节旋钮、喷涂气压调节旋钮，个别差异只是旋钮在枪体上的位置不同而已，枪体方面基本相同。气帽有少孔型和多孔型两种。少孔型有一个空气喷出中心孔，最多有 3 个辅助孔。少孔型的空气流量少，压力不均匀，喷涂幅面小，涂料雾化程度低。多孔型在中心孔以外增加了 15 个辅助孔。空气流量大，压力均匀，喷涂幅面宽，涂料雾化程度高。形状复杂的小型工件多采用少孔型；大面积工件多采用多孔型。

典型空气喷枪的构造如图 3—9 所示。

喷枪的结构简单、使用方便，但需有正确的使用方法。影响喷枪使用的因素很多，如涂装的对象、涂装材料甚至季节等。喷枪使用方法的关键在于：调节旋钮的控制、喷涂距离的把握、喷枪移动的速度以及相邻涂层的搭接几个方面。其中喷涂距离、喷枪运行方式和喷雾图形搭接是喷涂的三大原则，也是喷涂技术的基础，必须熟知并严格遵守。

2. 喷枪的使用方法

（1）检查涂料的喷嘴和空气喷嘴的圆度，两个喷嘴是否垂直安装，喷嘴中心是否在同一直线上。否则会出现涂料射流变向，喷涂时很难控制涂料的喷涂路径。

（2）气帽调好后，装入涂料进行试喷，适当转动喷枪上的调节螺栓，以控制空气流量和喷雾图形。

（3）涂料黏度的调整。对于空气喷涂来说，涂料的黏度是影响涂膜质量的重要因素。黏度过高，雾化不良，喷出的射流成液滴状，涂层表面粗糙；黏度过低，涂层较薄，过度雾化的涂料飞散较大。装饰性面漆可以采用低黏度涂料、较小的喷嘴口径、较高的空气压力，这样可使涂料雾化好，涂层光滑细腻，不产生橘皮皱纹等缺陷。

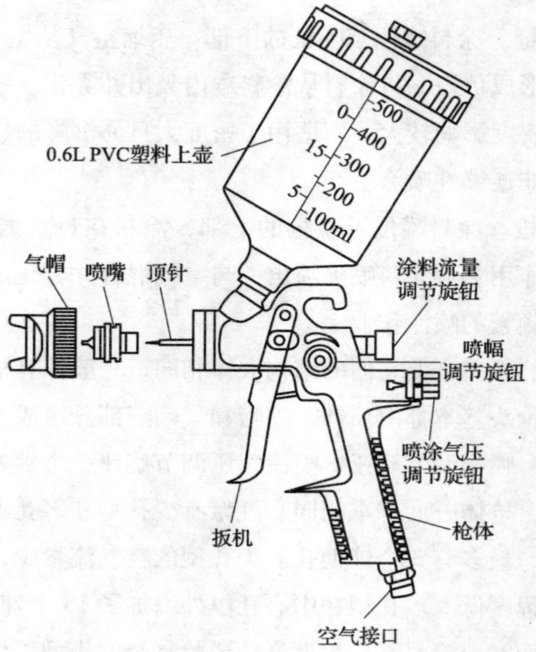

图3—9　典型空气喷枪的构造

（4）空气压力的调整。压力越大，雾化越细，涂层表面越光滑平整；压力越小，涂料雾化越粗，涂层表面就越粗糙，严重时会产生橘皮。

（5）喷嘴口径。当涂料的黏度和空气压力一定时，涂料的喷出量和喷幅由喷嘴口径进行控制，空气压力大，黏度高，喷嘴口径要大；涂料黏度低，空气压力小，喷嘴口径要小。控制涂料的喷出量，也可以转动喷枪顶针外部的调节螺栓，调整顶针的伸出长度。

（6）喷枪与被涂面的距离控制。熟练喷涂的要点之一就是喷涂距离的掌握。喷涂距离过近，增大了空气压力，缩短了涂料到表面的时间，增加了涂料的喷涂量，喷枪的移动范围受到限制，容易引起流挂、涂层表面不均匀、搭接不良等毛病。喷涂距离过远，相当于降低了空气压力，延长了涂料到表面的时间，溶剂挥发量大，涂料黏度增大，雾化不细，涂层表面会形成干尘，造成漆膜表面无光。喷涂距离一般在150～300 mm。

（7）喷枪的移动速度。喷涂作业时，喷枪的运行速度要适当，并且保持恒定。

一般控制在 30 ~ 60 cm/s。当运行速度低于 30 cm/s 时，形成的漆膜厚，易产生流挂；当运行速度高于 60 cm/s 时，形成的漆膜薄，易产生露底缺陷。

（8）喷涂幅面的重叠。由于喷雾图形中心涂膜较厚，边缘较薄，喷涂时必须使前后喷雾图形相互搭接，才能使漆膜均匀一致。

3. 喷枪的保养

喷枪是涂装中非常重要的一个设备，如果使用和保养得当，涂装质量和使用寿命将会长很多。正确地使用和保养喷枪是每个防腐蚀工必须掌握的基本技能。

喷枪的保养和使用事项：

（1）经常检查针阀、垫圈，空气阀垫圈密封簿是否有泄漏，如有泄漏应及时更换；经常在密封垫圈处涂油，使其变软，利于滑动。

（2）枪头气帽的螺纹、吐漆量调节旋钮和调气旋钮等，应经常涂油保证活动灵活；喷枪顶针和空气阀部的弹簧也应涂润滑油以防生锈，以便利于滑动。

（3）喷枪不要随意拆卸，必需拆卸时应注意各矩形部位不应粘有垃圾和涂料，气帽和喷嘴绝对不能有任何损伤，组装后调节到初始的样子，扣动扳机测试空气和涂料的喷出效果。

（4）喷枪使用前应进行全面检查，保证喷枪状态完好方能使用。

（5）喷枪使用中应避免碰撞被涂工件或掉落地上，不然会造成永久性损伤而无法使用。

（6）暂停工作时，应将喷枪枪头浸在溶剂中，以防涂料干固，堵住喷嘴；但不应将整个喷枪完全浸泡在溶剂中，这样会损坏各部位的密封垫圈，造成漏气、漏漆的现象。

（7）喷枪使用完毕应及时清洗，否则涂料通道会被堵塞，以后将更难清洗，甚至无法再使用。

九、空压机

空气喷涂用的气源一般由空压机产生，喷涂施工一般选用小型往复式空压机。要求空压机能够提供稳定的压缩空气源，具有稳定的压力和充足的流量。喷涂施工时气压应维持在 0.29 ~ 0.59 MPa。典型的空压机如图 3—10 所示。

1. 空压机的工作原理

空压机压缩空气的过程，主要是通过活塞在气缸内不断地往复运动来完成的。活塞在气缸内一次往复的全过程称为一个工作过程，包括吸气、压缩和排气。

图 3—10　典型的空压机

2. 空压机安全使用方法

空压机的安全使用方法见产品使用说明书及相关操作规程。

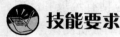

技能要求

一、保管施工设备和工具

按照施工设备说明书要求保管施工设备和工具，需特别注意储存环境的通风、干燥。

归置前应做好施工设备的清洁，做好安全检查，如关闭开关、切断电源电线、卸去压力、关闭并放掉管中冷凝水等工作。

二、维护施工设备和工具

按施工设备和工具说明书进行清洁和维护，及时添加润滑油或更换零部件，对设备进行定期保养。

三、调试施工设备和工具

按施工设备和工具说明书要求做好准备工作，准备好电源电线、接地设施，做好个人保护等。

四、注意事项

（1）使用用电设备和工具需注意用电安全，并做好接地措施。

（2）设备和工具在使用前需检查，并做好维护和保养工作，以确保设备和工具的正常使用，延长设备和工具的使用寿命。

第2节 涂料调配

学习单元1 涂料的固化

学习目标

➢ 了解涂料的分类和固化知识。

➢ 能判断涂料的凝胶和固化。

知识要求

一、涂料的分类

涂料的分类方法有很多种，以下介绍其中的几种：

1. 按涂料的用途分。有工业用涂料，如防腐涂料、船舶涂料、木器涂料、纸张涂料、汽车涂料，还有建筑涂料等。

2. 按涂料的成膜机理分。有转化型和非转化型涂料。气干性涂料、固化剂固化型涂料及加热固化型涂料等均为转化型涂料，而挥发性涂料、热塑性粉末涂料及乳胶漆等均为非转化型涂料。

3. 按涂料的形态分有无溶剂型涂料、高固体分涂料、溶剂型涂料、水性涂料和粉末涂料等。

4. 按涂料的组分分有单组分涂料、双组分涂料等。

二、涂料的固化

1. 涂料的凝胶与固化

涂料涂覆于物体表面以后，涂料由原来的状态（如液态或粉末态）转变为致密完整的固态薄膜的过程，称为涂料的固化。

涂料由湿涂膜进而干燥的过程中，涂膜的黏度在不断变化而变成了黏性凝胶，进而干燥固化成固态涂膜，这个过程称为凝胶。凝胶的过程，不同的涂料所需要的时间是不同的，因此，把在产生凝胶之前的时间称为该涂料的适用期，也就是说，涂料一定要在适用期内使用完，否则，将影响涂膜的性能和质量。

2. 环境温度、相对湿度对固化的影响

自干性涂料如挥发性涂料、气干性涂料、固化剂固化型涂料等通常在自然环境下固化，即在常温大气环境中，通过溶剂挥发、氧化聚合或固化剂固化而干燥成膜。涂料干燥的速度受环境温度和湿度的影响很大，因此，自干性涂料要求通风良好，这样将有利于溶剂挥发和作业场地的安全。环境湿度大时，尤其是水性涂料，水或溶剂的挥发将受到抑制而造成干燥速度减缓，同时还会伴随涂膜发白等涂膜缺陷，因此，水性涂料涂装时要选择大气湿度低的时间，通常相对湿度应在 80% 以下。但温度高时，溶剂挥发快、固化反应快，因此流平性变差，此时，需要调整表干速度。

三、涂料的固化方法

涂料的固化方法分为自然干燥、烘干和辐射固化三种。

1. 自然干燥

自干性涂料如挥发性涂料、气干性涂料、固化剂固化型涂料适用于自然干燥的方法。

2. 烘干

烘干分为低温烘干、中温烘干和高温烘干。在 100℃以下的称为低温烘干，对于自干性涂料可以进行低温烘干。中温烘干为 100～150℃，主要用于面漆的烘干。150℃以上的即为高温烘干，适用于需要在高温下才能发生反应而充分交联固化的涂料。

3. 辐射固化

即利用紫外线或电子束，使不饱和树脂涂料被快速引发而聚合的一种固化方法。

涂料固化的一般方法见表 3—8。

表 3—8　　涂料固化的方法

固化方法		特点	涂料
自然干燥		要求场地通风良好，灰尘较少，大气环境要满足一定的湿度和温度	快干涂料
烘干	热空气对流干燥	低温烘干时可用蒸汽；中温或高温烘干可选用燃料或电加热；干燥性好，但能耗大，热效率低	烤漆和能强制干燥的自干漆
	红外线辐射干燥	干燥快，热效率高，可间歇式或通过式干燥，但形状复杂部位的干燥程度不一致	烤漆和能强制干燥的自干漆
	辐射、对流混合干燥	兼有两者的特点，形状复杂且辐射不到的部位也可干燥良好	烤漆和能强制干燥的自干漆
辐射固化	紫外线辐射	适合流水线生产的平板，干燥快（<2 min），仅适合于清漆，不适合含对紫外线透射小的颜料的色漆	光固化涂料（不饱和聚酯等）
	电子束辐射	效率高（<1 min），设备投资大	聚酯、丙烯酸、氟化聚氯乙烯、某些聚氨酯等

技能要求

一、判断涂料凝胶时间

对于双组分或多组分涂料，按照产品说明书要求的配比方法进行配制时，将涂料的各个组分分别准确量取后，进行充分混合搅拌达到均匀，并调整混合料的黏度，达到可以进行涂装操作的程度，当发现在一定的时间之后，用搅棒等工具搅动配制好的涂料时，出现黏度变大的现象，这个从混匀到黏度变大的时间间隔即为该涂料适用期，即凝胶时间。

二、注意事项

（1）严格按照产品说明书的配比方法调配涂料。

（2）在取料之前一定要将各组分完全搅拌均匀。

（3）各个组分的量取要准确。

（4）各组分混合要均匀。

（5）准确判断涂料适用期，在适用期结束时涂料黏度变大非常明显。

学习单元2 稀 释 剂

学习目标

➢ 了解稀释剂相关知识。

➢ 能够正确选用稀释剂。

知识要求

稀释剂通常是用来溶解树脂或调整涂料黏度的液体，它是多种溶剂组成的混合溶剂，在涂料的成膜过程中起着重要作用，是涂料成分中不可或缺的。涂料的工艺黏度可以通过加入一定比例的稀释剂来调节，以满足各种不同的施工要求。稀释剂与溶剂的区别在于对特定的主要成膜物质的溶解能力。稀释剂只稀释现成的涂料，并且是在施工过程中才向涂料中加入。

一、稀释剂的分类

稀释剂通常有普通稀释剂和活性稀释剂两大类。活性稀释剂直接参与涂料成膜，成为涂层的一部分。普通稀释剂通常是由溶剂、助溶剂和冲淡剂三部分组成。这三部分的作用不同，因此，普通稀释剂是根据其对树脂的溶解力、挥发速度以及对涂膜的影响等因素，来决定其各部分的选用和配比。对于不同类型的涂料，甚至不同生产厂家的产品，都有相应的稀释剂。

二、防腐涂料常用稀释剂举例

不同防腐涂料选用的稀释剂是不同的，一些防腐涂料常用稀释剂见表3—9。

表 3—9　　防腐涂料与常用稀释剂

序号	涂料名称	稀释剂
1	醇酸树脂漆	通常长油度漆可用 200 号溶剂汽油；中油度漆可用 200 号溶剂汽油和二甲苯按 1∶1 混合；短油度漆可用二甲苯
2	氨基漆	通常是二甲苯和丁醇（或 200 号煤焦溶剂）混合；也可按二甲苯∶丁醇∶乙酸乙酯 = 8∶1∶1 的比例混合
3	沥青漆	多采用 200 号煤焦溶剂、200 号溶剂汽油和二甲苯
4	过氯乙烯漆	通常采用酯类、酮类及苯类溶剂组成，切忌用醇类。可采用如下参考配方：乙酸丁酯∶丙酮∶甲苯∶环己酮 = 4∶2∶13∶1
5	聚氨酯漆	通常由无水甲苯、二甲苯与酮类、酯类溶剂混合而成。不能用带羟基的溶剂，如醇类。可采用无水二甲苯∶无水环己酮 = 1∶1 的比例
6	环氧漆	通常由环己酮、二甲苯和丁醇等组成。可采用环己酮∶丁醇∶二甲苯 = 1∶3∶6 的比例
7	丙烯酸漆	通常由酯类、醇类和苯类溶剂混合而成。其中酯类溶剂占 50% 以上

技能要求

一、选择稀释剂

（1）仔细阅读所使用的涂料使用说明书，了解正在使用的涂料品种及其涂装方式。

（2）根据拟采取的涂装设备和对涂料黏度的要求，按照生产厂家提供的说明书对稀释剂及其配比的要求，选用稀释剂或使用生产厂家提供的专用稀释剂。

二、使用稀释剂

在调整黏度的过程中，不要将拟加入的稀释剂一次用完，而要分多次加入，以确保将黏度调整到所需要求。

三、注意事项

（1）选用稀释剂时，要根据生产厂家的产品说明书要求确定稀释剂的品种和用量，不可随意更换稀释剂。

（2）要充分了解所用涂料品种、性能、用途及其禁忌。

（3）调整黏度时，不要将拟加入的稀释剂一次用完。

（4）同一生产厂家不同产品的稀释剂不能混用，不同生产厂家同类产品的稀释剂也不能随意混用。

第3节　高压无气喷涂操作

学习目标

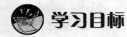

- 了解高压无气喷涂设备的工作原理和组成。
- 能操作高压无气喷涂设备。

知识要求

一、高压无气喷涂的原理与特点

1. 高压无气喷涂的原理

高压无气喷涂是利用高压设备，对涂料施加10～25 MPa的高压，以约100 m/s的高速从设计精确的喷枪喷嘴中喷出，与空气发生激烈冲击而雾化成极细而均匀的颗粒，并射在被涂物上，由于雾化过程中未使用压缩空气，故又称无气喷涂。

2. 高压无气喷涂的特点

高压无气喷涂与空气喷涂相比具有以下优点：

（1）涂装效率高。由于高压喷涂涂料喷出量大，涂料粒子喷射速度快，涂装效率比空气喷涂高几倍到几十倍。

（2）对复杂工件涂覆效果好。

（3）可喷涂高、低黏度的涂料，喷涂高黏度涂料时，可得厚涂膜，减少喷涂次数。

（4）涂料损失少，污染低，由于没有空气喷涂时的气流扩散，因此漆雾飞散少；喷涂高固体分涂料时，稀释剂用量减少，溶剂的散发量也减少，从而使作业环境得到改善。

高压无气喷涂的缺点是：喷出量和喷雾图幅只有通过更换喷嘴才能调节；涂膜外观质量比空气喷涂差，尤其不适用于装饰性薄涂层的喷涂施工。

二、高压无气喷涂设备的组成

高压无气喷涂设备由动力源、高压无气喷涂机、高压喷枪、喷嘴、蓄压器、高压输料软管和涂料容器组成。

1. 动力源

高压泵动力源包含压缩空气、电动、液压和小型汽油机等几种。高压无气喷涂施工的动力源多采用压缩空气。压缩空气动力源的设备包括空气压缩机、空气缓冲罐、压缩空气输送管道、油水分离器等。

2. 高压无气喷涂机

高压无气喷涂机对涂料直接进行加压，它由柱塞泵、低气压缸、高压涂料缸、配气装置组成。柱塞泵即高压泵，通常是高压无气喷涂机的主要部分，分为单动型和复动型两种。

3. 高压喷枪

高压喷枪由枪体、针阀、喷嘴、扳机组成，没有空气通道，也没有调节装置，它是靠更换喷嘴来调节涂料喷出量和喷出的雾化幅宽的。高压喷枪轻巧、坚固密封。高压喷枪有手持式、长柄式和自动高压喷枪三种。

（1）手持式喷枪

这是最常用的高压无气喷枪，其结构轻便，施工作业时手持操作方便，适用于各种涂装作业场合。

（2）长柄式喷枪

这是一种专用的高压无气喷枪。枪柄杆长 0.5 ~ 2 m，喷枪前部有回转装置，适用于大型物体。广泛应用于造船、车辆和建筑等行业。

（3）自动高压喷枪

自动高压喷枪的基本结构类似于普通无气喷枪。喷枪的启闭是由喷枪后部的气缸控制的，适用于涂装自动生产线上的工件。

4. 喷嘴

喷嘴是高压无气喷涂设备的关键部件，它直接关系到涂膜的质量。喷嘴分为标准型喷嘴、回转型喷嘴和可调式喷嘴。喷嘴采用硬质合金制造，规格很多，每种口径和几何形状都是固定的，由此也决定了它们的雾化状态、喷流幅度及喷出量。因此可根据使用目的、涂料种类、喷射幅度及喷出量来选用高压喷枪的喷嘴。

（1）标准型喷嘴是使用最普遍的喷嘴。这种喷嘴的型号很多，涂料喷出量为

0.2～5 L/min，雾化幅宽为150～600 mm，可以满足各种喷涂工作的需要。

（2）回转型喷嘴有一个换向装置，当杂物堵塞喷嘴时，可将回转手柄旋转180°，再开启喷枪清除杂物。

（3）可调式喷嘴具有一个调节塞，可以调节喷嘴口径、喷出雾幅宽度，如遇到喷嘴堵塞，只需调大孔径，便可很容易清除杂物。

5. 蓄压器

蓄压器的作用是稳定涂料压力。当柱塞移动到上、下两端时为死点，速度等于零。在死点这一瞬间，无涂料输出，涂料压力产生波动。增设蓄压器可以减小这种波动，提高喷涂质量。

蓄压器为一筒体，涂料由底部进入，进口处设钢球单向阀，在进气压力低于筒内压力时，阀关闭。筒体体积越大，稳压作用越明显。若在筒体内安装活塞弹簧，则有更显著的稳压作用。过滤器与蓄压器合在一起，可使结构紧凑，用于过滤漆液，防止高压漆路堵塞。

6. 高压输料软管

高压输料软管用于连接喷涂机和喷枪，输送高压涂料供喷涂施工。高压输料软管应该柔软、轻便，且耐油、耐强溶剂和耐高压（大于25 MPa）。最好选用中间夹不锈钢丝或锦纶丝编织网的尼龙或聚四氟乙烯内外两层软管作为耐压管，另外还需编入接地导线。

7. 涂料容器

由于高压无气喷涂涂装效率较高，用料速度较快，吸入管前端为刚性且较长，因此配制并混合涂料用的容器不能因太小而达不到使用要求。

三、高压无气喷涂工艺条件

1. 涂料喷出量

涂料喷出量与喷嘴口径、涂料压力和涂料密度有关。虽然提高涂料压力能增加涂料喷出量，但完全依靠涂料压力来大幅度提高喷出量是不可取的，这会降低设备的使用寿命。最好的办法是更换较大口径的喷嘴。

涂料密度和喷枪所处的高度差，都会造成不同的压力损失，使实际涂料喷出量发生变化。因此必须根据这些因素来确定实际涂料喷出量。

2. 喷涂条件

高压无气喷涂非常适合于防腐蚀涂料和高黏度涂料的施工。喷涂距离一般为30～40 cm，喷射图形搭接幅度取幅宽的1/2，使涂膜更厚并防止漏喷。要获得较薄的涂层应选用小口径喷嘴。高压无气喷涂工艺条件见相关产品说明书。

四、改进型高压喷涂

1. 空气辅助高压喷涂

空气辅助高压喷涂设有空气帽，上面设有雾化空气孔、调节图形空气孔。因此，它与高压无气喷涂相比，有涂料压力低、雾化效果良好、漆雾沉积率提高、喷雾图形可调等特点。

2. 加热高压喷涂

该方法具有一般加热喷涂的优点，涂料雾化性和涂膜平整度都较好。

3. 专用高压喷涂设备

专用高压喷涂设备包括双组分涂料专用高压喷涂设备、富锌涂料专用高压喷涂设备、水性涂料专用高压喷涂设备等。内混式双组分高压喷涂采用 224 液流分割器使两组分均匀混合，然后由喷枪喷出，适用于配比 1∶1 左右的双组分涂料。外混式采用双管喷枪，两组分在雾化过程中混合。富锌涂料由于锌粉沉降快，易结块，采用带搅拌装置和更高耐磨损的设备及更大口径喷枪。水性涂料专用高压喷涂设备则采用耐腐蚀性良好的不锈钢材料制作。

技能要求

一、操作准备

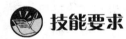

1. 穿戴好工作服和口罩。
2. 被涂物已进行合格预处理。
3. 根据所施工的喷涂涂料品种及涂装设计要求、涂料黏度，选择合适的进气压力、喷涂压力、喷涂机型号和喷嘴型号。使用大规格的喷嘴时，压缩空气源必须具有相应的压力和流量。
4. 按操作要求连接喷涂设备，安装喷涂机接地线，检查并确认保险阀有效。

二、操作步骤

步骤 1　连接设备

喷涂机开机前，检查并确认喷涂机中各螺栓、螺母以及各管路接头已拧紧，然后接通气源。打开风阀和涂料阀，设备开始工作。气动泵连续地往复运动，如果空载压力工况往复运转正常，将吸入管插入装有已混合好、黏度合适的涂料的储料桶内。涂料被吸入高压涂料缸，从压力表观察是否起压，若不起压说明涂料黏度太高或有粗颗粒阻塞过滤网孔，需调整涂料黏度或清洁过滤网。调节压缩空气调节阀使压力在涂料所需的喷涂压力范围内。

步骤2 喷涂

喷涂施工时手要紧握喷枪手柄，靠腕力和小臂、大臂匀速移动喷枪，速度控制在30～60 cm/s。喷嘴应与被涂面垂直，且保持一定的距离（300～500 mm）平行移动。两道漆道的重叠控制在其宽度的1/3～1/2。可以根据工件的复杂程度变换喷嘴与工件的角度及运行速度。喷涂时视工件的情况先难后易，先喷工件的棱角和形状复杂的表面，后喷大平面，可横向或纵向喷涂。

喷涂暂停时，必须卸去软管和高压涂料缸中的压力，将喷枪浸入装有溶剂的桶中，时间不宜超过15 min。在喷涂过程中如遇杂物堵塞喷嘴，必须立即清洗，先关闭安全锁，然后用细针插入喷嘴孔内疏通并将喷嘴浸在溶剂中，用毛刷洗净，再用压缩气枪疏通。使用回转型喷嘴时，可将回转手柄旋转180°，再开启喷枪清除杂物。

步骤3 整理设备

喷涂施工完毕，将涂料吸入管从涂料储料桶内取出，使气动液压泵空载运行，排尽涂料泵、过滤器、高压软管、喷枪内的剩余涂料。然后用溶剂在空载压力工况下循环，将涂料泵、过滤器、高压软管、喷枪清洗干净。在喷涂机的软管接口和喷枪接口处，用压缩空气吹尽软管内的剩余溶剂。接着拆洗过滤器及喷枪，使它们保持清洁。最后将喷嘴妥善保管备用。

三、注意事项

1. 施工人员施工时，需穿防静电安全鞋和工作服，戴上防护面具，注意做好施工现场的通风换气。

2. 涂料应过滤后再使用，以免堵塞喷嘴。

3. 喷涂机尽量放在接近被涂物的地方，尽量选用内径大的高压软管，以减少压力损失。为方便施工操作，在靠近喷枪一端可以接一小段（5～15 m）ϕ8 mm的高压软管。

4. 喷涂过程中，如更换喷嘴或停喷时，应及时将喷枪扳机保险挡片锁住。在任何情况下，喷枪枪口不能朝向自己或他人，以免造成事故。

5. 喷涂机的接地装置要妥善接地。高压软管和无气喷枪需与喷涂机形成导电回路，以防止产生静电火花。

6. 喷涂机不再使用时，一定要及时并彻底清洗干净。

第 4 节　涂装后处理

学习单元 1　清洗剂的选择

学习目标

➢ 了解涂料清洗剂的特点。

➢ 能选用清洗剂清洗工具。

知识要求

通常，涂料按有无溶剂及溶剂种类可以分成溶剂型涂料、粉末涂料、有机涂料和水性涂料等。因此，选择清洗剂时应了解涂料的性质和清洗剂的特点，一般选用有机溶剂和碱液一起清洗。清洗用的有机溶剂很多，使用最普遍的是丙酮、二甲苯、溶剂汽油。丙酮的溶解能力强，但价格贵；二甲苯的溶解能力中等，但价格便宜，例如，清洗溶剂型涂料可以选用相应的稀释剂、生产厂家提供的清洗剂等；而水性涂料除上述清洗剂之外还可以选择水作为清洗剂。

技能要求

以下举例说明涂料清洗剂的选用：施工现场如果使用环氧类涂料喷涂石油储罐内壁，施工结束后，应采用生产厂家提供的稀释剂进行施工工具的清洗，或选用可以溶解环氧类涂料的溶剂如醋酸丁酯或醋酸丁酯与无水乙醇按一定比例混合的清洗剂进行清洗。

选择清洗剂时，一定要在清洗之前做充分的试验，判断所用清洗剂是否可行，配比是否合适。

学习单元2 涂层的加热固化

学习目标

➢ 了解常用涂层加热固化的方法。

➢ 能对各种涂层加热固化。

知识要求

涂料的固化有常温自然固化、冷固化、加热固化、特种固化四种方法。对于烘烤型的涂料，成膜物质分子的活性基团或反应基团在常温下不起反应，只有经过加热升温，这些基团才能发生交联反应，形成网状结构的涂层。经过加热固化的涂层的物理化学性能优于冷固化涂层。涂层加热固化的方式主要有红外线加热、热空气加热及电磁感应加热等。

一、红外线加热

1. 红外线加热的工作原理和特点

红外线加热固化是利用电磁辐射传热原理，以直接方式传热而达到加热固化物体的目的，从而避免加热传热媒体导致的能量损失，有益于节约能源；同时红外线有容易产生、可控性良好等特性，具有加热迅速、固化时间短、生产效率高、产品品质良好及节省设备空间等优点。

2. 红外线加热设备

常用的加热设备中采用红外线加热原理的有碘钨灯、远红外线灯等。

二、热空气加热

1. 热空气加热的工作原理和特点

利用对流传热原理，由热源加热空气，而后用热空气加热涂层，使涂层固化。

对流固化涂层是固化应用中比较广泛的一种方法。它适用于各种尺寸、形状的工件表面涂层的固化，既适用于组装好的整体制品，也适用于零部件，特别适用于形状复杂的工件。对流固化的速度比自然固化快许多倍。当使用蒸汽作为热源时，适合固化温度在 100℃以下的涂层固化；当使用天然气、电能作为热源时，适合各种固化温度涂料的固化。如油性涂层固化时，当温度由 20℃提高到 80℃时，固化时间几乎为原来的 1/10。

2. 热空气加热的种类

通常采用的热空气加热方法的有热水或蒸汽加热、电加热及烟道气加热等。

三、电磁感应加热

1. 电磁感应加热的原理和特点

利用电磁感应原理，即交变的电流会在导体中产生感应电流，从而导致导体发热而进行加热。

2. 电磁感应加热的种类

电磁感应式的加热设备包括高频加热器和低频加热器。

技能要求

一、加热固化各种涂层

1. 操作准备

（1）检查准备进行加热固化施工的被涂物的涂层干燥程度，当涂层达到触指干燥（不粘手指）的程度时，才能进行加热固化施工。

（2）安放好被涂物，大型被涂工件要安放牢固。

2. 操作步骤

步骤 1　管路与设备连接

将需要连接的管路和设备连接好（如水管接口、蒸汽接口、压力表、电源及烟道气管路），被加热工件应在适当位置安装温度测定装置。

步骤 2　加热

检查并确定各接口部位密封不泄漏，电路安全可靠，然后慢慢打开热水阀门、蒸汽阀门或电源开关。观察加热温度，加热达到固化工艺要求的温度和时间后，关闭热水阀门、蒸汽阀门或电源开关。让被加热工件自然冷却。

步骤 3　结束加热操作

待工件自然冷却到室温后，拆卸水管或蒸汽管及疏水器，结束加热操作。

二、注意事项

（1）应严格遵守操作工艺，严防超温操作。

（2）注意生产安全，加热环境应无多余的杂质。

（3）达到规定的加热时间，应待工件自然冷却到室温后方可取用。

（4）对于蒸汽加热操作，蒸汽管路（包括各通路和阀门）的耐压值应大于1.5倍的使用蒸汽压力，接口牢固，垫片应适合温度和压力要求，不泄漏。

（5）疏水器排水管口应对着地面，管口不得朝上。

第5节 质 量 检 查

学习单元1 涂层完全固化的检测

学习目标

➢ 了解并掌握涂层完全固化的检测方法。

➢ 能检查涂层的固化度。

知识要求

涂料形成的涂层固化程度直接影响涂层的性能，固化度就是检验涂层固化程度的一种方法。通常检测涂层固化度可以采用溶剂法和硬度法等。

一、用丙酮检测固化度

参照《纤维增强塑料树脂不可溶分含量试验方法》（GB/T 2576—2005）的检测方法，将涂料粉末试样用丙酮溶剂萃取，使没有固化的部分通过丙酮萃取而分离出来，根据萃取前后试样的质量变化，计算试样中树脂的固化度。

但上述只是实验室可以采用的方法，在施工现场，对于双组分的涂料，如环氧漆和聚氨酯漆等，可以采用强溶剂测试。即用抹布蘸强溶剂，如丙酮、丁酮或二甲苯等在涂层上擦拭，如果抹布上未沾染任何东西，则认为涂膜已经固化。

二、用硬度检测固化度

可以采用铅笔硬度测试方法检测涂膜固化情况。即用不同硬度的中华绘图铅笔，从最软的开始，以 45°划涂膜，直至发现能够划破涂膜的铅笔的硬度值，由此铅笔的硬度值与该涂料的硬度值比较，判断涂膜的固化程度。

另外，巴柯尔（Barcol）硬度（简称巴氏硬度）是近代国际上广泛采用的一种硬度门类，它是以一定形状的硬钢压针，在标准弹簧试验力作用下压入试样表面，用压针的压入深度确定材料硬度，定义每压入 0.007 6 mm 为一个巴氏硬度单位。巴氏硬度单位表示为 HBa。

技能要求

一、用丙酮检测固化度

1. 操作准备

准备好丙酮和干净抹布。

2. 操作步骤

步骤 1　擦拭

用抹布蘸丙酮，然后在涂层上擦拭。

步骤 2　检查与判断

检查擦拭过的抹布，如果抹布上未沾染任何东西，则认为涂膜已经固化。

3. 注意事项

（1）所用抹布应干净、无色。

（2）该方法仅适用于类似双组分等热固型涂料。

二、用铅笔硬度检测固化度

1. 操作准备

准备中华绘图铅笔一套。

2. 操作步骤

步骤 1　划涂膜

用不同硬度的中华绘图铅笔，从最软的开始，以 45°划涂膜。

步骤 2　检查与判断

当发现有一支铅笔能够划破涂膜时，停下来检查划破涂膜的铅笔的硬度值，由此硬度值与该涂料的硬度值比较，判断涂膜的固化程度。

3．注意事项

（1）中华绘图铅笔的笔尖应削成平头。

（2）应了解所用涂料产品的硬度值。

学习单元2　干膜厚度的测量

学习目标

➢ 了解涂层测厚仪的种类和用途。

➢ 能使用涂层测厚仪测涂层厚度。

知识要求

根据不同的工作原理制作的测厚仪种类很多，在涂层厚度检测中常用的有磁性测厚仪、涡流式测厚仪及超声波测厚仪等。这些测厚仪的共同特点是无损检测。

一、磁性测厚仪

用于测量磁性金属基体（如钢、铁等）或导电金属基体上非磁性覆盖层（铝、铬、铜、珐琅、橡胶、油漆等）的厚度。

二、涡流式测厚仪

用于测量非磁性金属基体上的覆层厚度。

三、超声波测厚仪

用于精确测量各种板材和加工零件及生产设备中各种管道和压力容器的覆层厚度，或监测它们在使用过程中受腐蚀后的减薄程度等。

技能要求

一、测涂层厚度

1．操作准备

（1）涂层已经干燥固化。

（2）被测表面无灰尘、油污。

2. 操作步骤

步骤 1　校准

接通电源，将测头完全垂直接触零点标准片，调节测厚仪的零点旋钮至零点；将测头完全垂直接触满度标准片，调节测厚仪的满度旋钮直至达到满度值。

步骤 2　测量

将测头完全垂直使其用力完全接触被测涂层，读出测量值。

二、注意事项

（1）对仪器进行校准时，应使用与试件基体金属具有相同性质的光滑钢板及接近于涂膜厚度的标准薄片。

（2）每一种仪器都有一个基体金属的临界厚度，大于这个厚度，测量就不受基体金属厚度的影响。

（3）仪器对试件表面形状的陡变敏感，因此，应避免在靠近试件边缘或内转角处进行测量。

（4）不适合在弯曲试件的表面上测量。

（5）不适合软覆盖层的厚度测量。

（6）基体金属和覆盖层的表面粗糙度对测量有影响。因此，每次测量时，在不同位置上应增加测量的次数；如果基体金属粗糙，还必须在未涂覆表面粗糙度类似的基体金属试件上取几个位置校对仪器的零点，或用对基体金属没有腐蚀性的溶液溶解除去覆盖层后，再校对仪器的零点。周围各种电气设备所产生的强磁场，会严重地干扰磁性法测厚工作。

（7）仪器对那些妨碍测头与覆盖层表面紧密接触的附着物质敏感，因此，必须清除表面附着物质，以保证仪器测头和被测试件表面直接接触。

（8）要保持测头对试件所施加的压力大小恒定。

（9）在测量中，应使测头与试件表面保持垂直。

学习单元3　涂层表面缺陷的检测和记录

学习目标

- 了解电火花检测仪的工作原理。
- 能用电火花检测仪检测涂层表面缺陷。

知识要求

由于施工或涂料自身的原因，涂料经过涂装形成涂层后，涂层可能会有一些肉眼看不到的针孔、砂眼、漏涂等缺陷存在，为了确保涂装及涂层质量，需要在涂装进行中以及验收时进行检测，电火花检测仪是检测时常用的仪器。

一、仪器组成

电火花检测仪由主机、高压探棒、探极三大部分组成。

二、种类和用途

电火花检测仪多分为15 kV和30 kV两种。主要是用来检测金属基体上厚非导电涂层是否存在针孔、砂眼等缺陷的仪器。

三、工作原理

电火花检测仪是通过对各种导电基体涂层表面加一定的脉冲高压，当脉冲高压经过涂层过薄、漏金属或有漏气针孔的部位时，形成气隙击穿而产生火花放电，同时给报警电路送去脉冲信号，使报警器发出声响报警，从而达到对涂层检测的目的。

四、使用方法

将仪器一头接地，探头放置于被检涂层，当探头经过有缺陷的涂层表面时，仪器将发出明亮的电火花，同时报警。

技能要求

一、电火花检测仪检测涂层表面缺陷

1. 操作准备

将涂层表面保持干燥、干净。根据不同的探测需要选择适当的探极。

2. 操作步骤

步骤 1 仪器连接

将高压探棒连接电缆与高压探棒连接插头插入主机的高压探棒连接插座。

步骤 2 检查机器工作情况

（1）将电源开关打到“开”的位置，工作指示灯亮，表示仪器工作正常。

（2）按下高压枪上的高压开关，调节高压调节旋钮至检测所需电压。

（3）将地线与主机地线座连接，探极与裸点接近，有火花产生，并伴有声响报警，缓缓调高输出电压，火花产生的距离越来越大，说明仪器工作正常，即可开始检测。

步骤 3 选择电压

根据涂层厚度选择合适的检测电压（参照仪器使用说明书）。

步骤 4 检测

（1）检测时，应根据涂料和厚度，选择检测最佳的行进速度，以保证更好的检测质量。

（2）在正常检测中，当涂层有质量问题时，仪器会发出明亮的电火花，同时伴有声响报警。

步骤 5 仪器复原

检测完毕后，将各开关恢复原状，探极必须与前面板的接地线直接短路放电后才可收存，以防高压电容存电。

二、填写记录表格

涂层检测完毕，应及时填写质量记录，质量记录内容包括检测日期、涂装区域、涂料名称、涂装进行的阶段、涂层厚度、检测方法、检测面积、检测电压、行进速度、检测仪器名称、检测仪器型号、检测仪器规格、检测结果、监理单位及人员、检测人员等。

填写分以下两步：

1. 预填写

在测试前应先将检测日期、涂装区域、涂料名称、涂装进行的阶段、检测方法、检测仪器名称、检测仪器型号及规格等内容填写在表格里。

2. 填写检测结果

将涂层厚度、检测面积、检测电压、行进速度、检测结果、监理单位及检测人员等内容填写准确。

三、注意事项

（1）使用时该仪器的高压探棒一定不能接触人体，以免造成人员伤害。

（2）仪器附带计算表格，可以根据涂层的厚度计算出电压的大小。电压过高，易击穿涂层；电压过低，无法检测出针孔等缺陷的具体位置。

（3）当欠压指示灯亮时，表明仪器内置充电电瓶已欠压，应按仪器说明书及时充电。

本章思考题

1. 进场材料要检查哪三个方面？
2. 请说出涂料的四个基本参数及其含义。
3. 喷枪有哪几种类型，分别由哪三部分组成？
4. 简述小型空压机的操作规程。
5. 涂料的固化方法通常有哪几种？
6. 不同种类涂料的稀释剂可否互相代替？
7. 为什么聚氨酯类涂料的稀释剂要求无水级别？
8. 选用稀释剂时，应主要考虑哪些方面的要求？为什么？
9. 简述高压无气喷涂设备的基本组成。
10. 喷嘴的选择主要与哪些因素有关？
11. 涂层加热固化有哪些方法？
12. 施工现场常用哪些方法检测涂层固化度？
13. 简述铅笔硬度测试涂层固化度的方法。
14. 使用干膜厚度检测仪应注意什么？
15. 简述电火花检测仪的使用方法和用途。

第4章

砖板衬里防腐蚀作业

第1节　胶泥配制

学习目标

➤ 了解常用胶泥质量指标。

➤ 能检验胶泥原料的质量，根据现场环境配制胶泥和确定胶泥的固化速度。

知识要求

防腐蚀胶泥是砖板衬里施工中最重要的两种材料之一，对工程质量有重要影响。在施工前需了解各种胶泥的质量指标。

一、钠水玻璃胶泥

钠水玻璃胶泥的主要原料是钠水玻璃、氟硅酸钠和耐酸填料。

1. 钠水玻璃

钠水玻璃有两个重要的性能指标：模数及密度。水玻璃的模数是指水玻璃组成中二氧化硅与氧化钠的摩尔比值，常用 M 表示。模数高，则溶液中二氧化硅的含量高，胶结能力强，耐酸性能高，但固化快，收缩率大，易开裂；模数低，则溶液中二氧化硅的含量低，胶结能力弱，耐酸性能差。

密度是水玻璃的另一重要技术指标，它决定溶液中固化物的含量。钠水玻璃的主要质量指标见表4—1。

表4—1　　钠水玻璃的主要质量指标

项　目	指　　标
外　观	略带黄色的透明黏稠状液体
模　数	2.6～2.9
密度（g/cm^3）	1.38～1.45

2．氟硅酸钠

水玻璃的固化剂很多，用得最多的是氟硅酸钠。氟硅酸钠是生产过磷酸钙或氟化盐的副产品，为白色结晶粉末，分子式为 Na_2SiF_6，其主要质量指标见表4—2。

表4—2　　氟硅酸钠的主要质量指标

项　目	指　标
纯度（%）	>95
含水量（%）	<1
细度（0.15 mm 筛孔）	全部通过

3．耐酸填料

钠水玻璃胶泥所用的填料多为硅质粉料，如铸石粉、石英粉等，其主要质量指标见表4—3。

表4—3　　耐酸填料的主要质量指标

项　目	指　标
耐酸度（%）	>95
含水量（%）	<0.5
细度	0.15 mm 筛孔筛余量不大于5% 0.09 mm 筛孔筛余量范围为15%～30%

二、钾水玻璃胶泥

钾水玻璃胶泥的主要原料是钾水玻璃和胶泥粉。其中，胶泥粉已含有固化剂。因此，钾水玻璃胶泥出厂时为双组分包装，即钾水玻璃与钾水玻璃胶泥粉。

硅酸钾（$K_2O \cdot nSiO_2$）溶于水中得到的硅酸钾水溶液称为钾水玻璃。和钠水玻璃一样，其模数和密度是重要的技术指标。钾水玻璃及其胶泥粉的主要质量指标见表 4—4、表 4—5。

表 4—4　钾水玻璃的主要质量指标

项　目	指　标
外　观	无色透明液体，无杂质
模　数	2.6～2.9
密度（g/cm^3）	1.38～1.45

表 4—5　钾水玻璃胶泥粉的主要质量指标

项　目	指　标
耐酸度（%）	>95
含水量（%）	<0.5
粒度 0.09 mm 筛孔筛余量（%）	50～55
粒度 0.45 mm 筛孔筛余量（%）	5～15

三、呋喃胶泥

目前工程上应用的呋喃树脂胶泥是糠醇糠醛型呋喃树脂胶泥，由糠醇糠醛型呋喃树脂和呋喃胶泥粉组成。常用的型号有 XLZ 型和 YJ 型。呋喃树脂的质量指标见表 4—6，呋喃胶泥粉的质量指标见表 4—7。

表 4—6　呋喃树脂的质量指标

项　目	指　标
外观	棕褐色液体
黏度（涂－4 黏度计）25℃（Pa·s）	20～30
储存期（常温）（年）	1

表 4—7　呋喃胶泥粉的质量指标

项　目	指　标
外观	均匀的灰色粉末
硬化时间（与呋喃树脂混合，20℃）（h）	不大于 12
体积安定性	合格
储存期（常温）（年）	1

四、环氧胶泥

环氧胶泥由环氧树脂、固化剂、填料等组成。

1. 环氧树脂

环氧树脂品种很多，在砖板衬里防腐蚀工程中应用较多的是 E—44、E—42 两种，其质量指标见表4—8。

表4—8　E—44、E—42环氧树脂的质量指标

项　目	E—44	E—42
外　观	淡黄至棕黄色黏厚透明液体	
环氧值（mol/100 g）	0.41～0.47	0.38～0.45
软化点（℃）	12～20	21～27

2. 固化剂

环氧胶泥的固化剂品种也较多，在砖板衬里防腐蚀工程中应用较多的是乙二胺、T31等，其质量指标见表4—9和表4—10。

表4—9　乙二胺固化剂的质量指标

项　目	指　标
外观	无色透明液体
纯度（%）	>90
含水率（%）	<1

表4—10　T31固化剂的质量指标

项　目	指　标
黏度（Pa·s）	1.1～1.3
相对密度（25℃）（g/cm^3）	1.08～1.09
胺值（KOH，mg/g）	460～480

3. 填料

环氧胶泥的填料主要为硅质材料，如石英粉、铸石粉、瓷粉，硅质粉料的质量指标见表4—3。

五、酚醛胶泥

酚醛胶泥的原料主要有酚醛树脂、固化剂、填料。

1. 酚醛树脂

酚醛树脂的种类很多，在砖板衬里防腐蚀工程中应用较多的是2130型热固性酚醛树脂，其主要质量指标见表4—11。

2. 固化剂

酚醛树脂的固化剂也很多，常用的有苯磺酰氯、对甲苯磺酰氯、NL型固化剂，其主要质量指标分别见表4—12、表4—13、表4—14。

表 4—11　　2130 型热固性酚醛树脂的主要质量指标

项　目	指　标
外观	棕红色黏稠液体
游离酚（%）	<10
游离醛（%）	<2
含水率（%）	<12
黏度（20℃，涂 -4 黏度计）（Pa·s）	1~5

表 4—12　　苯磺酰氯的主要质量指标

项　目	指　标
外观	无色透明液体
熔点（℃）	14.5
纯度（%）	≥95
水分（%）	<2
游离酸（%）	<1

表 4—13　　对甲苯磺酰氯的主要质量指标

项　目	指　标
外观	白色结晶液体
熔点（℃）	67.5~71
纯度（%）	≥97
水分（%）	<2

表 4—14　　NL 型固化剂的主要质量指标

项　目	指　标
外观	暗灰色黏稠液体
密度（kg/m^3）	1.16 ±0.01
酸度（以 H_2SO_4 计）（%）	18 ±2
游离酸（%）	<6
黏度（25℃，涂 -4 黏度计）（Pa·s）	2~3

3. 填料

酚醛胶泥所用填料与环氧树脂差不多，但对耐酸度要求更高，需要大于 98%。除了硅质粉料外，也常用硫酸钡粉，在氢氟酸或含氟介质中，也使用石墨粉。

技能要求

一、检验胶泥质量

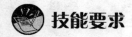

1．胶泥的配方一定要遵照相关国家、行业标准或生产厂家提供的技术文件的规定，还必须根据现场的实际情况及使用胶泥试块的分析结果确定。

2．胶泥的调制方法一是采用胶泥搅拌机，机械调制；二是采用平板振动台，人工翻动的半人工调制方法；还可以采用人工拌制的方法。这几种方法调出的胶泥必须调配均匀，无干料。

3．检验方法

（1）核对材料出厂资料。

（2）抽样检测（有必要时）。

4．合格标准

（1）核对砖板材料、衬砌胶泥各原料的出厂合格证和化验检验报告，并与实物对照，其品种、规格、性能符合设计要求或规范。

（2）对材料质量有疑义时，应现场抽样检测。对于砖板材料，需检测其耐酸率、吸水率、热稳定性，证实合格。

二、确定胶泥配制量

各类胶泥的配制量见表4—15、表4—16、表4—17、表4—18。

表4—15　硅质胶泥的施工配合比（质量比）

材料名称	配方一	配方二	配方三
钠水玻璃	100	100	
钾水玻璃			100
氟硅酸钠	15 ~ 18	15 ~ 18	
石英粉	110 ~ 120		
铸石粉	110 ~ 120	250 ~ 270	
钾水玻璃胶泥粉			240 ~ 250

表4—16　呋喃胶泥的施工配合比（质量比）

材料名称	配方一	配方二
糠醇糠醛型呋喃树脂	100	100
呋喃胶泥粉	250 ~ 350	
呋喃砂浆粉		300 ~ 400

表 4—17　　环氧胶泥的施工配合比（质量比）

材料名称	配方一	配方二
环氧树脂	100	100
乙二胺	6 ~ 8	
T31		15 ~ 20
邻苯二甲酸二丁酯	(10)	(10)
丙酮	0 ~ 20	0 ~ 20
石英粉（或瓷粉、辉绿岩粉、硫酸钡）	150 ~ 250	150 ~ 250

表 4—18　　酚醛胶泥的施工配合比（质量比）

材料名称	配方一	配方二	配方三
酚醛树脂	100	100	100
苯磺酰氯	6 ~ 8		
对甲苯磺酰氯		8 ~ 12	
NL 固化剂			5 ~ 10
石英粉（瓷料、辉绿岩料、硫酸钡、石墨粉）	150 ~ 200	150 ~ 200	150 ~ 200

三、胶泥配制

1. 操作准备

准备好配料的容器和量具。

2. 操作步骤

步骤 1　检验

检验胶泥的原材料是否符合质量标准要求，检验的内容如下：

（1）核对材料出厂资料。

（2）抽样检查。

（3）合格标准。

（4）其他项目。

步骤 2　确定胶泥各组分的配制量

通过胶泥配方的组分，确定各组分的配制量。

步骤 3　称量胶泥各组分

根据确定的各组分的配制量，称量胶泥各组分。

步骤 4　混合

按照各种胶泥的混合方法进行混合（具体内容详见初级第 3 节）。

第2节　加 工 砖 板

学习目标

➢ 了解常用砖板质量指标、砖板品种规格，了解砖板的清洗和干燥方法。

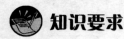

➢ 能正确挑选砖板。

知识要求

一、常用砖板的质量指标

1. 耐酸砖板与耐酸耐温砖板

耐酸砖板与耐酸耐温砖板的主要质量指标见表4—19。

表4—19　　耐酸砖板与耐酸耐温砖板的主要质量指标

项目	耐酸砖板	耐酸耐温砖板		项目	耐酸砖板	耐酸耐温砖板	
		1	2			1	2
密度（g/cm^3）	2.2～2.3	2.3～2.4	2.3～2.4	抗弯强度（MPa）	>19.6	—	—
吸水率（%）	<4	<6	<8	耐急冷急热性能（℃）	130	200一次不裂	250一次不裂
耐酸度（%）	>99.7	>99	>99.7				
抗压强度（MPa）	—	>78.4	>78.4				

2. 铸石板

铸石板的主要质量指标见表4—20。

表4—20　　铸石板的主要质量指标

项目	指标
外观	灰黑色
耐酸度（%）	>99
吸水率（%）	<1

续表

项目	指标
抗压强度（MPa）	>588
抗弯强度（MPa）	>65
耐急冷、急热性能 （水浴法 20～70℃反复一次或气浴法 25～200℃反复一次）	50/14

注：50/14 表示取 50 块试样，不合格者不超过 14 块为合格。

3. 不透性石墨板

不透性石墨板的主要质量指标见表 4—21。

表 4—21　　不透性石墨板的主要质量指标

项目 \ 石墨种类	酚醛浸渍石墨	改性酚醛浸渍石墨	呋喃浸渍石墨	水玻璃浸渍石墨
密度（g/cm^3）	2.03	1.8	1.8	—
抗压强度（MPa）	>59	>39.2	>49	>40.7
抗拉强度（MPa）	>12.5	>7.5	>7.5	>5.0
渗透性水压（MPa）	>0.6	>0.6	>0.6	>0.3
最高使用温度（℃）	180	180	200	400
长期使用温度（℃）	-120～-30	-120～-30	-180～-30	-370～-30

二、常用砖板的品种规格

1. 耐酸砖板

耐酸砖板的主要规格型号见表 4—22。

表 4—22　　耐酸砖板的主要规格型号

名称	规格（mm×mm×mm）	名称	规格（mm×mm×mm）
矩形砖	230×113×65	耐酸瓷板	180×110×15
	230×65×65		150×150×（15～30）
模楔砖	230×113×55/65		150×70×（15～30）
	230×113×25/65		100×100×10
竖楔砖	230×113×55/65		80×80×10
	230×113×25/65		50×50×10

2. 石墨砖板

石墨砖板的尺寸规格和质量见表 4—23。

表 4—23　　　　石墨砖板规格

规格（mm × mm × mm）	质量（kg/块）	
	浸渍砖	压型砖
150 × 70 × 10	0. 202	0. 20
200 × 100 × 10	0. 35	0. 342
200 × 90 × 20	0. 69	0. 68
230 × 113 × 65	3. 32	3. 3

三、砖板的清洗和干燥方法

1. 砖板清洗剂的选择

（1）砖板表面为沉淀物、墨水、铁锈、灰浆污染物，应采用的清洁剂有 HCl、HNO_3、H_2SO_4 等稀酸溶液。

（2）砖板表面为油漆污染物，应采用的清洁剂有松节油、三氯乙烯、丙酮。

（3）砖板表面为蜡、碳粉污染物应采用酸或碱溶液清洗。

（4）砖板表面为灰尘、泥水污染物可用水清洗。

2. 干燥

砖板表面清洗干净后，用烘干、晒干的办法使砖板表面干燥，放好备用。

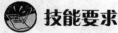

技能要求

一、挑选砖板

1. 根据质量指标检验砖板

根据各种砖板的质量指标（吸水率、抗拉强度等）由专业机构检测砖板质量是否合格。

2. 砖板规格及外观质量检查

按质量标准要求目测砖板是否有裂纹、磕碰、疵点、开裂、缺釉、釉裂、橘釉、干釉、分层、背纹等问题。

3. 砖板尺寸偏差检查

用量尺等测量工具检查尺寸偏差。

不符合以上质量标准的砖板，作为不合格品处理。

二、清洗和干燥砖板

挑选合格的砖板，根据清洗剂的清洗原则选择合适的清洗剂清洗。

砖板可以浸泡清洗也可以擦洗，用清洗剂洗过后用水冲洗干净，干燥后方可使用。

第 3 节　衬　砌　操　作

学习目标

- 掌握砌筑衬里的施工技术。
- 能衬砌砖板。

知识要求

砖板衬砌是在建筑上和设备里进行，不同的基体部位施工方法会有所不同。设备衬砌比建筑衬砌施工难度大。这里介绍几种设备衬砌的施工技术。

一、顶盖衬里施工

要对设备的顶盖施衬，设备的顶盖如果是可拆式的，可将其拆下，按一般的底层施工方法施工即可。如果顶盖不可拆又要衬砌砖板时，宜在地面上倒置衬砌砖板或贴衬玻璃钢，固化后安装在设备上。

二、凸形底衬里施工

环砌主要用于圆形部位设备的砌筑，在圆周上画出几个砌筑长度方向的中心线，然后在中心线上分段，在砌筑过程中测量控制每段环砖与环砖之间的偏移尺寸，环砌拱与中心线平行度不超过 8 mm。对于弧度半径较大的连接，可用标形砖板衬砌，对过渡弧度半径较小的连接，最好采用与基体圆弧形状相似的弧形砖板，这样可避免局部胶泥过厚且不紧密而影响衬里质量。

三、锥形底衬里施工

如果需要砌筑理想的锥形底面，每一层砖板均需有一个特定的尺寸。这从经济上、管理上都是无法接受的。实际工作中，砖板的外形尺寸通常是根据最上层和最下层两种砖型来进行砌筑的，而最上和最下两层砖的中间地带，均采用与上述两种砖型近似的砖拼凑出来，以一个个近似的圆周粗略拼凑出一个基本平整的近似锥面。从锥面上看，它是以一个个小的锥度相近的圆台锥面组成一个基本完整的大的圆台锥面。因此各层砖之间不共面的情况必须有所控制。在砌筑时，应注意层与层之间的连接绝不允许出现积料的凸台。为此，在砌筑时如果做不到层与层之间的平滑连接，应进行砖板和砖缝的调整，允许出现下层砖相对于上层砖圆锥台面的退缩，但绝不允许下层砖的凸起。

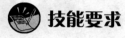

技能要求

一、凸形底衬砌施工步骤

1. 操作准备

（1）接受中级工以上人员的技术交底。

（2）被衬砌基体表面处理合格，达到衬砌的质量要求。

（3）异形砖（砌体）加工完成，经预砌合格，且已清洗烘干。

（4）衬砌用胶泥已拌制，配比和熟化符合要求。

（5）施工环境的温度、湿度、照明和通风条件符合要求。

（6）劳动防护用品穿戴齐全。

（7）施工工具准备齐全。

2. 操作步骤

步骤1 摊铺胶泥

用灰刀将少量胶泥摊铺至基体待衬砌处，并反复挤压胶泥，使胶泥与基体充分结合无孔隙，挤压摊铺胶泥的面积略大于待砌砖面积；将上述摊铺胶泥用灰刀刮平，中间略高。

用灰刀将少量胶泥摊铺至砖体结合面处（含侧面），并反复挤压胶泥，使胶泥与砖体充分结合无孔隙；将上述摊铺胶泥用灰刀刮平，中间略高。

在砖体或基体上述胶泥面上，摊铺足量的胶泥；要保证胶泥与胶泥、胶泥自身无孔隙，表面刮平且中间略高。

步骤2 贴合砖体

将砖体贴合于对应基体处，用手揉搓同时用胶锤轻轻击打砖体，还须调整砖体方位和砖缝宽度使之正确；直至达到要求的胶泥厚度，并与已衬砌砖体高度一致，在砖缝处挤出多余胶泥（勾缝不要求此项）。

清理多余的胶泥，并将砖体表面擦拭干净。

步骤 3　重复步骤 1、2

3. 注意事项

砖体衬砌宜从低向高进行，其一次衬砌位置、层数应满足交底要求。

二、锥形底衬砌施工步骤

1. 操作准备

同凸形底衬砌操作准备。

2. 操作步骤

同凸形底衬砌操作步骤。

3. 注意事项

砖体衬砌宜从低向高进行，其一次衬砌位置、层数应满足交底要求。

三、顶盖衬砌施工步骤

1. 操作准备

除完成同上面的准备工作外，还应将异形砖（砌体）经预砌合格并编号，且清洗烘干；检查支撑胎具是否适用于对应衬砌的顶盖尺寸。

2. 操作步骤

同凸形底衬砌操作步骤。

3. 注意事项

（1）顶盖衬砌宜在安装前进行，此时可参照凸形底衬砌施工步骤施工。

（2）顶盖安装后衬砌需保证每班衬砌层数不大于技术交底的层数，同时每贴合一块砖体后需及时用胎具支撑。

第 4 节　后　处　理

学习目标

- 掌握胶泥的固化热处理方法。
- 能进行热处理操作。

知识要求

砖板衬里施工完毕，必须进行充分的干燥养护，一般室温条件下至少养护 7 天。如果设备衬里是在低温环境施工，可在室温放置 2 ~ 3 天后，按规定条件进行热处理。各种胶泥衬里的热处理时间见表 4—24。

表 4—24　　各胶泥种类衬里的热处理时间　　h

胶泥种类	常温	常温 ~ 40℃	40℃	40 ~ 60℃	60℃	60 ~ 80℃	80℃	80 ~ 100℃	100 ~ 120℃	120℃
水玻璃胶泥	24	2	4	2	8	2	24	—	—	—
酚醛胶泥	24	2	4	2	4	2	8	2	—	—
呋喃胶泥	24	2	4	2	4	2	12	2	2	12
环氧胶泥	24	2	4	2	4	2	12	—	—	—

注：当设备结构或施工现场不具备高温热处理条件时，可适当降低热处理上限温度，但应延长60 ~ 100℃的恒温时间。

技能要求

一、热处理设备衬里

1. 操作准备

检查加热设备是否符合使用要求。备好温度计和计时器。

2. 操作步骤

步骤 1　升温

按给定的热固化曲线，在规定的时间升温至规定的温度。

步骤 2　恒温

升温至规定的温度后，按给定的热固化曲线的规定时间保持温度恒定。

步骤 3　重复步骤 1、2 直至达到处理的最高温度

步骤 4　冷却至常温

按给定的热固化曲线的降温时间降温至常温。

二、注意事项

1. 加热现场要有可靠的安全措施。

2. 控制好温度，掌握好时间。

第 5 节　质 量 检 查

学习目标

➢ 了解砖板衬里的质量要求。

➢ 能够检查胶泥与砖板的结合质量。

知识要求

砖板衬里的质量要求包括以下几点：

1. 砖、胶泥结合层及灰缝应饱满密实、黏结牢固，不得有疏松、裂纹、起鼓和固化不完全等缺陷。灰缝表面应平整、色泽均匀。

2. 立面砖、板的连续衬砌高度，应与胶泥的胶凝程度相适应，防止砌体因受压变形。平面衬砌砖、板时，应防止滑动。检查胶泥的抗压强度。

3. 衬里层应平整，用线锤或 2 m 直尺检查，允许表面平面度误差不得大于 4 mm。衬里层相邻砖、板之间的高度差：砖不得大于 1.5 mm，板不得大于 1 mm。

4. 坡度设计应符合设计要求，允许偏差为坡度长度的 ±0.2%。进行泼水试验时，水能顺利流出。

5. 人孔、接管的套管衬砌应牢固，胶泥填充应饱满，抹缝应平整，套管不得突出法兰平面。管道衬砌砖、板时，管道公称直径应大于 200 mm，长度不得超过 1.5 m。

6. 对于酚醛胶泥，可在进行热处理后，用白棉花团蘸丙酮擦拭胶泥表面，如棉花团无染色或粘挂现象，即认为表面树脂完全固化。

7. 水玻璃胶泥衬砌的缝隙必须进行表面酸化处理。

8. 水玻璃固化及酸化处理应符合规定要求。

9. 树脂胶泥砖、板衬里衬砌完毕后，热处理时间及温度应符合规定要求。

技能要求

一、检查砖板结合层和灰缝

1. 检验方法

（1）用 5 ~ 10 倍放大镜观察。

（2）用锤子敲击检查。

（3）用千分尺测量。

2. 合格标准

（1）砖板结合层、灰缝饱满密实，黏结牢固，无疏松、十字通缝、重叠缝和裂纹等现象。

（2）结合层厚度和灰缝宽度应符合设计要求和有关规程要求。

二、检查胶泥及其与砖板的结合

步骤1 用锤子轻轻敲击砖板，寻找可疑处

用锤子轻轻敲击砖、板面，如发出金属清脆声，证明衬砌良好，质量合格；若有空音，则胶泥与砖、板结合不好，应返工重衬。

步骤2 检查胶泥气孔和胶泥饱满程度

揭开5~7块砖板，用5~10倍的放大镜检查胶泥衬砌砖、板的质量，胶泥缝不得有气孔和裂纹现象。衬里层、坡度、人孔等应符合相关规定。

步骤3 重复步骤2

若不符合规范则揭开15块砖板，重复步骤2检查胶泥气孔和胶泥饱满程度。

步骤4 依然不符合规范则全部返工

本章思考题

1. 砖板衬里的原材料有哪些？
2. 常用的防腐蚀胶泥有哪几种？
3. 各种防腐蚀胶泥的配制方法是什么？
4. 怎样判断砖板的表面质量？
5. 施工前砖板要进行怎样的处理？
6. 衬砌砖板的工序有哪些？
7. 怎样保证衬砌砖板的施工质量？
8. 设备衬里热处理的过程是什么？
9. 怎样检查砖板和胶泥的结合质量？

第5章
橡胶衬里防腐蚀作业

第1节 准备工作

学习单元1 胶板、胶粘剂的检查

学习目标

➢ 掌握橡胶衬里常用胶板的品种规格和性能指标。

➢ 了解胶粘剂的基本性能。

➢ 能检查胶板品种规格和胶粘剂外观质量，能处理胶粘剂。

知识要求

一、橡胶衬里常用胶板

橡胶衬里常用胶板的品种很多。最常用的胶板为天然橡胶和丁基橡胶两大系列。其胶粘剂多为各胶板生产企业配套供应。

1. 天然橡胶衬里的分类

（1）按硬度分类，可分为硬胶、半硬胶、软胶三种。

（2）按硫化方式分类，可分为高温高压硫化和低温常压硫化（含热水硫化和常压蒸汽硫化）两种。其硫化胶板的基本物理性能见表5—1。

表5—1　天然橡胶衬里的基本物理性能

项目	硬胶	半硬胶	软胶
硬度（邵尔A）	—	—	40～80
硬度（邵尔D）	70～85	40～70	—
抗拉强度（MPa）	≥10	≥10	≥9
抗冲击强度（J/m^3）	≥200×10^3	≥200×10^3	—
扯断伸长率（%）	—	≥30	≥350
与金属的黏合强度	≥6.0 MPa	≥6.0 MPa	≥4 kN/m

2．丁基橡胶衬里的分类

丁基橡胶衬里为软质胶。按硫化方式分类，可分为热硫化、预硫化、自然硫化三种，其硫化胶板的基本物理性能见表5—2。

表5—2　丁基橡胶衬里物理性能

项目	热硫化	预硫化	自然硫化
硬度（邵尔A）	45～80	48～70	48～70
抗拉强度（MPa）	≥5	≥4	≥5
扯断伸长率（%）	≥300	≥350	≥350
扯断永久变形（%）	≤30	≤30	≤40
与金属黏合强度（kN/m）	≥6	≥4	≥4

二、胶粘剂的物理性能

随着科技的发展，橡胶衬里用胶粘剂的性能有了很大的改进。特别是与金属的黏结强度有很大提高。各生产企业所用技术和性能不尽相同，有的甚至差异较大。下列表格为胶粘剂最基本的性能，也只能作为参考。实际应以生产企业提供的技术数据为准。

1. 天然橡胶衬里胶粘剂的技术指标（见表 5—3）

表 5—3 天然橡胶衬里胶粘剂的技术指标

黏度（Pa·s）×10^{-3}	300～800
固体含量（%）	18～22
与金属的黏合强度（MPa）	≥6

2. 丁基橡胶衬里胶粘剂的技术指标

（1）底涂的技术指标（见表 5—4）

表 5—4 底涂的技术指标

黏度（Pa·s）×10^{-3}	200～550
固体含量（%）	23.5～27.5
与金属的黏合强度（kN/m）	≥6

（2）面涂的技术指标（见表 5—5）

表 5—5 面涂的技术指标

黏度（Pa·s）×10^{-3}	200～550
固体含量（%）	12～15
与金属的黏合强度（kN/m）	≥6

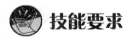

技能要求

一、胶板、胶粘剂的检查

（1）检查胶板的品种规格是否和所需使用的胶板相符。

（2）用搅拌杆伸进盛放胶粘剂的容器中搅拌，检查胶粘剂是否充分溶解，是否有凝固、翻花现象。

二、现场处理胶粘剂

（1）现场配制胶粘剂时，应根据其配比质量，准备合适的衡器，一般为 5～25 kg 的电子台秤。

（2）某些胶粘剂配制时，需加入少量的固化剂；应根据配方准备合适量程的量筒或量杯。

（3）胶粘剂有少量沉淀是正常现象，使用时搅拌均匀即可。

学习单元2 施工设备与工具

学习目标

➢ 熟悉衬胶施工工具的种类和结构。

➢ 能使用施工工具。

知识要求

1. 压辊

压辊由滚轮（内有轴承）、滚轮支架、手柄、手柄护套组成，如图5—1所示。

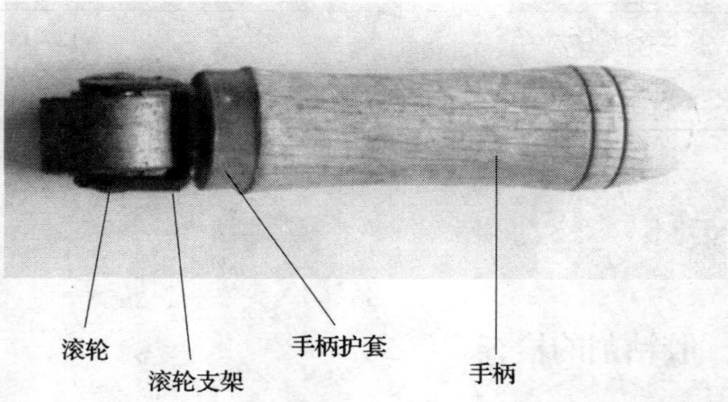

图5—1 压辊

2. 烙铁

烙铁由烙头和手柄组成，如图5—2所示。

3. 辊筒

辊筒由带毛的圆辊（轴芯应用原木制作，如用塑料会被胶浆中的溶剂溶胀）和手柄组成，如图5—3所示。

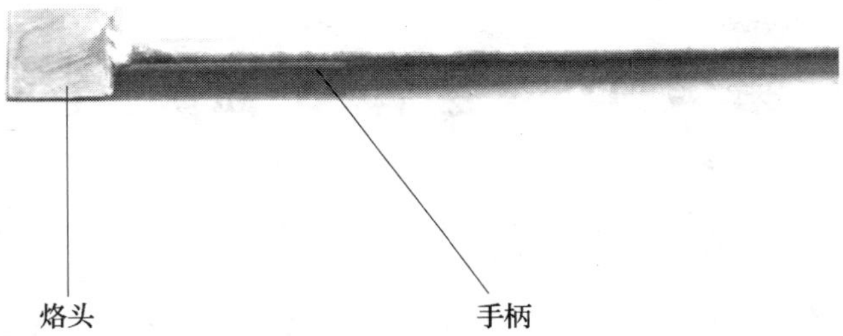

图 5—2　烙铁

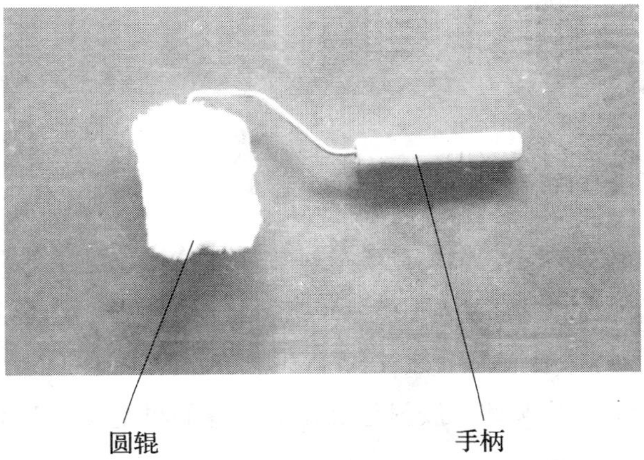

图 5—3　辊筒

技能要求

1. 压辊

操作时紧握手柄，在胶板上循环滚压，排出胶板与基体间的空气，使胶板和基体完全粘合。

2. 烙铁

操作时将烙铁加热到 100 ~ 180℃，紧握手柄，在胶板上顺一个方向依次烙压，排出胶板与基体间的空气，使胶板和基体完全粘合。

3. 辊筒

操作时在胶浆桶中蘸取胶浆，在基体或胶板表面循环转动，使胶浆涂刷均匀。

第2节　基体表面处理

学习目标

➢ 了解衬胶施工的环境条件。

➢ 掌握衬胶用底涂料和胶粘剂的配制方法。

➢ 能配制底涂料和胶粘剂。

知识要求

一、衬胶作业的环境要求

衬胶作业的环境条件不仅影响施工效率，同时也影响施工的质量。

（1）衬胶施工最佳环境温度是15～30℃，且至少高于空气露点3℃，空气相对湿度小于80%。但是一般情况下往往因施工季节、施工地点的不同，而难以达到理想的环境条件；另外，某些橡胶衬里品种对环境的温度、湿度不是十分敏感，故现在也有将衬胶环境温度放宽至5～35℃的（具体应根据胶板生产企业的施工工艺确定），但是空气相对湿度需小于80%。

（2）衬胶场所应保持干燥、无尘、通风良好，操作人员的手套、工作服及衬胶用具应保持清洁。

二、底涂料、胶粘剂的配制方法

1. 底涂料的配制方法

底涂料是衬里基体（金属或混凝土）和胶粘剂之间的黏合剂，一般天然橡胶衬里的底涂料采用高含硫的天然胶料，再用120#汽油作为溶剂进行配制。而丁基橡胶衬里的底涂料采用丁基胶料为母胶，甲苯、二甲苯作为溶剂配制。通常底涂胶料和溶剂的配制比例为1:(6～8)，具体应根据橡胶衬里胶板生产企业提供的使用说明书配制。

2. 胶粘剂的配制方法

胶粘剂是底涂料和橡胶之间的黏合剂，也是橡胶和橡胶之间的黏合剂。一般天然橡胶衬里的胶粘剂采用高含硫的母胶，用 120[#] 汽油作为溶剂配制。而丁基橡胶衬里的胶粘剂采用丁基胶料为母胶料，用甲苯、二甲苯作为溶剂配制。通常胶粘剂胶料和溶剂的配制比例为 1:(7～10)，具体应根据橡胶衬里胶板生产企业提供的使用说明书配制。

技能要求

底涂料、胶粘剂的配制有人工配制和机械配制两种。

1. 人工配制

方法比较简单，将胶料洗去滑石粉晾干，剪成 10～20 mm 小方块，用天平或精度适当的秤准确称量达到所需要配制的胶料重量，投入密封桶中。用量筒量取所需溶剂，先加入 1/3 的溶剂，搅拌使胶块溶胀，然后把剩余的溶剂加入，进行人工搅拌以加快溶解速度。溶解后常温密封存放。

2. 机械配制

机械配制比较复杂，需要一台搅拌机。其优点是胶块溶解速度快，可随用随配。配制好的胶浆在使用前应进行过滤，过滤后的胶浆应无杂质并全部溶解于溶剂中，不应有沉淀和悬浮物存在。配制好的胶浆应装在密闭容器内，存放在阴凉通风的仓库中，胶浆存放时间不宜过长。具体方法应按橡胶衬里胶板生产企业提供的使用说明书配制。

3. 注意事项

有的胶粘剂需现场加入固化剂，则应按照生产企业或工艺配制说明书要求在使用前称量加入，并需搅拌均匀才可使用。

第 3 节　胶 板 放 样

学习目标

- 掌握放样的几何知识。
- 能对典型非标工件进行放样。

知识要求

胶板放样是衬胶作业的基本技能之一。衬胶工件因其功能和工艺的要求设计成不同的几何形状，有圆筒形、长方形、矩形、异形管件、封头、圆管等。对不同形状的衬胶工件应根据其具体形状按数学模型结合机械展开图样进行放样，这样的计算和放样比较准确，但操作过程繁杂。实践中大多采用经验方法进行放样裁剪。对于形状非常复杂的工件也常采用放实样的方法进行放样裁剪，具体方法应灵活运用。

技能要求

一、锥形工件胶板的放样

1. 锥形（异径管）展开放样的几何知识（以 DN200 × DN100 × 200 为例）

同心异径管属于锥形工件的一种形式，展开后近似于等腰梯形。现以 DN200 × DN100 × 200 为例展开放样，两端的法兰面衬胶各按 50 mm 宽（含富裕量）、衬胶厚度按 3 mm、接缝宽度按 20 mm 考虑，如图 5—4 所示。

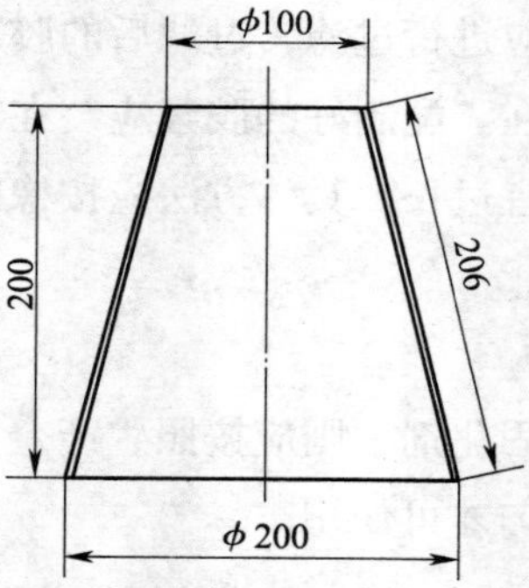

DN100 × DN200 × 200异径管

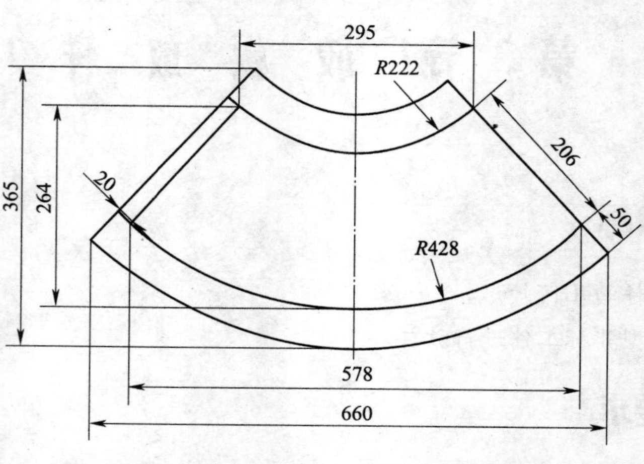

图 5—4　DN100 × DN200 × 200 异径管衬胶胶板示意图（mm）

2．计算说明

（1）异径管内侧面积公式：$S_{侧}=\pi(r_1+r_2)L$

$=3.14\times(0.05+0.1)\times0.206$

$=0.097\ m^2$

（2）搭接缝：$S_{搭}=L_{搭}L=0.02\times0.206=0.004\ m^2$

（3）法兰翻边：$S_{翻}=S_1+S_2$

$=\pi(D_1+D_2)L_1$

$=3.14\times(0.1+0.2)\times0.05=0.047\ m^2$

胶板实际用料面积：$S=S_{侧}+S_{搭}+S_{翻}$

$=0.097+0.004+0.047=0.148\ m^2$

二、弯头工件胶板的放样

1．标准弯头展开放样的几何知识（以 DN150 90°弯头为例）

标准弯头放样一般采用上下两片相同大小的弧形胶板，这样便于衬贴。现以 DN150 90°弯头为例展开放样，两端的法兰面衬胶各按 50 mm 宽（含富裕量）、衬胶厚度按 3 mm、接缝宽度按 20 mm 考虑，如图 5—5 所示。

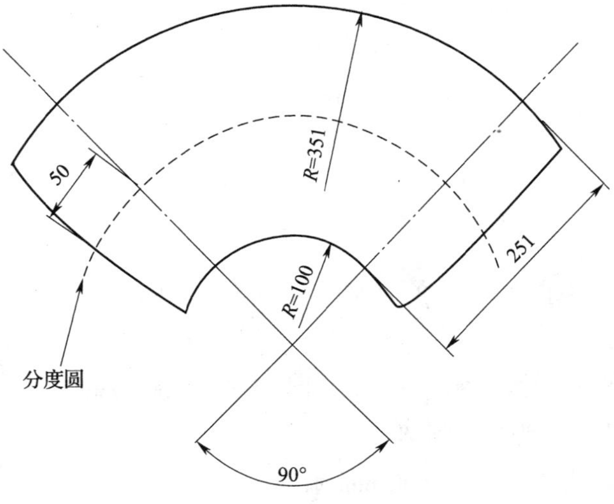

图 5—5　DN150 90°弯头内衬胶板放样示意图（mm）

2．计算说明

（1）分度圆半径的确定：$1.5D=150\times1.5=225$ mm

再以分度圆为中心向内外伸缩半个管径的圆周长，画弧。

（2）胶板放样宽度：（150－3）×3.14/2＋20（搭接宽度）≈251 mm

（3）胶板外弧半径：1.5D＋251/2≈351 mm

（4）胶板内弧半径：1.5D－251/2≈100 mm

（5）胶板放样长度：以内、外弧半径画出同心圆，取1/4圆周长，两端各加50 mm（法兰翻边）

（6）胶板面积：3.14×0.15×（1.5×0.15×2＋0.1）＝0.259 05≈0.26 m^2

三、封头工件胶板的放样

1. 标准封头展开放样的几何知识

如图5—6所示。

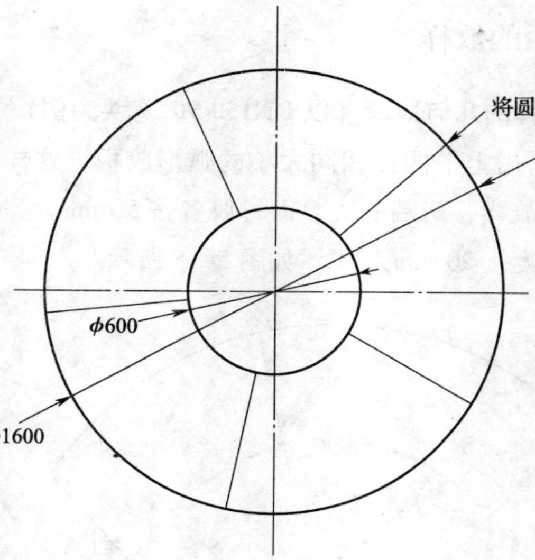

图5—6　标准封头的展开图（mm）

2. 计算说明

（1）用卷尺测量出封头实际表面的圆直径 D＝1 600 mm

（2）以 R（D/2）为半径画圆

（3）以适当的内圆半径 r＝600 mm 画圆

（4）再将内圆和外圆等分为适当等份（如5等份），按扇形放样、裁剪胶板

（5）封头面积经验算法：圆面积乘以系数（一般按1.5计）；则该封头裁胶面积是3.14×（1.6/2）^{2}×1.5＝3 m^2

3. 注意事项

（1）封头内圆半径 r 的确定应以布局合理、表面美观为准则。

（2）圆环分割等分时应考虑美观和衬胶工艺的操作方便。

第 4 节 胶板衬贴

学习目标

➢ 掌握 DN65 以上的直管、DN100 以上管件的衬胶方法以及常用橡胶衬里缺陷的修复方法。

➢ 能对管件进行衬贴施工和缺陷修复。

知识要求

一、管件的衬贴

1. 直管衬胶是最常见的衬胶作业。最初直管衬胶用的是传统的热烙法工艺，衬胶时对直管的直径和长度有严格的要求。即管子直径不能太小，长度不能太长，否则无法手工衬胶，制约了衬胶的管道粗细和长度。现在管道衬胶一般采用气顶法和球拉法，衬胶管道可以很细很长，外观质量也大为改善。在等长度距离的条件下，安装线上的法兰越少，效率越高。在工艺上，无论是气顶法还是球拉法，均应先根据管道内径预制胶管，然后裹上垫布塞入管内，到位后撤去垫布，进行气顶或球拉操作。

2. 弯头、三通四通、异径管等管件的衬胶，其胶板衬贴时不能像直管那样采用半机械化，而需完全手工操作。一般根据管件实物放样后进行衬贴。

3. 封头的衬胶方法与普通衬胶方法基本相同。其关键是在对封头胶板的放样，要求封头内圆大小合适，外环分割合理，搭接边宽窄一致、平整。

二、橡胶衬里缺陷修复

橡胶衬里基本上是手工操作，衬胶施工时经常出现一些不符合使用要求的质量缺陷，给设备的正常使用带来安全隐患。衬胶作业时常见的质量缺陷有褶皱、起泡、胶层翘边、搭接方向错误、逆搭、针孔、漏点等。对此，在出厂前应正确修复橡胶衬里。常见缺陷及其修复方法见表 5—6。

表5—6　　常见缺陷及其修复方法

序号	常见缺陷	修复方法	备注
1	橡胶板铺放时产生褶皱	揭起胶板，重新铺放	—
2	橡胶板起泡	针孔放气	需烙压封闭
3	衬胶层翘边	涂刷胶粘剂，重新烙压	—
4	搭接方向错误、逆搭	接缝上盖100 mm宽胶条	—
5	针孔、漏点	打补丁修补	—

技能要求

一、DN65以上直管的衬贴

先根据管道内径预制胶筒，预制的胶筒外径应略小于管道的内径，长度应是管道长度加上两倍法兰翻边。然后裹上垫布塞入管内，到位后撤去垫布，进行气顶或球拉操作。确定贴实后，再对两端的法兰面翻边衬胶，并用烙铁压实，确保没有气泡或翘边。

二、弯头、三通、四通、异径管等管件的衬贴

弯头、三通、四通、异径管等管件的胶板衬贴不能像直管那样采用半机械化，但类似直管衬胶作业，只是要特别注意胶板搭接部分的搭接操作：

（1）搭接方向

（2）搭接宽度

（3）搭接对介质流动的阻力

一般根据管件实物放样后进行衬贴。

第5节　硫化操作

学习目标

➢ 掌握本体带压硫化的安全操作规程。

➢ 能对衬胶设备进行本体带压硫化。

知识要求

硫化是橡胶衬里技术的重要工艺之一。衬胶设备经过硫化后才能具有使用价值。本体带压硫化是衬胶设备硫化工艺之一。本体带压硫化适合于不便运输而且又能够承受 0.3 MPa 压力的衬胶设备，其硫化方式和硫化罐硫化方式相似，但是管路安装和盲板密封需做大量的准备工作。

本体带压硫化安全操作规程如下：

（1）硫化所需的压力表、安全阀、温度计需按国家规定的检定周期检定合格并在有效期内。

（2）安装的临时蒸汽管路必须是无缝钢管。

（3）操作者必须坚守岗位，按规定做好硫化参数的原始记录。

（4）硫化时不许任何人在设备四周滞留或者进行其他工作。

（5）操作者如发现异常情况必须及时报告。

技能要求

一、准备工作

（1）将所有的法兰开口用盲板进行密封，为了不损坏法兰面的衬胶层，需在法兰上加置钢筋箍或钢制圆环，如图 5—7 所示。

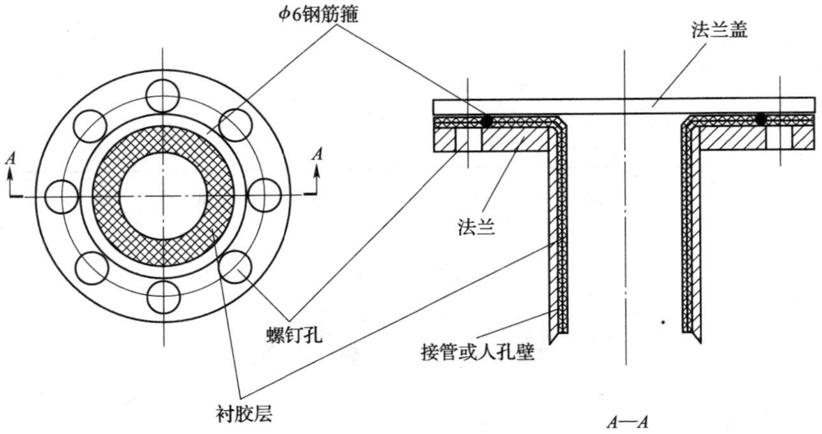

图 5—7　法兰密封示意图

注：①为了使法兰盖和法兰更好地密封，钢筋箍外面缠上黑色绝缘胶布。

②本体硫化后将钢筋箍拆下。

③对于 φ133 以下接管，不宜用钢筋箍。用相应的钢管车床加工或壁厚 3 mm、高 10 mm 的圆环代替。

（2）在设备顶部接管安装安全阀，顶部或侧上部接管盲板上安装量程为0.6 MPa的压力表和0～150℃温度计。

（3）在人孔的盲板上开口，插入至少长500 mm的DN25无缝钢管，外部连接空气管和蒸汽管。

（4）底部的接管盲板开口安装排水阀。如果环境温度低于5℃，设备外壁应该采取保温措施。

二、硫化步骤

（1）通过空气管路通入压缩空气至压力0.1 MPa，然后关闭空气缓慢通入蒸汽至压力0.3 MPa，同时间隙性打开底部阀门排出冷凝水。

（2）升温至136～140℃，升温时间为45～60 s，保温120～135 s。

（3）关闭蒸汽，通入压缩空气冷却，待罐内温度降至60℃以下，排气开罐。

三、记录硫化参数

操作时根据不同橡胶衬里品种每15～30 min记录一次数据，记录格式见表5—7。

表5—7　　橡胶防腐衬里硫化工艺参数记录表

衬胶设备名称					衬里牌号			
时间（min）								
压力（MPa）								
温度（℃）								
备注								

操作员：　　　　审核：　　　　______年______月______日

第6节　质量检查

学习目标

➢ 了解橡胶衬里质量检查的基本内容和方法。

➢ 能进行橡胶衬里的质量检查。

知识要求

橡胶衬里检查包括衬胶完成后硫化前和硫化后的检查。衬胶施工中间检查如发现缺陷应及时消除，然后再进行下一工序。

一、硫化前的检查

（1）检查各接点部位衬胶是否符合设计图样的要求。

（2）橡胶衬里层接缝有无漏烙、漏压和烙焦现象。

（3）检查衬里层是否存在气泡、针眼等缺陷。

（4）检查接缝搭接方向是否正确，接头是否贴合严实。

（5）每衬一层胶板应用电火花检测仪检查衬层有无漏电现象。

二、硫化后的成品检查

橡胶衬里设备、管道和管件应按行业相关标准进行全面质量检验。检查内容应包括：

（1）衬胶层的厚度。

（2）硫化后衬里的硬度。

（3）接缝、法兰边是否粘结密实牢固，没有翘边。

（4）用电火花检测仪对硫化后的衬胶设备进行 100% 探伤查漏，检查是否漏电。

技能要求

一、目测橡胶衬里质量

（1）橡胶衬里应平整，接缝应平直。

（2）法兰面应平整，无翘边。

二、仪器检查

（1）用便携式硬度计在不同的部位检查衬里的硬度。

（2）对硬质胶衬里用木槌轻轻敲击衬胶设备的不同部位，检查其发音情况，如果发音不一致，说明衬里有脱层现象。

（3）用电火花检测仪对衬胶设备进行100%检查，检查衬里层是否有缺陷或针孔。

1）检查电压一般为3 000 V/mm。

2）电火花检测仪应选用声、光同时报警的新型仪器。

3）用电火花检测仪检查时探头按3～6 m/min的行进速度依次检查，不得遗漏，必要时可画格编号。

（4）使用电火花检测仪，周围不得涂刷胶粘剂，以防引起火灾。

三、质量检查记录

质量检查应按表5—8格式准确记录。

表5—8　　橡胶衬里质量检查表　　编号：

衬胶设备名称		衬里牌号	
表面的平整性			
接缝的平直性			
接缝宽度（mm）			
法兰面是否平整，无翘边			
硬度（邵尔A或D）			
厚度（mm）			
电火花探伤电压（V）			

检验员：　　审核：　　时间：　　年　月　日

本章思考题

1. 衬胶有哪些常用的胶板？
2. 衬胶时对胶板和胶粘剂都有哪些质量要求？
3. 最常用的衬胶工具有哪几种？
4. 怎样配制底涂料和胶粘剂？
5. 怎样计算标准弯头和封头的衬胶面积？
6. 直管最常用的衬胶方法有哪些，如何进行衬胶作业？

7. 常见衬胶质量的缺陷及其修复方法有哪些?
8. 本体硫化时应考虑哪些安全措施?
9. 衬里设备硫化前易出现哪些质量问题?
10. 进行电火花探伤检查时应注意什么?

第 6 章

塑料防腐蚀作业

第 1 节　准 备 工 作

学习单元 1　基体的质量检查

学习目标

- 熟悉衬塑对基体的质量要求。
- 能检查基体的质量。

知识要求

一、对金属基体的检查要求

（1）金属基体应具有足够的刚度和强度，结构力求简单，手和工具必须能够达到衬里部位，壳体内平整且无沟槽。有棱角的部位必须磨成圆弧，尤其是法兰和接管焊接部位，以方便衬里翻边。

（2）金属设备的人孔、手孔、接管等构件不得伸入设备内部，只能平齐接管。如果进料口或吸料管需要伸入设备内部，应采用可拆结构插入管。

（3）设备的内部构件，尽可能采用可拆卸结构，当衬里设备为平底、平盖时（不可拆），可将设备转角处加工成如图 6—1 所示的结构，壳体内表面的所有焊缝必须磨平，不得高出内表面 2 mm 以上。

（4）当壳体壁厚不等时，应保证衬里对齐，如图 6—2 所示。

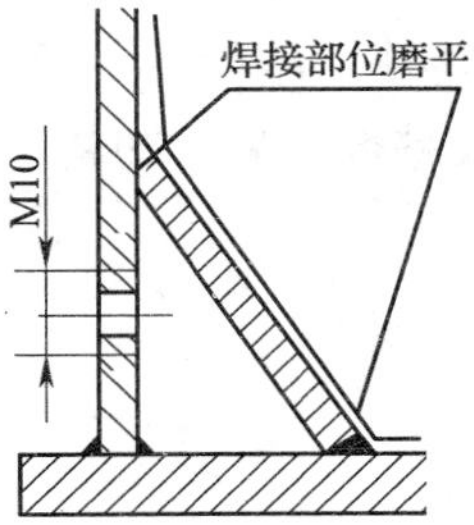

图 6—1　平底结构锥形过渡

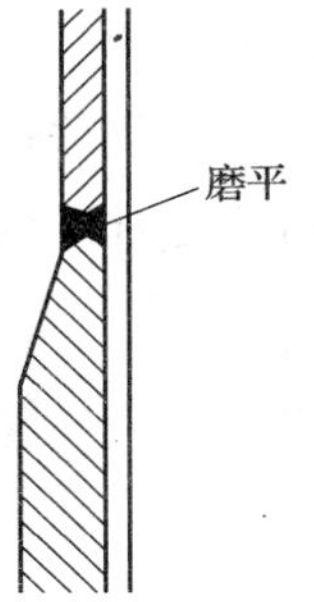

图 6—2　不等厚衬里内部磨平

（5）用螺栓固定衬里的壳体，应先焊好固定螺栓或钻好螺钉固定孔。

（6）当采用黏结法衬里时，金属表面除锈等级必须达 Sa2（1/2）级，焊接宜采用双面对焊，焊缝应平整、无气孔、焊瘤和夹渣，焊缝高度不得超过 2 mm；焊缝应磨成圆弧过渡，本体纵环焊缝应将焊缝磨平；焊缝必须采用连续焊，不得有裂缝或连续咬边，咬边深度不得超过 0.5 mm；设备转角和接管部位，焊缝应饱满，并应打磨成钝角，形成圆弧过渡。铸铁、铸钢的设备、管子、管件不应有翻砂铸造时残留的空洞、多孔质，如存在少量疵病，衬里前应用腻子修补好。

对于聚四氟乙烯衬管和管件基体，法兰直接加工成圆角。法兰与管子只在背面焊接实现连接，法兰口不焊，避免焊接处损伤聚四氟乙烯翻边。法兰密封面不开密封沟槽，表面粗糙度要求全部达到 *Ra* 12.5 μm，钢管和弯头如有铁锈需经喷砂处理，内表面要求平整、圆滑过渡和尺寸准确。两片拼合的三通和四通，拼合面用螺栓紧固，内表面要求与钢管相同，异径管的要求与管子相同。当采用松套法衬装时，为防止管壁与衬里间的气体在使用过程中受热发生热膨胀破坏聚四氟乙烯衬里层，除拼合的三通和四通外，还需在外套壁上开孔排气，其孔径一般为 $\phi2$ ~ $\phi3$ mm，其位置应符合有关规定。

二、对混凝土基体的检查要求

（1）混凝土基体结构应简单、整体性好，所有拐角部分应制成圆弧形，内表面不准有棱角和锐角。

（2）混凝土本身应具备足够的强度，深入地下的混凝土壳体应设防水层（松衬无此要求）。

（3）混凝土应坚固、密实、平整、干燥，20 mm 厚度内含水量不得超过6%，无油污。

（4）接管应预埋，如图6—3所示，件1、5、6、7、8应在浇捣混凝土后进行。混凝土可预埋定位件（螺栓或木条），也可以不预埋而使用射钉或膨胀螺钉。只有当混凝土基体进行养生且确认合格后，才可以先刷胶粘剂，后衬塑料。

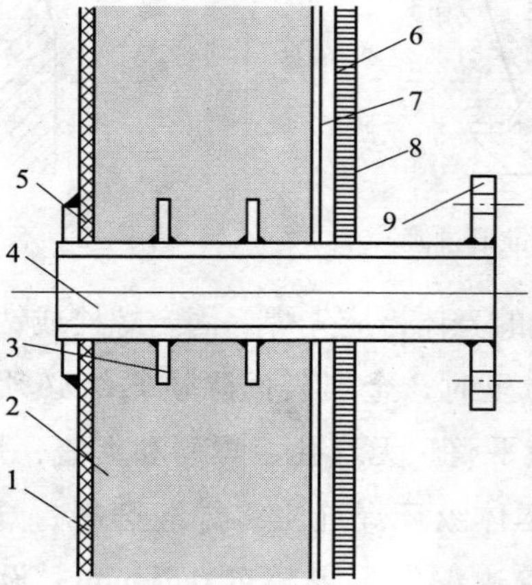

图6—3　混凝土槽壁预埋塑料套管

1—塑料衬板　2—混凝土壁　3—塑料板　4—塑料管　5—塑料保护衬板

6—二毡三油防水层　7—水泥砂浆　8—砖保护墙　9—塑料法兰

（5）对于旧的局部已被腐蚀破坏的混凝土基体，在检修时，应先将腐蚀损坏的水泥砂浆和混凝土铲除，并将渗入内部的腐蚀介质和腐蚀产物清理干净，然后进行修复。在新的水泥面养生完成后，才能进行新的防腐蚀施工。

技能要求

衬塑作业前，必须确保设备、构筑物已如期完成了试压查漏和化学成分鉴定等工序才能继续作业。对于金属件，还必须对焊缝进行逐条检查，确保焊透和焊渣清理等工作已完成。然后按衬塑金属及混凝土等不同基体的检查要点逐项进行检查，当某些检查项目不符合要求时，要进行整改，只有检查合格后的基体才可进行衬塑作业。需要注意的是，需进行喷砂处理的基体，必须在喷砂合格后4 h内进行刷胶浆或防锈处理，以防二次返锈。

学习单元 2　选择原、辅材料

学习目标

- 了解塑料焊条的质量标准和基本特性。
- 能检查塑料焊条质量。

知识要求

塑料板、管的规格、质量标准已在《防腐蚀工（初级）》第 2 节中阐述，本节内容主要阐述塑料焊条的规格、质量标准和基本理化特性。

一、硬聚氯乙烯焊条

硬聚氯乙烯焊条以聚氯乙烯树脂为主要原料，是成型的实心条状制品。

产品特性：耐酸、碱、腐蚀。

性能：抗拉强度≥40 MPa，密度 1.4～1.5 g/cm^3，维卡软化温度＜70℃。

色泽：水灰色。

规格尺寸：单股 2 mm、2.5 mm。双股 2 mm、2.5 mm、3 mm、4 mm，长度（1±0.02）m。

二、软聚氯乙烯焊条

软聚氯乙烯焊条以聚氯乙烯树脂为主要原料，是成型的实心扁圆状制品，一般为白色，卷状包装。

三、改性聚丙烯焊条

改性聚丙烯焊条以改性聚丙烯树脂为主要原料，是成型的实心条状制品。

产品特性：耐酸、碱、腐蚀，无毒。

性能：抗拉强度≥40 MPa，密度 1.4～1.5 g/cm^3，维卡软化温度＜70℃。

色泽：本色。

规格尺寸：单股2 mm。双股2 mm、2.5 mm、3 mm，长度（1±0.02）m。

四、聚乙烯焊条

聚乙烯焊条以聚乙烯树脂为主要原料，是成型的实心扁状制品，一般为白色、本色。

五、聚丙烯焊条

聚丙烯焊条以聚丙烯树脂为主要原料，是成型的实心条状制品。

产品特性：耐酸、碱、腐蚀，无毒。

性能：抗拉强度≥36 MPa，密度0.85～0.95 g/cm^3。

色泽：白色、本色。

规格尺寸：2 mm、2.5 mm、3.5 mm，长度（1±0.02）m。

对于塑料黏结衬里，其胶粘剂可以由使用者自己配制或购买商品现货，其常用的胶粘剂配比见表6—1。

表6—1　　常用塑料胶粘剂的配比

胶粘剂名称	参考配比（质量比）	常用硬化时间（h）	用途	备注
沥青胶泥	10号沥青：粉状填料：6～7级石棉=100：（100～200）：5		黏结软板	
橡胶沥青胶泥	10号沥青胶泥：滑石粉：汽油：硫黄粉：生橡胶=60：12：27：0.1：0.9		黏结软板	
过氯乙烯胶粘剂	①过氯乙烯树脂：二氯乙烷=（13～20）：（80～87） ②过氯乙烯树脂：丙酮=20：80 ③过氯乙烯树脂：环己酮：二氯甲烷=13：15：72	6～12 10～12 6～12	黏结软板、硬板	
聚氨酯胶粘剂	弹性体混合物：异氰酸酯=100：（10～15）		黏结软板、硬板	弹性体混合物含30%弹性体，51%丙酮，19%醋酸乙酯

学习单元 3　制作简单木模

学习目标

➢ 了解衬塑用木模的知识。

➢ 能制作简单木模。

知识要求

塑料的导热性极差，为了防止热成型工件由于表面过快的冷却，使内部产生应力而造成产品变形，热成型模具必须选用热导率低的材料，如木材、硬质聚氯乙烯塑料或其他塑料，一般多选用木材来制造。在实际工作中，还应考虑木模的数量以及木材的价格等因素。

木材的质量决定木模搭接强度的设计，质量好的木材不易变形，在设计木模结构时只需考虑木模搭接的牢固；质量差且容易变形的木材，在设计木模结构时，除了考虑木模搭接的牢固外，还要考虑防止木材变形的措施。

木模应在干燥通风的室内保管，且应分规格分类别存放，库房内应配备一定的防火设施。木模经使用后会发生一些损坏，如插销松动或脱落，在搬运、使用过程中折断，由于木材干燥收缩，木模的拼接处变形或松动开裂，尺寸不准等，都要定期进行修理，当无法修理至合格时，木模应进行报废处理。

技能要求

木模是根据图样做出来的，首先要对预制的图样进行实体放样和下料，然后经过粗加工、精加工、校正而成。在制备木模时要注意木料的块数、纹理的排列及接合的方式对木模强度的影响，木料接合后的纹理排列对木模加工顺序的影响。

制备圆筒体的木模，一般用木板拼接成空心的筒子，这样不仅可以节省木材，减轻木模的质量，还可防止木模的收缩变形。圆筒体木模如图 6—4 所示。

1．根据圆筒体的直径下料，两头顶板用整块或横拼平板等分成多边形。

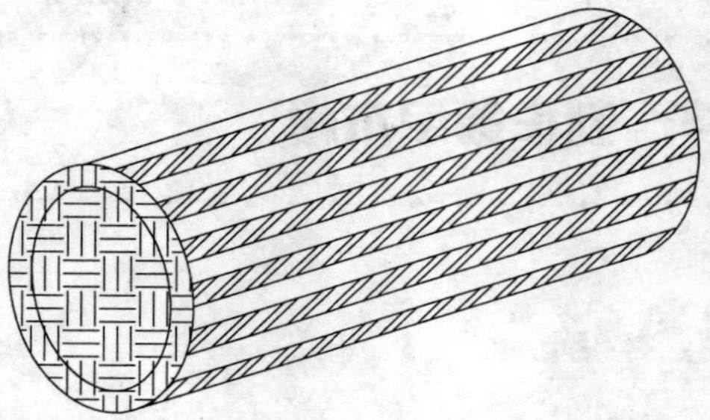

图6—4 圆筒体木模

2. 下料使用直纹的狭长木板条（木板条的长度一般按一个筒节的长度确定），木板条两侧的斜度与顶板多边形的角度相等，拼接木板条时要用胶水粘合，并用钉子钉牢。

3. 如果筒体长度超过500 mm，还需在筒体中间加一道撑挡，以增强筒板的强度。

4. 毛坯钉好后，再用车床车圆到指定的精度要求。

锥形木模的制备，要事先根据锥角、锥高、底圆等尺寸进行放样，确定弦长，再进行木材下料、拼接。制作成型的锥形木模还要进行尺寸检验，进行微调控制误差后，才可投入使用。

第2节 选材与下料

学习单元1 选材

学习目标

➢ 了解有关塑料产品的知识。

➢ 能正确挑选塑料型材。

知识要求

一、塑料管件的规格、型号

常用的塑料管件类型有直接头、三通、弯头等，一般管件为 DN300 以下，DN300 以上的塑料管件需制作方自己煨制，使用管件可提高管道的安装速度。

（1）阴接头的结构如图 6—5 所示。

（2）90°弯头的结构如图 6—6 所示。

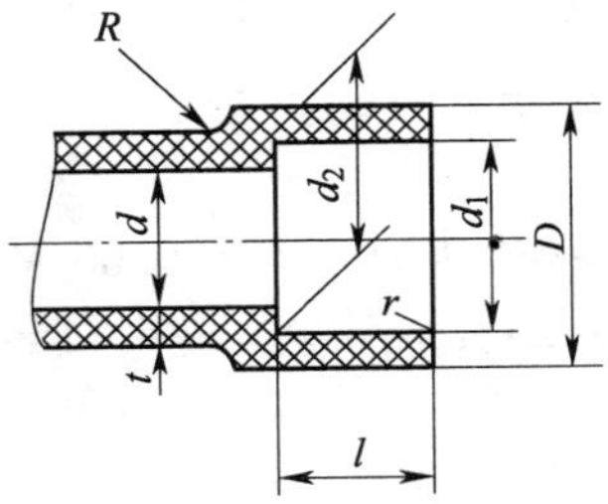

图 6—5　阴接头示意图

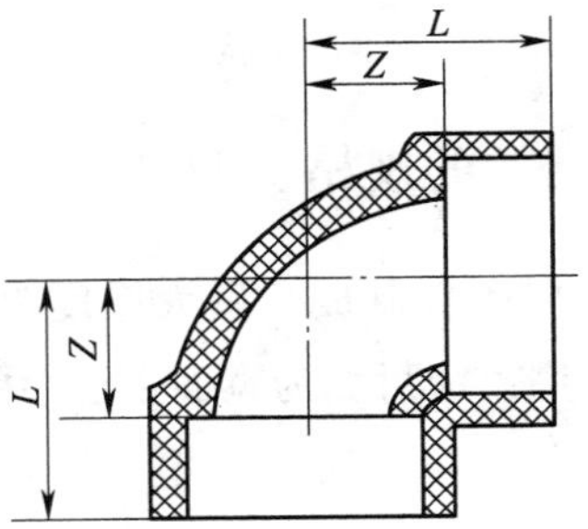

图 6—6　90°弯头的结构

（3）45°弯头的结构如图 6—7 所示。

（4）90°三通的结构如图 6—8 所示。

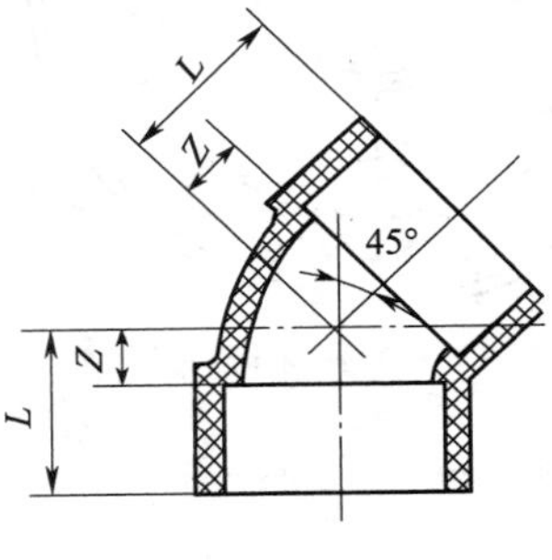

图 6—7　45°弯头的结构

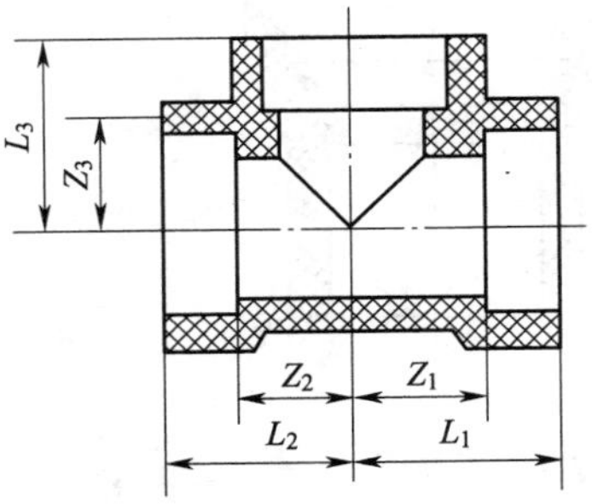

图 6—8　90°三通的结构

（5）45°三通的结构如图 6—9 所示。

（6）直接头（又名管套）的结构如图 6—10 所示。

（7）异径套的结构如图 6—11 所示。

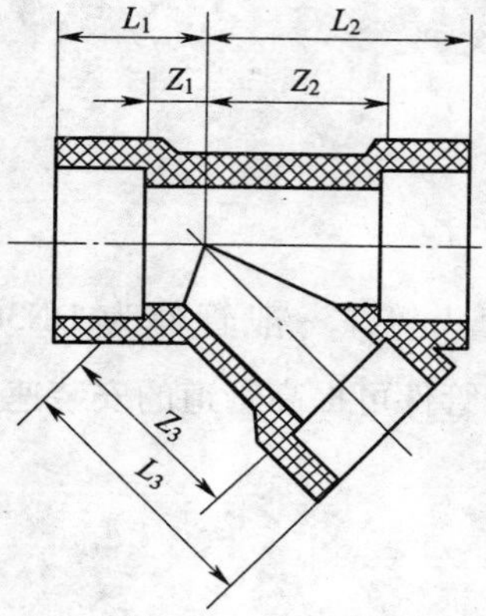

图6—9　45°三通的结构

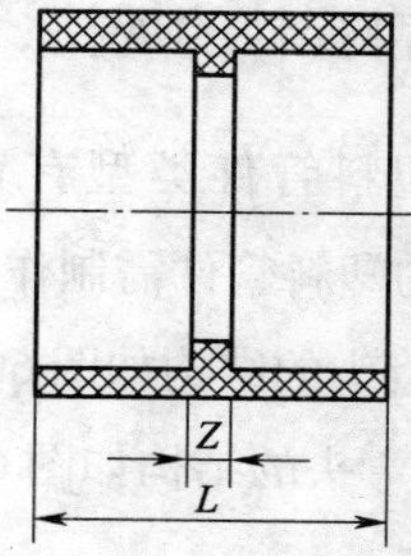

图6—10　管套的结构

二、塑料法兰的规格、型号

法兰用塑料层压板制成，最大厚度为40 mm，设计压力不大于0.60 MPa，垫片采用非金属软垫，密封面为宽面，法兰结构如图6—12所示。

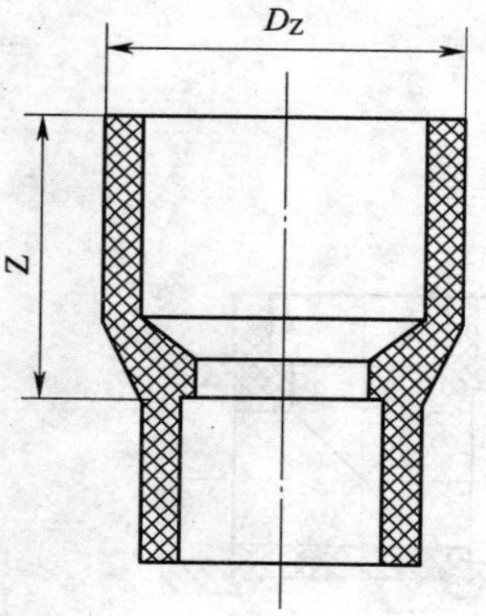

图6—11　异径套的结构

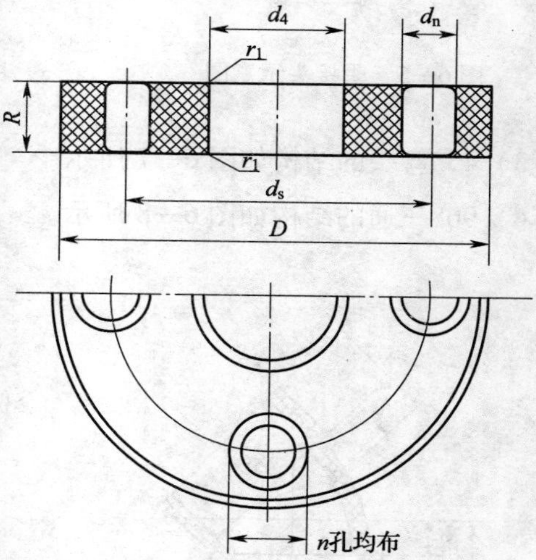

图6—12　法兰的结构

塑料法兰分为管法兰和设备法兰，根据所用材质不同，法兰的名义厚度也略有不同。常见的塑料法兰材质有硬聚氯乙烯和改性聚丙烯。

三、塑料人孔的规格、型号

塑料人孔按结构分为圆形人孔、长圆形人孔、椭圆形人孔。圆形人孔规格分为

DN450、DN500 两种，长圆形人孔分为 500 mm × 400 mm，600 mm × 400 mm 两种，椭圆形人孔分为 500 mm × 400 mm、600 mm × 400 mm 两种。设计压力不大于 0.1 MPa。硬聚氯乙烯塑料人孔的设计温度为 -10 ~ 60℃，改性聚丙烯塑料人孔的设计温度为 -10 ~ 80℃，纯聚丙烯塑料人孔的设计温度为 -10 ~ 100℃。

技能要求

一、挑选板材

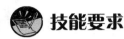

制造硬聚氯乙烯塑料设备的板材，必须符合下列条件：

（1）表面光滑、平整，刻痕较轻，没有夹渣及凹凸不平的现象。

（2）板材厚度均匀，厚度的允许误差在板材公称厚度的 ±10% 以内，用于制造重要受力构件的板材，板厚应选用正偏差值。

（3）板材上应有出厂日期、批号等标记。

二、挑选管件

（1）管件的外观、表面应光滑，不允许有裂纹、气泡、脱皮、严重的冷斑、明显的杂质以及色泽不匀、分解变色等缺陷。

（2）管件尺寸在规定范围内。

（3）管件的合格证明等资料齐全。

三、挑选阀门

（1）阀门表面无裂纹、脱皮和色泽不匀等缺陷。

（2）阀门试压合格。

（3）合格证等技术证明材料齐全。

学习单元 2　下料

学习目标

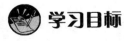

➤ 熟悉投影、射线展开下料方法和塑料热成型收缩知识。

➢ 能对不等径管件、三通、锥台等下料。

知识要求

一、投影、射线展开下料方法

1. 投影展开下料方法

投影展开下料法，就是根据三视图的原理，即“长对正，高平齐，宽相等”，将制品的表面按其实际形状和大小摊平在一个平面上得到表面展开图，再利用机械工具对其进行裁剪，即为下料。

2. 射线展开下料方法

如果截体的表面由一组直素线构成，而且这组直素线都交汇于一点，那么这样的截体侧表面可以应用射线展开法画出展开图。

射线展开下料法是把截体任意相邻的两条素线及其所夹的底边线，看成一个近似的小三角形，当各小三角形底边无限短、小三角形无限多的时候，那么各小三角形面积的和与原来的截体侧面面积就相等；当把所有小三角形不遗漏、不重叠、不折地按原先左右上下相对顺序和位置铺平时，则原形体表面也就被展开了。

二、塑料热成型收缩知识

热塑料性塑料在受热后会产生膨胀，冷却后又会收缩，这就是热胀冷缩。聚丙烯塑料的线胀系数比聚氯乙烯大，而聚四氟乙烯的线胀系数比聚丙烯的大。在板材下料过程中，对于需要热成型而没有经过热处理的板材，在下料时要加上热收缩量。根据经验，一般聚氯乙烯塑料热收缩率为1%，聚丙烯塑料热收缩率为2%，而氟塑料则可为3%。

技能要求

一、不等径管件下料

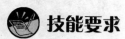

不等径管件按粗、细两管口的直径与高投影展开，根据投影绘制的实际长度下料即可。

二、不等径三通管的下料

图6—13所示为垂直相交不等径三通管，其展开步骤如下：

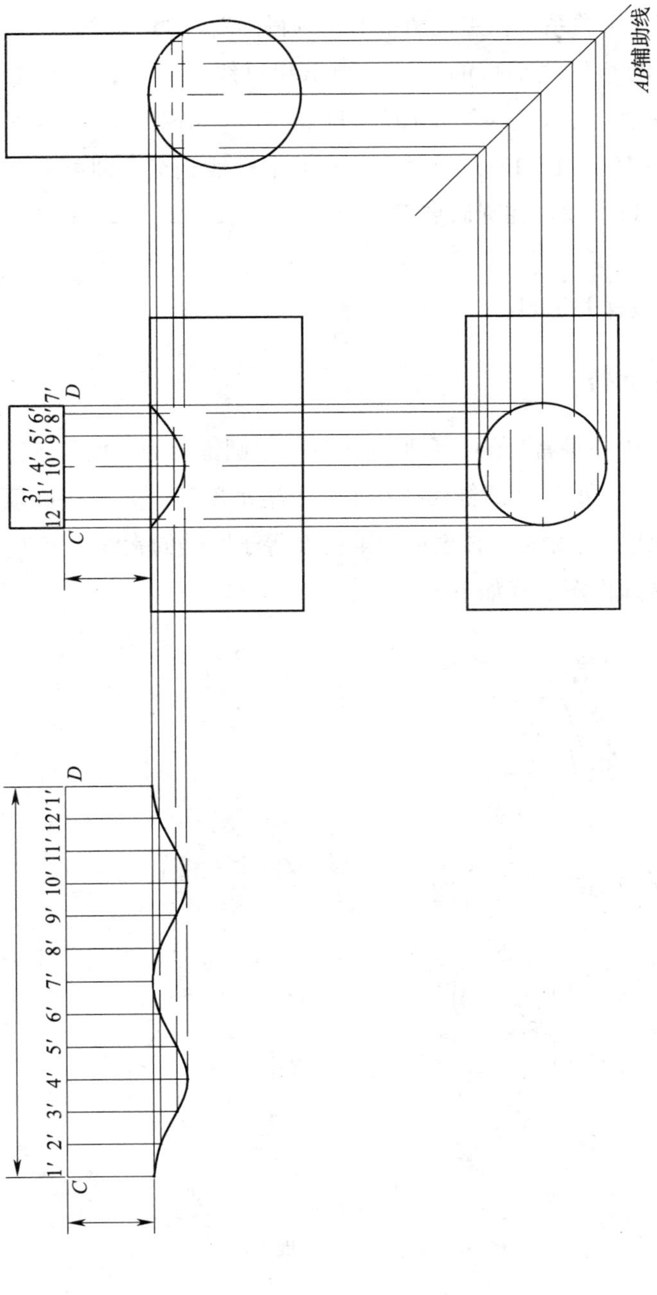

图 6—13　垂直相交不等径三通管展开图

1．用已知尺寸画出主视图、俯视图、左视图以及辅助线 AB。

2．俯视图中，将小管沿圆周方向12等分，分别编号为1、2、3、4…10、11、12。

3．按三视图投影关系，在主视图中，分别得到对应的12个点。

4．按主视图的相贯线平行的原则，画出相贯线展开图，展开图上的长度为 πD，12等分为1'、2'、3'、4'…10'、11'、12'，沿等分点画垂线与主视图上的点1、2、3、4…10、11、12分别对应过来的平行线相交，即可得展开图上的点1、2、3、4…10、11、12。在圆筒展开图上连接1、2、3…12、1各点，即得所求圆筒的展开图。

5．按展开图放样并下料。

三、圆锥台下料

圆锥台是管道中一种常见的圆台形连接管，正圆锥台的表面是正圆锥面，其各条素线均交于锥顶 S，如果把圆锥横放在平面上滚动展开，并保持锥顶 S 不动，则所产生的展开形状是一个扇形，该扇形的半径 R 等于圆锥的素线长度 L。如图6—14所示，圆锥台的展开作图过程如下：

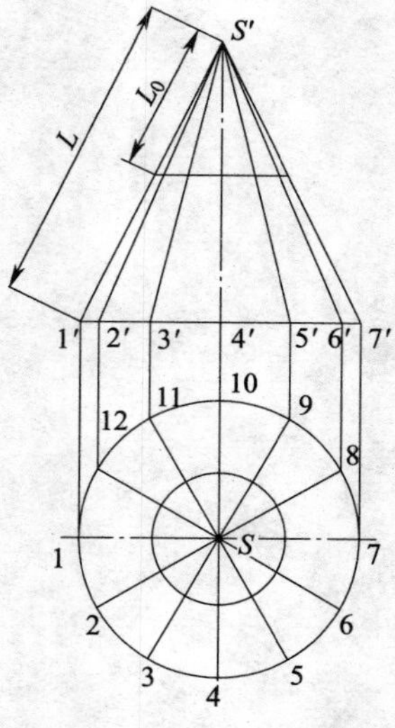

a)

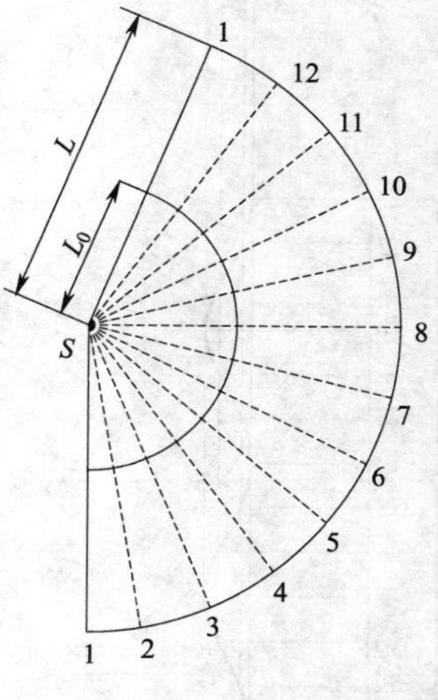

b)

图6—14　圆锥台的展开图

（1）在圆锥台的水平投影中，将圆锥底圆分成若干等份（见图6—14a），图中分为12等份。

（2）以 S 为圆心，以圆锥素线长 L 为半径作弧，然后，以圆锥底圆一个等份的弦长在所作弧上量取 12 个等份，得到等分点 1，2，3，…，12，1，圆锥的展开图如图 6—14b 所示。

（3）以 S 为圆心，以圆锥素线长 L_0 为半径作弧，则两个圆弧间的扇形就是圆锥台的展开图。

第 3 节　施 工 操 作

学习单元 1　组对

学习目标

- 熟悉塑料作业的生产工艺流程。
- 掌握塑料防腐作业的质量关键点。
- 能进行塑料换热器列管排布与胀接，能对塑料设备整体组装。

知识要求

一、塑料作业的生产工艺流程

塑料防腐作业的工艺流程可分为全塑料设备的制作和塑料衬里两部分。其中全塑设备的制作工艺流程为：板材划线→下料→预拼装→开坡口→拼装→点焊→全面施焊。

软聚氯乙烯塑料因为强度低，一般不作为独立的工程塑料使用，常作为设备衬里。常用的衬里方法有空铺法、螺栓压条固定法、粘贴衬里法。

1. 空铺法

空铺法也称松套法，衬里层和基体间不加以固定，衬里层靠法兰翻边及接管支撑，其工艺流程为：划线下料→衬里→焊接→接管开孔→接管翻边及施焊。

2. 螺栓压条固定法

此方法是软聚氯乙烯塑料板衬里的最常用方法之一，它是在空铺法的基础上再加以螺栓压条固定的方法。其工艺流程为：设备基体预埋螺钉或攻螺纹→衬里塑料软板检验→划线下料→衬里→焊接→压条→紧螺母→包覆压条及焊接→接管开孔→接管翻边及施焊。以下介绍螺栓压条固定法的几个主要步骤：

（1）设备基体预埋螺钉或攻螺纹

根据设计要求，进行螺钉行距划线、烧焊或攻螺纹。若设计中没有提出规定，则施工时应将螺钉行距按图6—15所示成三角形布置。立面行距 L 为400 ~ 500 mm；顶盖行距400 mm，呈辐射形排列；卧式容器上半部行距为400 mm，下半部行距可加大，数量可减少。

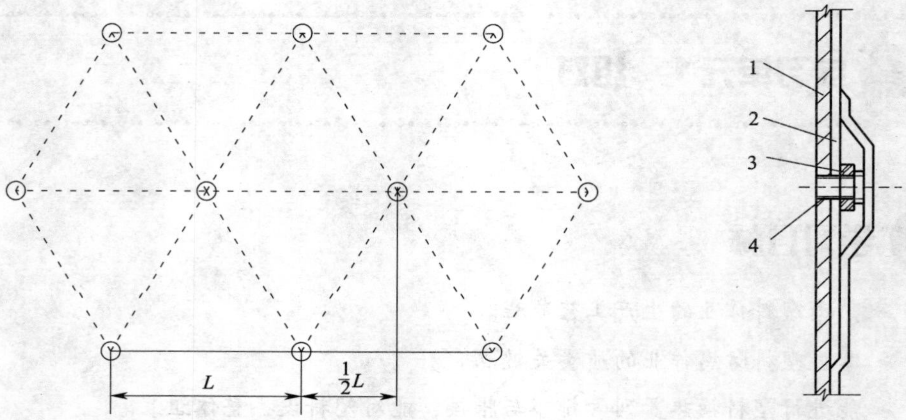

图6—15 软聚氯乙烯塑料板螺栓压条固定法

1—金属壳体 2—软板衬里 3—扁钢压条或硬PVC板条 4—固定螺栓

螺钉一般取M8的双头螺柱锯得，其有效高度应为衬里层塑料板的厚度+扁钢厚度+螺母高度。衬里采用4 mm厚的塑料软板，采用4 mm厚的扁钢，取6 mm厚的螺母压紧，则螺栓高应为14 mm，焊接时保护螺纹。

当设备基体厚度不小于10 mm时，则可采用在预先选定的点上打孔攻螺纹的方法，此时可选择M6 ~ M8的埋头螺栓来压住固定。这一方法适用于常压设备，虽然钳工工作量增加，但效果相当理想，其结构如图6—16所示。

（2）衬里

将已经裁剪准备好的软聚氯乙烯板进行对号衬里。

1）若被衬设备（如封头）连体焊接，在对封头衬里时最好将设备侧着或颠倒过来，这样可使施工更方便。

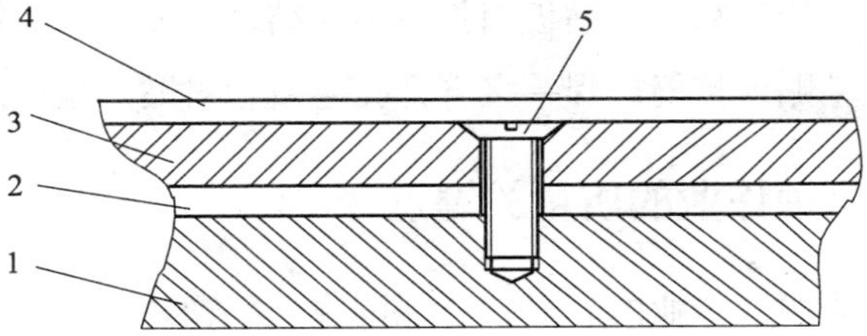

图 6—16　软聚氯乙烯塑料压条埋头螺栓固定法

1—金属基体　2，4—塑料软板　3—扁钢　5—埋头螺栓

2）若是可拆卸封头，衬里时可有两种顺序：一种是先从设备的立壁顶端开始衬里；另一种是从设备底端向上沿圆周衬里。

（3）搭接面的清理

设备立面全部铺衬完毕，在进行焊接施工前，可用蘸丙酮的棉纱擦拭搭接面，以增加融合面的清洁度。

（4）施焊

施焊分为点焊和正式焊接。点焊起初步固定衬里，使之不起褶的作用。对整条焊道的搭边进行等距离的点焊时，距离以 500 mm 为佳。正式焊接采用熔融压合焊法或用焊条焊接法，熔融压合焊法的焊接工艺参数见表 6—2。焊条焊接法同硬聚氯乙烯塑料板的焊接。

表 6—2　　软聚氯乙烯板基体熔融压合焊法焊接工艺参数

名称	工艺参数	名称	工艺参数
焊嘴静态出口温度（℃）	165～170	焊枪与软平面间夹角（°）	
焊接速度（m/min）	0.4～0.5	平焊	20～25
焊嘴与焊道间夹角（°）	30	立焊	20～30

（5）扁钢、螺栓的防护

扁钢、螺栓固定在软聚氯乙烯板的表面后，必须以软板再次保护，即裁取宽为 100 mm 的软板条，予以覆盖，沿扁钢两边予以焊接。

（6）接管、人孔短节的预制与衬里

软聚氯乙烯塑料的翻边不像橡胶衬里翻边那么容易，它必须是加热翻边、加压冷却才能定型。因此一般要预制专用模具加工或者用软板拼焊接管衬套，焊条突出部分用刀修平。

3. 粘贴衬里法

此方法是用胶粘剂代替螺栓压条的衬里法，其工艺流程为：基体的预处理→衬里塑料板的检验→划线下料→黏贴板面打毛→黏结缝刨坡口→胶料配制→基体与软板胶浆涂刷→衬里粘贴或接缝施焊→接管开孔→接管衬贴→检验。

二、塑料防腐蚀作业的质量关键点

为了保证塑料防腐蚀作业的质量，必须围绕全部管理作业过程，对关键的少数作业工序实施控制，这些过程只占施工工序的5%左右，却可以直接影响和决定90%以上的工程质量及结果。通常质量控制点的设置原则如下：

（1）施工过程中的重要项目、薄弱环节和关键部位。

（2）影响工期、质量、成本、安全、材料消耗等重要因素的环节。

（3）新材料、新工艺、新技术的施工环节。

（4）质量信息反馈中缺陷频数较多的项目。

由于质量控制点的设定，质量控制的目标及工作重点更加明晰，事前预控的方向也更加明确。施工质量控制点的管理必须是动态的，在工程开工前，技术交底和图纸会审时，可事先确定项目的质量控制点，随着工程的展开，及时进行质量控制点的调整和更新，持续保持重点跟踪的控制状态。以软聚氯乙烯塑料衬里作业施工为例，介绍质量控制点的设置，见表6—3。

表6—3　　软聚氯乙烯塑料衬里施工中控制点的设置

序号	施工工艺	见证点	自检点	送检点	甲乙双方共检点	备注
1	材料合格证及验收	√	—	—	√	—
2	喷砂除锈	—	√	—	√	需甲方认可
3	刷浆前表面处理	√	√	—	—	—
4	衬贴层	√	√	√	√	
5	混凝土层	√	√	√	√	
6	施工记录	√				

技能要求

一、塑料换热器列管排布与胀接

1. 列管排布

传热管是构成换热器传热面的主要元件，一般分为光滑管和翅片管，在塑料换热器中应用的大多为光滑管。塑料管因其导热性差，在作为换热管使用时，一种是添加石墨粉作为填料，提高其导热系数，如石墨改性聚丙烯换热器；另一种是将换热管壁抽得很薄，制成薄壁管，也可提高导热性，如聚四氟乙烯换热器。

传热管在管板上的排列方式有等边三角形、正方形和同心圆形三种，如图 6—17 所示。

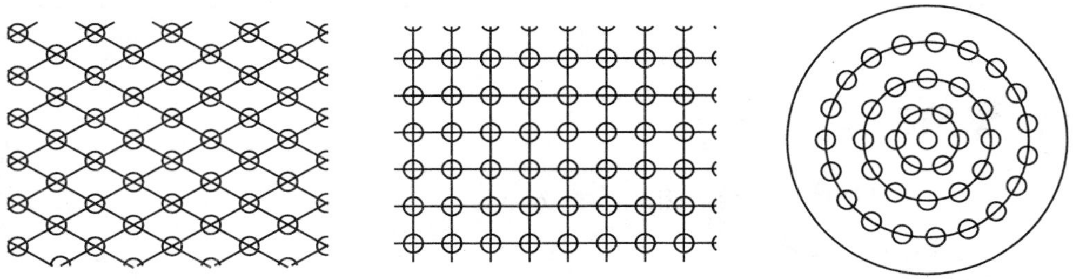

a)　　b)　　c)

图 6—17　列管的排列方式

a）等边三角形　b）正方形　c）同心圆形

等边三角形的排列方式使用最普遍，其优点是在同一管板面积上，可以排列较多的传热管，管外传热系数较高，流阻相对也较大。正方形排列方式在同一管板面积上可排的传热管数比等边三角形少，但便于对管外表面进行机械清洗。同心圆形排列方式在靠近壳体的地方布管均匀，这种排法只用于空分设备上。

用等边三角形排列时，排列面积是一个正六角形，其排列在六角形内的管数等于：

$$N_T = 3a(a+1)+1$$

而六角形对角线上的管数 b 等于：　$b=2a+1$

式中，a 为六角形的数目。

2. 列管胀接

进行列管胀接时，将管端胀成圆锥形，由于翻边的作用，可使管子与管板结合得更为牢固，抗拉脱的能力更强。胀接可用专门的胀接接头，为保证热熔接效果，可用板牙对接口进行预先攻螺纹。

二、设备整体组装

设备整体包括塔底（筒底）、塔身（筒身）、塔顶（筒盖）的全体部件。这些部件组装的全过程称为整体组装。组装以立式为主，又可分为顺装和逆装（倒装）两种方法，即从底至顶组装或从顶至底组装。两种方法的选用可根据施工条件及技术情况而定。

设备内件的安装、施焊往往要设置加强筋板，为防止变形，筋板的安装以对称安装为好。

学习单元2　焊接

学习目标

➢ 熟悉焊接缺陷产生的原因及其整改措施。

➢ 能进行焊接操作。

知识要求

一、焊缝结构

焊缝的结构必须根据设备的用途、板材厚度、设计强度、结构特点、焊接方便程度及经济性来选择。其断面形状、张角、与被焊材料间的缝隙大小以及焊缝的处理情况都会影响焊缝的强度。板与板之间的焊接形式可分为对接、搭接、T形连接及角接，各类焊接形式的焊缝结构、断面尺寸和适用范围详见表6—4。

表6—4　　　　焊缝结构、断面尺寸和适用范围

焊接形式	焊缝名称	焊缝结构	焊缝尺寸	适用范围
对接	V形对接焊缝	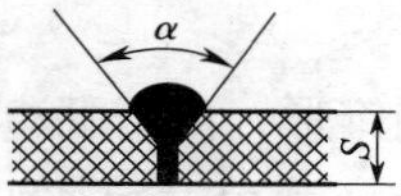	$S\leqslant 5$ mm时 $\alpha=80°\sim90°$ $S>5$ mm时 $\alpha=65°\sim75°$	适用于$S\leqslant 5$ mm的板对接焊或只能单面焊的对接焊
	X形对接焊缝	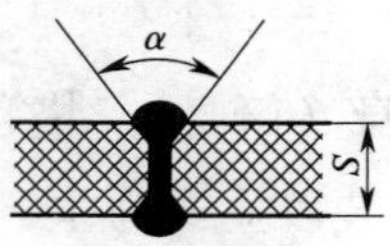	$S\leqslant 10$ mm时 $\alpha=80°\sim90°$ 10 mm$<S<$20 mm时 $\alpha=70°\sim80°$ $S\geqslant 20$ mm时 $\alpha=65°\sim70°$	适用于厚度大于5 mm板的对接焊

续表

焊接形式	焊缝名称	焊缝结构	焊缝尺寸	适用范围
搭接	搭接焊缝	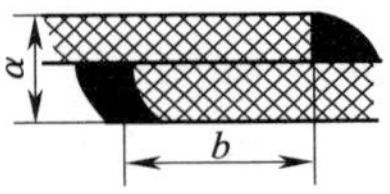	$b \geqslant 3a$	用在非主要焊缝
T形连接	V 形 T 形焊缝	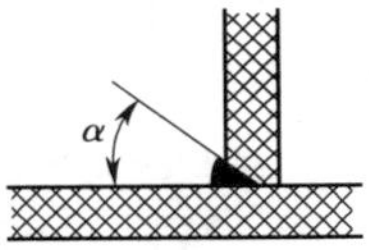	$\alpha = 45° \sim 55°$	适用于焊接安装在设备内部的零部件等
	K 形 T 形焊缝	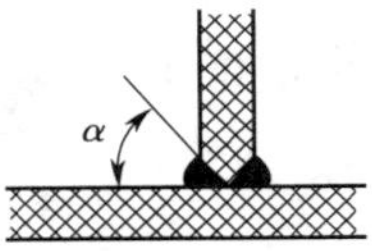	$\alpha = 45° \sim 55°$	适用于焊接安装在设备内部要求强度较高的零部件
角接	单面 V 形角焊缝	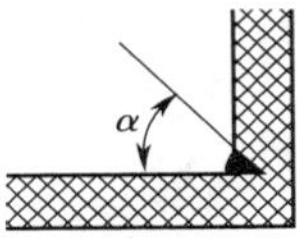	$\alpha = 45° \sim 55°$	适用于焊接衬里设备底与器壁的连接
	V 形角焊缝	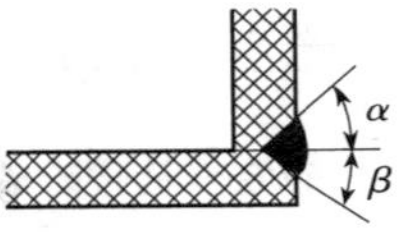	$\alpha = \beta = 35° \sim 45°$	适用于小于 10 mm 板的底与筒体的连接
	X 形角焊缝	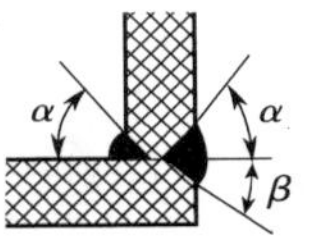	$\alpha = \beta = 35° \sim 45°$	适用于大于等于 10 mm 板的底与筒体的连接

焊缝的强度与焊缝的结构形式有很大关系。搭接焊缝在受压或受拉时，同时产生弯曲应力。由计算可知，搭接焊缝承受载荷的能力只有对接的 1/6。另外，搭接焊缝的焊条仅焊于板材的表面，而层压法制成的板材在再次被局部加热到压制温度以上时，由于压制时的内应力作用会使板材出现分层或膨胀的趋势，致使该处焊缝

强度相应降低，故在设计和施工中，应尽量不采用搭接焊。

对接焊是具有较高机械强度的焊接形式。因此，在实际应用中除加强板、支座复板、加强筋板等部位外，均采用对接焊。对接焊中，虽然X形焊缝比V形焊缝的坡口加工复杂，但由于焊时可以两面对称加热，热应力分布比较均匀，所以具有较高的机械强度，被焊材料因焊接而变形的现象也可以得到改善。此外，焊接同样厚度的板材，X形焊缝的焊条消耗和焊接工时要比V形焊缝节省一半，因此无论是从焊接强度还是从经济程度来讲，都应优先选择X形焊缝。只有在不能采用X形焊缝时，如焊件太薄（5 mm以下），不容易加工成X形坡口，或管子、容器直径小，不能从两面焊接时，才采用V形焊缝。

焊缝的强度还与焊缝坡口张角α有关，如图6—18所示。张角越大，焊缝强度越高。因为在张角大的情况下，焊缝根部接触面大，与焊条容易焊得更好。张角大小根据板材厚度而定，一般焊薄板时张角α取65°～90°；焊厚板时因焊接量大，应把张角取得小一些。

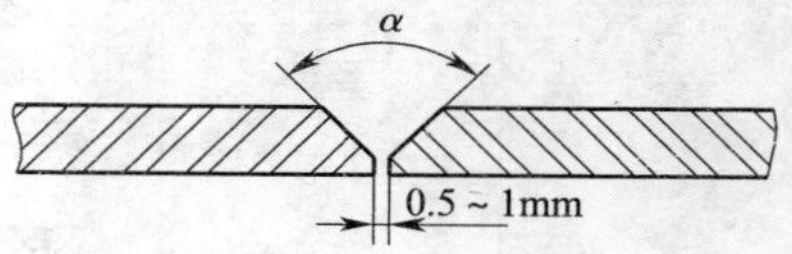

图6—18　焊缝坡口

二、焊接缺陷及整改措施

焊接质量的优劣从断裂处的断面形状可以加以判断。断面粗糙的说明焊接质量良好；断面光滑，甚至原来加工的坡口还看得清楚，说明焊接质量较差。焊接缺陷主要有烧焦、未焊透、空鼓等，其缺陷产生的原因及整改措施见表6—5。

表6—5　焊接缺陷产生的原因及整改措施

焊接缺陷	产生的原因	整改措施
烧焦	①焊接温度太高 ②焊接速度太慢	①调至合适的焊接温度 ②提高焊接速度并左右摆动焊接
未焊透	①焊接温度太低 ②焊接速度太快	①调至合适的焊接温度 ②降低焊接速度
空鼓	焊条排列不对	选择单根焊条打底，焊条紧密排列
外观毛糙	压缩空气压力过大	压缩空气压力控制在0.05～0.1 MPa
产生焊接蠕波	焊接角度不对	根据不同的塑料品种，调整正确的焊接角度

技能要求

一、焊接的工艺条件

1. 焊接温度和焊接速度

焊接温度一般是指焊枪喷嘴温度，它是在离开喷嘴 5 mm 处，用温度计以平行于气流方向经 15 s 后测得。控制焊接温度在很大程度上就能控制焊接质量，一般焊接温度控制在 200 ~ 250℃，焊接速度控制在 9 ~ 15 m/h。

正确地掌握焊接温度和速度是保证焊件质量的重要条件，当焊接温度过低或焊接速度过快时，就不能使焊件得到充分熔融，彼此粘接就不牢，在焊缝处可以明显地看到一根根焊条，这样的焊缝强度就很低。相反，当焊接温度过高，或焊接速度过慢，则焊条与焊件受热过度，硬聚氯乙烯塑料就会分解，产生氯化氢气体，使焊缝颜色变黄甚至发黑，即产生所谓烧焦现象，这时的焊缝强度也很低。

当焊接温度和速度掌握适当时，就可以看到被加热的焊条和焊件的接触面上处于熔融黏稠状态，即所谓“浆水”均匀，焊条之间致密性好，且无烧焦现象。对初学焊接的工人来说，温度控制可偏低一些，但不能低于焊条的熔融温度（即大于 180℃），而对于熟练焊工来说，焊接温度控制可偏高一些，但不能使焊条发黄发焦（即温度不能大于 250℃），这样既能加快焊接速度，又能提高焊接强度。

2. 焊条延伸率

焊条延伸率就是焊条在焊接前后伸长的比例，可由操作人员在焊接过程中掌握，一般焊条延伸率应控制在 15% 以内，这就要求操作人员遵守操作规程，特别是要掌握焊条的施力方向并将焊件的角度控制在 90° ~ 100°，且焊条的施力大小要均匀，这样才能保证焊条延伸率的范围。焊条延伸率过大，会产生因收缩而裂开的现象，破坏焊缝致密性。双焊条比单焊条的延伸率易掌握，因此初学者应尽量选用双焊条。

二、焊条的选择

聚氯乙烯焊条是由挤出机连续挤出成条的。作为焊接用的焊条，要求在焊接加热过程中比被焊材料先熔化，而在冷却时比被焊材料后凝固，这样可以扩大施工加热温度范围，焊条板材的大分子间可以有较长时间的相互扩散，黏结效果能够有较大的提高。为了达到这一目的，必须在聚氯乙烯焊条生产配方中添加少量的增塑剂。加入增塑剂降低了焊条的熔化温度，加快了焊接速度，提高了焊条平直置于接缝中不断裂所需的弹性。但焊条中增塑剂含量越多，则焊缝强度、刚性越低，其耐热性能越差，对许多介质的耐腐蚀性能也越差。因此焊条配方中增塑剂不宜过多，一般选择增塑剂含量为树脂含量的8% ~10%的焊条为宜。

聚氯乙烯焊条的规格分为单焊条和双焊条两种。单焊条的规格有2 mm、2.5 mm、3 mm、3.5 mm、4 mm等。双焊条的规格有2 mm×2 mm、2 mm×2.5 mm、2 mm×3 mm等。

焊条直径越大，焊满坡口所需要的焊条根数就越少，即焊接工作效率越高。但使用直径过大的焊条焊接时，由于焊枪喷嘴热空气在短时间内不能使焊条内外均匀受热，焊接后焊条内部会产生应力，不但会使操作人员向焊条施加压力时比较费劲，而且影响焊缝质量，所以不能过分地靠加大焊条直径来加快焊接速度。采用双焊条与采用单焊条相比，可在保证焊接质量的情况下加快焊接速度。这是因为双焊条是双根并联，中间有槽，在应用技术上有很大优点。由于双焊条的受热面积大于单焊条，故受热比较均匀。双焊条比单焊条硬挺，操作方便，焊条的操作技术及热延伸容易掌握，焊缝表面波动少，焊缝排列整齐而紧密。采用双焊条焊接时热接缝少，外表美观，能较快地填满焊缝，焊接效率高，且由于减少了加热次数，从而减少了热应力引起的强度降低，使焊接质量更好。根据焊件的厚度，选择不同规格的焊条，见表6—6。

表6—6　　焊条直径的选用

焊件厚度（mm）		2~5	6~15	16~20
焊条直径	单焊条（mm）	2~2.5	2.5~3	3~4
	双焊条（mm×mm）	2×2	2×2.5	2×3

三、焊条的排列

为使焊缝整齐，其焊件的坡口必须成平整的直线。无论焊接时选用的是单焊条还是双焊条，焊缝底部第一根焊条（俗称“根焊条”）都应选用直径2 mm的单焊条，以保证焊接熔融时焊条能挤过坡口底部所留的0.5~1 mm的间隙，避免焊不透。除了根焊条外，在同一焊缝中，不要采用不同直径的焊条。在焊接X形焊缝时，焊条必须在正反两面逐条反复进行焊接，严禁单面焊接完再焊接另一面。这样可以使焊接时所产生的热应力分布均匀，并使焊件变形小，易保证焊缝强度。X形焊缝焊条的排列顺序如图6—19所示。

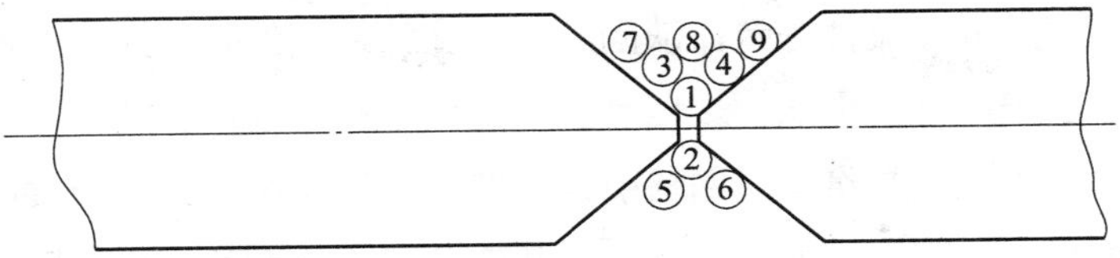

图 6—19　X 形焊缝焊条的排列顺序

学习单元 3　烧结、滚塑

学习目标

- 熟悉氟塑料的热性能。
- 掌握氟塑料的缠绕、滚塑成型工艺。
- 能进行氟塑料的绕制、烧结等加工，小型塑料设备现场安装。

知识要求

一、氟塑料的热性能、缠绕工艺

1. 氟塑料的热性能

氟塑料的热性能指标见表 6—7。

表 6—7　　氟塑料的热性能

性能	聚四氟乙烯	聚三氟氯乙烯
比热（J/kg·K）	1.05×10^3	904
导热系数（W/m·K）	0.244 ~ 0.273	0.058 6
线膨胀系数（20 ~ 50℃）（$10^{-5}K^{-1}$）	25 ~ 11	6 ~ 12
非晶区玻璃化温度（℃）	−120	50
晶体熔点（℃）	327	208 ~ 210
开始分解温度（℃）	415	310

从表6—7中可见，氟塑料的线膨胀系数很大，其热胀冷缩量也比钢铁大十多倍，而且存在固有的冷流性等致命缺陷。因此在使用钢外壳内衬聚四氟乙烯薄层的衬里设备时，由于温度的影响，聚四氟乙烯衬里层极易损坏，从而影响了它的广泛应用。目前的施工工艺是将金属网格引入聚四氟乙烯薄层内部，使聚四氯乙烯衬里层的热胀冷缩量降低到与钢外壳相一致，并消除了冷流性的影响，同时还增加了衬里强度，提高了耐正负压性能。

氟塑料的导热性不好，所以制造厚壁制品时不能用淬火方法使其快速冷却。为了不使结晶度太大，聚四氟乙烯可选分子量较大的树脂，而聚三氟氯乙烯在厚度较大时需在高压下进行淬火。

2. 氟塑料的缠绕知识

氟塑料的缠绕主要是指聚四氟乙烯塑料的缠绕，要求整个缠绕过程都在清洁的环境中进行，否则烧结时影响熔结效果，进而影响制品质量。缠绕操作最好在有空调的房间进行，进入房间的空气需进行过滤，操作人员不得用手指直接接触聚四氟乙烯带，要戴上干净的白手套，其操作工艺如下：

先将模具表面用无水酒精、丙酮或汽油等溶剂去污，以免在烧结时污物碳化而影响脱模和产品质量。然后将模具置于缠绕机上，聚四氟乙烯带沿一个方向绕扎，每圈搭接宽度为50%，到头后改变方向再往回绕，使上下两层呈交叉状，有利于消除缠绕及聚四氟乙烯带本身缺陷所带来的问题。这样来回绕扎至所需厚度，一般0.1 mm厚的聚四氟乙烯带来回绕5次，可得到1 mm厚的内衬管，当然还可选用0.2 mm、0.3 mm厚的聚四氟乙烯带进行缠绕。为保证衬管表面平整，聚四氟乙烯带每圈必须认真按50%搭接缠绕，否则会造成管壁厚薄不均，影响质量。

缠绕时用手工或机械方法均可，但聚四氟乙烯带缠绕时要适当拉紧，受力均匀，每圈施以的张力要一致，否则废品率高。

聚四氟乙烯带绕好后，再在其外用同样方法缠上3~4层无碱玻璃丝带。每圈也要搭接50%，扎紧扎匀，否则制品表面凹凸不平，会影响衬装。玻璃丝带的层数要随聚四氟乙烯内衬管厚度的增加而增加，因为聚四氟乙烯内衬越厚，热膨胀量越大，产生的压力也越高，如玻璃丝带层数不相应增加，绕结时就会崩断，而使制品报废。扎紧最后一层玻璃丝带后，其外用铁丝扎紧。

玻璃丝带的厚度以0.1~0.15 mm为宜，与聚四氟乙烯带接触的最里层可用薄一些的，外层可用厚一些的；宽度以15~30 mm为宜，扎直管或大口径制品可用宽的，扎形状复杂或小口径制品要用窄的。

为了增加聚四氟乙烯内衬管的抗真空性能和解决它自身固有的冷流性（蠕变），可在聚四氟乙烯带缠绕 2/3 厚度时，加一层钢丝网，或绕一层 ϕ0.5 cm 左右的钢丝，其外再绕上 1/3 的聚四氟乙烯带。钢丝要缠紧密，每圈间距不能大于 2 mm。加钢丝网或钢丝的聚四氟乙烯内衬管，模具外径尺寸要相应减小。

二、滚塑成型工艺

滚塑成型又称旋转成型，是一种热塑性塑料成型方式。滚塑防腐技术是利用滚塑成型的工艺技术，将处理过的金属设备作为模具，在设备的内表面或外表面搪衬一层整体无缝的塑料层，以达到防腐目的。塑料工业中，滚塑成型技术是制造以往注射、吹塑成型技术所无法制造的大型、超大型或全封闭的空心无缝容器（罐、槽）的最理想、最经济、最有效的方法。

1．滚塑防腐技术的原理

滚塑防腐技术的原理是：把需滚衬的设备作为模具放到滚台上，然后边加热边旋转，达到一定温度时，把塑料粉加到设备上，塑料粉开始熔融呈半流动状态，并涂覆在设备上，当粉末全部熔融之后，继续旋转设备，直到产品冷却。在旋转过程中，物料由于自身重力的作用，向着设备转动的反方向向下滑动，得以与设备壁上的各点逐一接触，物料不断从设备壁表面吸取热量，升高温度，熔融并涂布于设备上，同时逐渐将物料中夹入的气体排除，直到形成完好的制件。在冷却过程中，已经熔融、黏附在设备上的物料尚有一定的流动性，为了防止物料下淌，造成制件壁厚不均匀，故在冷却过程中，设备应仍处于不断转动的状态。

滚塑成型工艺与常用的挤出成型、注射成型、压塑、模塑等工艺不同，在整个成型过程中，塑料除了受到重力作用之外，几乎不受任何外力的作用，因此产品几乎无内应力，并且不易产生变形、凹陷等缺陷。

2．滚塑防腐技术所用的原料

滚塑防腐技术所用原料应具有两种性能：其一，流动性好，树脂熔融指数通常在 3 ~ 10，以便使熔体平稳地流入模腔的各个角落，获得壁厚均匀的制品；其二，热稳定性好，以防原料受热分解。塑料工业中，滚塑制品采用的原料有两类：一类是常用的热塑树脂，如聚乙烯（PE）、聚氯乙烯（PVC）凝胶等；另一类为工程塑料，如 ABS 树脂、聚酯（polyester）、聚碳酸酯（PC）、尼龙（PA6、PA11、PA12）、缩甲醛（POM）等。根据滚塑成型工艺的特点和原料的来源、成本，目前所用的原料90%仍为聚乙烯，且多数为线性聚乙烯。国内滚塑防腐技术所用的原料多为线性低密度聚乙烯（LLDPE），还有少量线性中密度聚乙烯（LMDPE）、高密度聚乙烯（HDPE）和交联聚乙烯。

3. 滚塑防腐产品工艺过程

滚塑防腐产品属于钢塑防腐产品。钢塑防腐产品常用的加工方法是挤出、注射等，这些方法所需投资的设备过多。一般防腐方法是把利用挤出、注射的方法制成的塑料制品，如管材、板材等进行二次加工（有松衬和紧衬方法），而滚塑防腐产品的加工方法是直接把粉末加到热的钢体上旋转成型，产品无接缝，钢塑结合力强。它克服了传统衬塑产品基体与塑层结合性差、其间存在水分和空气、法兰翻边处易破裂等缺陷。

其工艺过程一般为：钢体制作（用于负压或直径不小于400的设备，点焊金属网）→表面前处理（喷砂）→上滚台→试转→旋转加热（一定温度）→加LLDPE粉（反复多次）→冷却→检测（用电火花检测仪或针孔仪）→制品。

钢体表面前处理与其他防腐加工的方法相同，滚衬前表面采用喷砂除锈，钢体表面除锈等级达Sa2（1/2）级，或者采用角向磨光到ST2级。钢体焊缝处的焊瘤和焊渣等应打磨，拐角处应打磨成圆弧过渡。为提高产品的抗负压能力，除保证前处理的质量，增加涂层的厚度，还可采用“龟甲网”技术，即在钢体表面除锈后，根据设备使用的具体情况，焊接不同规格的钢板网。

衬里层必须完全用电火花检测仪（或针孔仪）检测，不允许出现击穿现象。最低检测电压u：$u=7\,843\sqrt{\delta}$（δ为衬里层厚度，mm）。

4. 滚塑防腐生产中异常现象及解决方法（见表6—8）

表6—8　　滚塑防腐生产中异常现象的解决办法

异常现象	解决办法
生产周期长	升高加热温度，采用熔融指数较大、低密度物料
物料不能充满模腔中深而狭窄的部位	改善设计，消除锐角，减慢转速
衬里层中有气泡	增加加热时间，延长冷却时间
衬里层表面粗糙	物料颗粒大，延长加热和冷却时间
衬里层表面发黄、发黑	降低加热温度，保证物料洁净
法兰密封面不平整	物料冷却到一定时间，切除多余部分

技能要求

一、氟塑料的绕制、烧结加工

1. 绕制

氟塑料的绕制是指将氟塑料薄带缠绕到模具上的过程，所以此工序实际上包括薄带车削和薄带缠绕两个过程。

（1）薄带车削

聚四氟乙烯薄带一般采用聚四氟乙烯棒料在车床上车削而成，一般薄带厚度为 0.1 mm 好。带越薄缠绕的层数越多，制品的质量就越高，但带太薄在缠绕时易拉断，且层数过多也影响生产速度。绕制管件时带宽需要 10～20 mm，大容器需要 20 mm 以上。在车床上车削前要彻底清扫车床，车削时要保持车削下来的薄带无灰尘和脏物污染。

（2）薄带缠绕

把清洗好的模具装到缠绕机上，开始将聚四氟乙烯带在其上沿一个方向绕扎，每圈搭接宽度为 1/2 带宽，到头后改变方向再往回缠，使上下两层呈交叉状，有利于消除缠绕过程和聚四氟乙烯带本身所带来的缺陷。来回绕扎至所需厚度，这样可保证衬管表面平整，薄带每圈必须认真按 1/2 带宽搭接，以免造成厚薄不均，影响质量。手工或机械缠绕均可，但必须在缠绕时适当拉紧薄带，受力要均匀，每圈要一致。

聚四氟乙烯带绕好后，在其外用同样方法绕上 3～4 层无碱玻璃丝带。每圈也要搭接 50% 带宽，扎紧扎均匀，以免制品表面凹凸不平，影响衬装。玻璃丝带的层数随聚四氟乙烯衬管厚度增加而增加。最后一层玻璃丝带到头后，在其外还要用铁丝扎紧。采用的玻璃丝带的厚度以 0.1～0.15 mm 为宜，与聚四氟乙烯接触的最里层玻璃丝带可用薄一些的，外层可用厚一些的；宽度以 15～30 mm 为宜，扎直管或大口径制品可用宽的，扎形状复杂或小口径制品要用窄的。

2. 烧结

将缠绕好的聚四氟乙烯工件放入电炉烧结成型。工件在炉内布置时，要保持工件离电阻丝的距离在 50 mm 左右。把热电偶或水银温度计插入工件玻璃丝带上面的不同部位，2 m 长的管子至少有 3 个测温点，中间 1 个，两端各 1 个。然后开始按升温、保温曲线进行操作。保温后，炉子停止加热，工件在炉内自然冷却到 200℃ 以下取出脱模。

聚四氟乙烯烧结温度要严格控制在（380±5）℃的范围内。如果高出这个范围将使聚四氟乙烯过分膨胀，使玻璃丝带破裂，不仅会导致制品报废，还会引起聚四氟乙烯分解，产生大量有毒气体。如果低于这个温度范围或保温时间不够，各层聚四氟乙烯则不能熔结在一起，也会使制品报废。

二、小型塑料设备的现场安装

（1）小型塑料设备的吊装可用麻绳或白棕绳及吊装带捆绑吊装或人工抬放就位，但是受力点不得在接管、法兰等焊接部位。

（2）设备要安放在牢固的支架上，支架结构要使设备整体均匀受力，不得局部受力，以防设备变形或焊缝受应力作用而开裂。

（3）需要检修的设备，与地坪要有一定的距离（不少于500 mm），以便于检修。

（4）用水泥基础支撑的设备，基础表面水泥砂浆要平整，不得有尖角凸出物，如果设备接触酸性物料，水泥基础要做防腐处理。安装时基础表面铺一层5 mm的软聚氯乙烯板或软橡胶板，再将设备固定。

（5）设备接管处不得在安装中承受弯曲应力和剪切应力，尽量避免承受拉应力。

（6）设备不得受热源影响。

第4节　质　量　检　查

学习目标

- 掌握塑料制品压力试验工艺流程和检测仪器工作原理。
- 能检测塑料制品外观尺寸、焊缝质量，能进行液压、真空度试验。

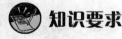

知识要求

一、压力试验的工艺流程及注意事项

1. 压力试验的工艺流程

一般常采用水压试验来测试系统的强度和严密性。水压试验常采用专用的电动

试压泵和手动试压泵，试压介质水应是洁净的。

水压试验的操作程序：首先向试压系统灌水，灌水时应打开系统各高处的排气阀，当最高处排气阀溢水时，关闭进水阀和排气阀。然后用手动试压泵或电动试压泵加压，开泵前应把压力表阀关闭，防止剧烈振动损坏压力表。加压分阶段进行，第一次先加压到试验压力的一半，对系统进行一次检查，没有异常时再继续升压，一般分 2 ~ 3 次升到试验压力。当压力达到试验压力时，停止加压，保持试验压力 10 min，若无破裂变形等现象，且压降不大于 0.05 MPa，即认为强度试验合格。最后，把压力降至工作压力进行严密性试验，在工作压力下对系统进行全面检查，未发现渗漏等异常现象就认为严密性试验合格。

2. 注意事项

（1）检查试压泵是否完好，压力表是否在有效期内。

（2）试压设备要留有排气口，在水充满容器、空气排出后再增压。增压时如压力表不稳定跳动，说明容器内空气没有放净，应停泵再次放气。

（3）要逐级升压，每级持续 3 min，直至达到所需要的压力。

（4）试压过程中如发现密封处与容器本身泄漏时，要先卸压再进行处理。

二、检测仪器的工作原理

1. 试压泵工作原理和安全操作规程

试压泵是对各种压力容器、管道设备进行液压试验时的加压设备，试压泵的特点是流量小（一般都不到 1 m^3/h），压力高，可达数十兆帕。

常用的试压泵有手动试压泵和电动试压泵，如图 6—20 所示。它们都属于单作用柱塞式往复泵。不同之处是手动试压泵是人力驱动手柄，带动单作用柱塞作功，而电动往复泵的泵缸由 4 个单作用柱塞组成，依靠电动机带动蜗轮蜗杆减速装置，由蜗轮轴上的偏心轮推动柱塞做功。

图 6—21 所示是柱塞式往复泵的工作原理图。这类泵的工作原理可分为吸入和排出两个过程。当试压泵由人力或电动机驱动后，柱塞从泵缸的左端向右端移动，由于泵缸容积增大，压力降低而形成局部真空。这时排出阀紧闭，容器中的液体在大气压作用下顶开吸入阀进入工作室。当柱塞移向右端时，泵缸内的液体受挤压，压力升高将吸入阀关闭，推开排出阀，将液体从排出管排出。如此反复进行，排出管端的压力逐渐升高，达到试压的目的。

试压泵安全操作方法见有关产品说明书。

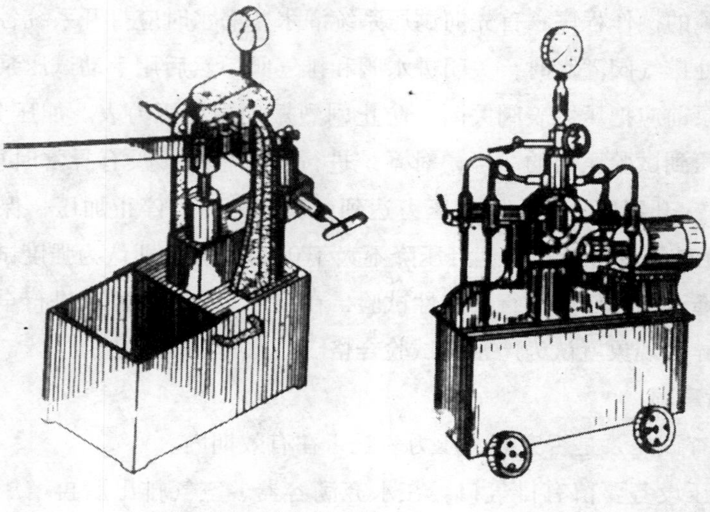

a)　　　　b)

图6—20　试压泵

a）手动试压泵　b）电动试压泵

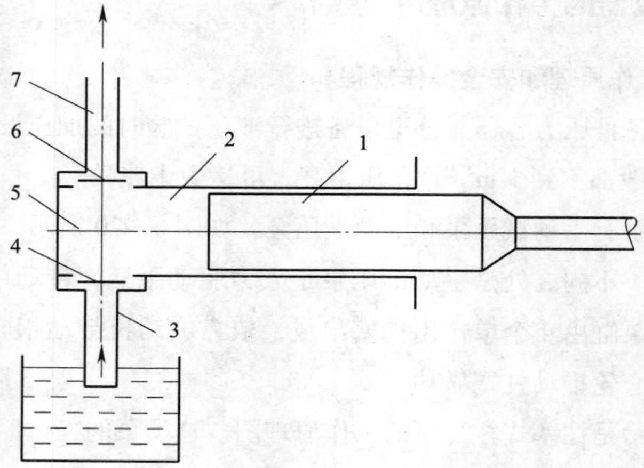

图6—21　柱塞式往复泵的工作原理图

1—柱塞　2—泵缸　3—吸入管　4—吸入阀　5—工作室　6—排出阀　7—排出管

2. 真空泵工作原理

真空泵用于检测设备的真空度。真空泵的工作系统如图6—22所示，由于管道与容器连通，如果整个系统没有漏气情况，那么当真空泵抽气时，整个真空系统中气体会不断减少，使容器及整个系统压力降低，从而完成真空泵工作过程。

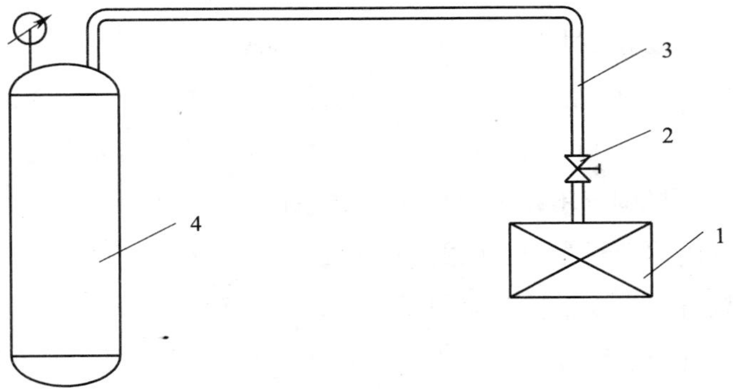

图 6—22　真空泵的工作系统

1—真空泵　2—阀门　3—连接管路　4—容器

真空泵的种类很多，通常分为下列几种类型：

（1）机械真空泵。机械真空泵有往复式真空泵、油封式真空泵、水环式真空泵、罗茨真空泵、涡轮分子泵等。

（2）喷射式真空泵。喷射式真空泵有水蒸气喷射泵、水喷射泵、大气喷射泵、油增压泵、油扩散泵等。

（3）物理化学吸附泵。物理化学吸附泵有钛泵、分子筛吸附泵、低温泵等。

另外，可按真空泵所能达到的极限真空度来分类，可分为低真空泵、中真空泵和高真空泵。常用的试验用泵为往复式真空泵，其安全操作方法见有关产品说明书。

技能要求

一、外观尺寸检测

1. 外观检验

外观检验主要是目测。检查标准如下：

（1）设备筒体及部件无裂纹。

（2）用肉眼检查衬里层表面不应有大于 0.5 mm 的深划痕、刀痕、裂纹及小孔等缺陷。

（3）焊缝表面平整、排列整齐、紧密无间隙、均匀挤浆、没有烧焦现象。

（4）氟塑料衬里管内、设备内壁应平整、光滑、洁白，不得有任何横向白条纹。

2. 尺寸检验

（1）厚度达到设计要求。

（2）筒体与封头直边部分任一截面上的椭圆度要求当 $D_i \leqslant 500$ mm 时，椭圆度不超过内径的 0.5%；500 mm < $D_i \leqslant 1\,000$ mm 时，椭圆度不超过内径的 0.7%；$D_i > 1\,000$ mm 时，椭圆度不超过内径的 1%，且不大于 20 mm。

（3）设备的筒体及封头内表面的平面度误差最大不应超过 2 mm。

（4）塔类设备垂直度偏差不应超过 1/1 000 塔高。

（5）设备接管中心线位置偏差不应超过 10 mm，接管倾斜度不得超过管长的 1/50。

（6）管法兰端面应垂直于接管或容器的主轴中心线。安装接管法兰应保证法兰面的水平度或垂直度偏差不得超过法兰外径的 1/100（法兰外径小于 100 mm 时按 100 mm 计）。

二、焊缝检查

（1）焊缝检查应在设备制造中及制成后进行。

（2）按规范及图样要求检查焊缝结构形式及尺寸。

（3）焊缝外观检查应包括查看焊条排列是否整齐均匀、有无裂纹、有无咬边及有无边缘不饱满现象。

（4）检查对接焊缝加强高度及角焊缝焊角高度是否符合规范及图样要求。

（5）检查焊缝两侧各 100 mm 范围内无过烧、凹凸不平或其他降低强度的缺陷。

（6）对不合格的焊缝应进行返修，返修次数不得超过一次。返修后仍不合格者，应根据具体情况作出处理决定，并经制造单位技术负责人批准。返修次数、部门、返修情况均记入设备的质量证明书中。

三、液压试验

液压试验一般用水，必要时也可用不会导致危险的其他液体，试验时液体的温度应低于闪点和沸点。试验温度以不低于 15℃，不高于 23℃ 为宜，水压试验时应按 1.25 倍设计压力进行，在试验压力下保持 5 min，再降至设计压力，检查无渗漏为合格。对不宜盛水的设备应以 1.1 倍的设备压力进行气压试验。但此时一定要注意安全，设置防护措施，以免发生意外。

四、真空度试验

真空度试验分两部分，首先做液压试验，然后再做真空度试验。当真空度不大于 0.04 MPa（300 mmHg）时，以 4.9×10^4 Pa（0.5 kgf/cm^2）进行液压试验；当真空度大于 0.04 MPa（300 mmHg）时，以 9.8×10^4 Pa（1 kgf/cm^2）进行液压试验。液压试验合格后，再以最大操作真空度做真空试验。真空度试验必须有安全措施，该安全措施需经试验单位技术总负责人批准，由本单位安全部门监督；真空表应调节准确，反应灵敏；试验时真空度压力逐渐增大，每增加试验压力的 10%，应保压 5 min，检验焊缝有无泄漏情况，发现漏气，修补后重新试验；真空度达到试验压力时，应保压 10 min，保压时不得开动真空泵，以不泄漏为合格。

第 5 节　储　　运

学习目标

- 熟悉塑料原材料储存、吊装、运输的基本知识。
- 能辅助吊装与运输作业。

知识要求

一、储存

塑料原材料在确保采购质量合格的前提下，储存条件对于原材料质量的保证也是相当重要的，想要获得优良的制品，必须学会原材料的保管。

（1）软聚氯乙烯板、焊条、管材等均应储存于避阳光、避雨以及干燥、清洁、温度为室温的库房内，高温会加速增塑剂的逸出，导致原材料过早老化。

（2）运输与储存期间均应避免硬物堆压，避免损伤软板、管材等原材料。

（3）聚氯乙烯塑料应与芳香烃类、酮类等化工原料分开储存。

（4）塑料胶粘剂应与聚氯乙烯塑料分开储存，需避阳光、避雨、通风、防火，并与配套溶剂分开堆放，库房内需备灭火器材。

（5）粉状的氟塑料原料应注意防潮。

二、吊装

吊装是制作和安装工程中，用于搬运、移动或安装成品或半成品必不可少的工作，正确的吊装不仅可以保护成品，少出故障，还可以提高安装速度。

吊装用的索具与起重设备包括绳索（白棕绳、钢丝绳）、吊具（撬杆、吊钩、卡环）、滑车、千斤顶、卷扬机和起重机等。

1. 常用的起重工具

（1）手动葫芦。

（2）龙门吊。

（3）汽车式起重机。

（4）桥式起重机。

2. 吊装操作

吊装操作是专业性很强的工作，吊装操作者必须经过安全培训，具备熟练的操作技能，经考试合格方能持证上岗。起重机械和安全装置必须完备、灵敏、可靠。对起重机械和电路要进行定期维修，及时排除故障。在工作中，指挥信号要统一，指挥、司机和操作工配合要协调一致。同时，要严格作业现场的管理，有专人监护，严禁非作业人员进入作业现场。

三、运输

原则上对于成品由订货单位负责运输，对于必须由施工方负责的运输，除了遵守交通规则外，应尽量避免原材料、半成品和成品在运输中受损。塑料制品比较脆，应采取各种保护措施使其避免强烈撞击，运输过程中轻拿轻放。

技能要求

一、辅助吊装

搬运吊装塑料设备、管件时必须平稳、受力均匀，吊装索具应采用软索，若使用钢丝绳，吊装必须采取衬垫等相应的保护措施。

（1）在起吊翻转设备时，不得用钢丝绳直接捆扎，应垫放木条或其他软垫，保持设备受力均匀。

（2）设备起吊时应保持平稳，缓慢上升或下落，不得有冲击现象。

（3）凸形封头在吊装和翻转时，要加强保护措施，克服失稳时单面受压。

（4）起吊时设备上的接管、人孔、手孔等不得作为着力点。

二、辅助运输

（1）大型塑料设备运输时应用特定车辆，不得拖拉和滚动设备。

（2）运输应设有垫板，防止设备串动和滚动。

（3）运输车应缓慢行驶，防止惯性冲击。

（4）运输车应有足够的长度，设备外伸长度不得超过车厢长度的 1/5。

（5）衬里设备运输时，不得损坏衬里层。

本章思考题

1. 塑料人孔按结构分，可分为哪几种类型？

2. 塑料板材、管材挑选的合格标准是什么？

3. 已知圆台的长圆锥素线长 $L=450$ mm，短圆锥素线长 $L_0=250$ mm，底圆直径为 400 mm，求作其展开图？

4. 衬塑设备对金属基体的检查要求是什么？

5. 衬塑设备对混凝土基体的检查要求是什么？

6. 常用的软聚氯乙烯塑料衬里有哪几种工艺？

7. 设备整体组装方法可分为哪两种？

8. 塑料对接焊缝坡口角度设置原则是什么？

9. 简述塑料焊接缺陷产生的原因及整改措施。

10. 简述焊接排列的原则。

11. 简述滚塑防腐生产中常见的异常现象及解决办法。

12. 塑料制品的外观检测包括哪几项内容？

13. 焊缝检查包括哪几项内容？

14. 简述塑料原材料的储存条件。

第 7 章

纤维增强塑料防腐蚀作业

纤维增强塑料作为一种重要的防腐蚀材料，在化工设备防腐蚀领域以及工业建筑物、构筑物防腐蚀工程中获得了广泛的应用。其主要应用领域有以下两点：

一是用于耐腐蚀衬里层和隔离层。纤维增强塑料衬里是防腐蚀工程中最常见的一种形式，用于工业建筑物、构筑物的表面防护，设备表面防护等，贴衬在钢铁、混凝土基层表面形成保护层在砖板衬里防腐蚀施工中，一般先铺衬一定厚度的纤维增强塑料作为隔离层，组成防腐蚀复合结构。

当树脂胶泥砌筑耐酸砖和耐酸耐温砖、花岗岩等块材，应用于较苛刻的腐蚀环境，作为建筑物防护结构时，设置纤维增强塑料隔离层或复合衬里结构，既简便又十分有效，例如，用玻璃钢代替衬铅、衬橡胶、粘贴耐酸砖等传统性隔离层。

二是制造整体设备、储罐、管道和零部件。纤维增强塑料具有突出的耐酸、碱、盐、有机溶剂等介质腐蚀的性能，强度高，常被用作化工设备、管道、零部件、建筑物、构筑物、构配件的结构材料。

第 1 节　准备工作

学习目标

➢ 了解纤维增强塑料原材料的品种、性能及其储运常识。

➢ 能检查和存放纤维增强塑料施工材料。

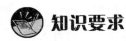

知识要求

一、原材料的品种

1. 树脂类材料

（1）环氧树脂类

1）环氧树脂的品种及性能。环氧树脂在化工防腐蚀中应用最多的是双酚 A 型环氧树脂。

环氧树脂的最大特点是黏结力强。它和各种材料（乙烯基塑料除外）都有很强的黏结能力。它可以在常温下固化成型，固化后的环氧树脂具有较高的机械强度，收缩率很小。它的线膨胀系数较小，受冷热变化的影响也比较小，所以适用于制作玻璃钢和浇注制品。固化后的环氧树脂具有良好的耐腐蚀性能，特别是耐碱性能较好，在常温下也可以耐较低浓度的非氧化性酸。使用温度一般不超过 80℃。常用的产品牌号为 E—44（6101）和 E—42（634）两种。

2）固化剂。环氧树脂固化剂的种类很多，有胺类固化剂、酸酐类固化剂、咪唑类固化剂等。其中乙二胺价格较便宜，使用方便，所以使用较广。但是乙二胺的毒性较大，施工时挥发的蒸气对人体有刺激，所以，近年来已逐渐被一些新型的无毒或低毒的固化剂取代。其中使用较多、性能较好的有 T31 固化剂和 650 聚酰胺固化剂等。常用的环氧树脂固化剂及其用量见表 7—1。

表 7—1　常用的环氧树脂固化剂

名称	外观	用量（质量）（%）
乙二胺（EDA）	无色有味液体	6～8
多元胺环氧（T31）	棕红色黏液	15～40
650 聚酰胺	棕色黏液	40～100

3）稀释剂。稀释剂的主要作用是降低树脂的黏度，以延长使用时间。此外，还有改进润湿的能力，增加填充剂的填充体积和利于放热等作用。环氧树脂的稀释剂有两种类型。一种能参加固化反应，称为活性稀释剂，如环氧丙烷苯基醚、多缩甘油醚等。这种稀释剂用量较少，但价格昂贵，一般很少使用。另一种不参与固化反应，称为非活性稀释剂，如丙酮、甲苯、乙醇等。它们与树脂混合仅是物理过程，在固化过程中大部分被挥发，还有部分残留在固化体系中。这类稀释剂价格便

宜，应用较广。在实际施工中，应严格控制非活性稀释剂的使用量，以免影响固化物的性能。常见的环氧树脂稀释剂有丙酮、乙醇、甲苯、二甲苯和环己酮等。因为这些溶剂都是易燃品，其蒸气在空气中达到一定浓度时会发生爆炸，同时对人体也有不同程度的危害，所以，施工时应注意防火、防爆、防中毒。

4）增韧剂。单纯的环氧树脂固化后较脆，抗冲击强度、抗弯强度及耐热性能较低。因此，常加入增韧剂来增加环氧树脂的可塑性，改善环氧树脂的韧性。常见的增韧剂有邻苯二甲酸酯类和聚酰胺树脂（650#）等。

（2）不饱和聚酯树脂类

1）不饱和聚酯树脂的品种和性能。不饱和聚酯树脂的品种很多，按产品性能可分为通用型、耐蚀型、自熄型和耐温型等，按化学结构可分为双酚A型、间苯型、二甲苯型和丙烯酸型等。

双酚A型不饱和聚酯树脂的常用牌号有197、3301等。间苯型不饱和聚酯树脂的常用牌号为199。邻苯型（也称通用型）不饱和聚酯树脂的常用牌号有191、196、306、307等。二甲苯型不饱和聚酯树脂的常用牌号有2608、X41、X42等。

不饱和聚酯树脂的主要特点是具好良好的工艺性能，黏度较低，加入一定量的引发剂和促进剂后，可以常温固化成型，具有很高的固化反应能力，在固化过程中没有挥发物逸出，施工方便。固化后的物理力学性能较好，具有一定的耐腐蚀性能。双酚A型不饱和聚酯树脂的耐腐蚀性能较好，是防腐蚀工程中常用的一种不饱和聚酯树脂。不饱和聚酯树脂的最大缺点是固化收缩率较大，其与玻璃纤维黏结力不如环氧树脂，气味和毒性较大。

2）固化剂。不饱和聚酯树脂的固化剂包括引发剂和促进剂。引发剂的作用主要是引发不饱和聚酯树脂和交联剂产生共聚、交联而固化。常见的引发剂是有机过氧化物，如过氧化苯甲酰、过氧化环己酮、过氧化甲乙酮等。不饱和聚酯树脂常用的引发剂及其用量见表7—2。

表7—2　　不饱和聚酯树脂常用的引发剂

名称	组成	液体外观	用量
Ⅰ引发剂（催化剂B）	过氧化苯甲酰糊	白色糊状	2%～4%
Ⅱ引发剂（催化剂H）	过氧化环己酮糊	白色糊状	1.5%～4%
Ⅲ引发剂（催化剂M）	过氧化甲乙酮溶液	无色透明	1%～3%

促进剂的作用主要是降低引发剂开始分解成游离基时的温度，从而保证树脂能在室温下交联固化。所以，它是不饱和聚酯树脂在常温固化施工中不可缺少的组分。不饱和聚酯树脂常用的促进剂见表 7—3。

表 7—3　　不饱和聚酯树脂常用的促进剂

名称	组成	液体外观	用量
Ⅰ促进剂（加速剂 D）	胺类（二甲基苯胺）	微黄色	1% ~4%
Ⅱ促进剂（加速剂 E）	钴皂（环烷酸钴）	紫红透明	1% ~4%
Ⅲ促进剂	钴皂（异辛酸钴）	紫色透明	1% ~4%

促进剂应与引发剂配套使用，组成 B—D 型、H—E 型、M—E 型。

（3）乙烯基酯树脂类

1）乙烯基酯树脂的品种和性能。乙烯基酯树脂具有良好的工艺性能、优异的综合力学性能和耐热性能等。它能耐酸、碱、盐、溶剂和化学气体等介质，具有优良的耐化学腐蚀性能和耐水解性能。

乙烯基酯树脂的品种有丙烯酸型乙烯基酯树脂和甲基丙烯酸型乙烯基酯树脂。

2）固化剂。乙烯基酯树脂的固化剂与不饱和聚酯树脂的固化剂相同。

（4）呋喃树脂类

1）呋喃树脂的品种和性能。呋喃树脂具有优良的耐腐蚀性能和耐温性能，因此，呋喃树脂在化工防腐中得到了广泛的应用。特别是在一些比较苛刻的条件下，如温度较高、酸碱交替的介质中，更显示出其优越性。现国内常用的呋喃树脂是糠醇糠醛型呋喃树脂，牌号有 XLZ 型和 YJ 型。

2）固化剂。呋喃树脂的固化剂与其他树脂不同，是固体粉末状。它由呋喃树脂生产厂家专门提供，与呋喃树脂配套组成商品化产品，称为玻璃钢粉。在施工使用中，将呋喃树脂液和玻璃钢粉按比例混合搅拌均匀即可。玻璃钢粉的用量为呋喃树脂的 30% ~50%（质量分数）。

（5）酚醛树脂类

1）酚醛树脂的品种和性能。酚醛树脂具有良好的耐酸性能，除氧化性酸外，几乎能耐一切酸，对各种盐酸溶液和大部分有机溶剂（如苯、乙醇、氯化苯）也很稳定。但是，它不耐碱的腐蚀。它的耐热性较高，最高使用温度可达 120℃。牌号有 Z130、C—1、Z13 等。

2）固化剂。酚醛树脂的固化剂以低毒的萘磺酸类固化剂、苯磺酰氯为主。由于固化剂是酸性物质，所以配好的树脂胶液不能直接涂在基层表面上。酚醛树脂固化剂及其用量见表7—4。

表7—4　　酚醛树脂固化剂

名称	外观	用量
苯磺酰氯	无色透明液体	8% ~10%
萘磺酸类固化剂		6% ~10%

3）改进剂。酚醛树脂的脆性较大，常加入改进剂改善它固化后的脆性，改进剂也称软化剂。如桐油、钙、松香，加入量为树脂质量的10%左右，也可加入5%的精萘作为软化剂。

4）稀释剂。常采用稀释剂来调节树脂黏度，用于玻璃钢施工中主要的稀释剂是乙醇，当树脂黏度过高时，也可以用丙酮或者丙酮和乙醇的混合物来调节树脂黏度，稀释剂用量根据树脂的黏度和配制后树脂的黏度要求确定，一般的加入量为树脂质量的10% ~15%。

2. 纤维类材料

纤维类材料是提高树脂强度，改善其性能的增强材料。纤维增强材料既有无机纤维，也有有机纤维，如玻璃纤维、碳纤维、石墨纤维、棉纤维、麻纤维、涤纶纤维、丙纶纤维等。常用的有以下几种。

（1）玻璃纤维布

纤维增强塑料防腐蚀工程中最常用的是玻璃纤维布、玻璃纤维表面毡和玻璃纤维短切毡。玻璃纤维布宜采用无碱（中碱）无捻粗纱平纹玻璃纤维方格布，其厚度以0.2 ~0.4 mm为宜，经纬密度以每平方厘米4根×4根~8根×8根为宜，其规格及力学性能见有关标准。

（2）玻璃纤维毡

1）短切原丝毡。短切原丝毡是把无捻粗纱或原丝切割成一定长度，随机均匀铺放后，再施加化学胶粘剂粘合的平面增强材料。按所用胶粘剂的类型，可以将短切原丝毡分为高溶解度型和低溶解度型两大类，前者适用于手糊法和连续制板法，后者适用于模压法和SMC制造过程。

2）玻璃纤维表面毡。玻璃纤维表面毡是用胶粘剂将定长纤维随机地均匀铺放后黏结成毡，其厚度为0.3 ~0.4 mm，单位面积质量宜为30 ~50 g/m^2。主要用于手糊成型制品表面，使制品表面光滑，树脂含量高，耐老化和耐腐蚀性能好。耐腐蚀玻璃钢的富树脂面层结构一般都用表面毡片作为增强材料，其树脂含量可达 80% ~90%。

（3）绦沦晶格布和绦沦毡

当用于含氢氟酸类介质的防腐蚀工程时，应采用涤纶晶格布或涤纶毡。涤纶晶格布的经纬密度，应为每平方厘米 8 根 ×8 纱根数；涤纶毡单位面积质量宜为 30 g/m^2。

3. 填料类

通常是以无机非金属填料应用最多。它的主要作用是改善树脂的施工性能和固化物的性能。例如，可降低树脂的流动性和放热作用，降低树脂固化收缩率和热膨胀系数，增加热导性，改善表面硬度等。同时还能减少树脂用量，降低成本。填料的加入量要根据施工的要求合理使用。应以填料颗粒能被树脂全部润湿、方便施工和降低树脂固化后的性能为原则。对填料的一般要求是含水量不大于 1%，不应含有能与固化剂起反应的物质。在酸性介质中使用时，要求耐酸度大于 98%，在碱性介质中使用时要求耐碱，细度要求在 120 目以上。常用的填料主要有石英粉、石墨粉、瓷粉、辉绿岩粉。近年来出现了一种鳞片状填料，如玻璃鳞片、不锈钢鳞片等，防护效果更好。

二、施工材料的储存运输及安全常识

1. 树脂类材料

树脂、固化剂、稀释剂等材料都是易燃液体，储存运输时应按中华人民共和国《危险化学品安全管理条例》执行。材料储存时注意防火，要进行标识，在特定场所存放，专人负责，并有相应的防护措施和应急措施。对不饱和树脂的引发剂、促进剂储存时一定要分开，以免发生爆炸。

2. 纤维类

玻璃纤维布（毡）等在现场储存运输及堆放过程中，应注意防潮，否则含水率过高会对树脂的固化和制成品的质量带来影响，严重的甚至造成树脂不固化。

玻璃纤维布（毡）等在现场储存运输及堆放过程中，还应注意防污染，否则会引起玻璃布的黏结不良，玻璃钢分层，影响制品质量。

3. 填料类

石英粉等填料类物资在储存运输过程中，应注意防潮，否则会因含水率过高对树脂的固化和制成品的质量带来影响，严重的甚至造成树脂不固化。

技能要求

一、检查和存放施工材料

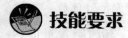

当纤维增强塑料的各种施工用料如树脂类材料、纤维类材料、填料类材料进入施工现场后，要进行以下检查：

1. 查看标签

首先检查包装是否完好，再对照供料计划核查其名称，检查其品种、规格、型号、数量、出厂合格证等是否正确，产品上是否有标签，是否为正规厂家生产的产品，有无厂址、电话，出厂检测报告是否与产品批号相同等情况。

2. 检查外观

打开包装，取出少量材料，查看其颜色、气味、性状等是否与材料的基本特性相符。

3. 存放

（1）选择地点

当施工各种用料进入现场后，要根据其性质进行存放，对树脂类材料要安排专门仓库，并按中华人民共和国《危险化学品安全管理条例》设置各种防火、安全措施。

（2）摆放标识

各种物资要分型号、品种、分区堆放，并摆放好标识。

二、注意事项

（1）注意树脂类、稀释剂类材料的防火。

（2）注意纤维类、填料类材料的防潮。

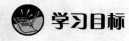

第2节　施工用料的处理

学习目标

➢ 掌握基本几何知识及纤维材料的下料方法。

➢ 能根据常见基体形状进行纤维材料下料。

知识要求

一、基本几何知识

为了在作业工程中能计算工程量、材料用量、下料，应根据有关资料掌握以下计算方法：

（1）平面图形的周长和面积计算。

（2）立体图形的计算。

（3）旋转体展开的几何知识。

常见的旋转体有圆柱体、圆锥、圆台、球。

二、手糊工艺对纤维材料尺寸的要求

1. 纤维材料对常见基体形状的下料方法

（1）方形池槽

用于方形池槽的纤维材料按壁部和底部分开下料。要考虑壁部顶面的翻边宽度，一般是 100 ~ 150 mm，壁部和底部的搭接宽度也要计算，一般也是 100 ~ 150 mm。壁部按垂直方向铺贴裁剪，即按高度尺寸裁剪。底部的纤维材料按逐条平行铺贴方式裁剪，即按长或宽尺寸裁剪。

（2）圆形立式设备用于圆形立式设备的纤维材料按壁部和底部分开下料。按壁部高度裁剪好纤维材料，要考虑留出壁部和底部的搭接宽度，搭接宽度一般是 100 ~ 150 mm。对直径较大的圆形底部，按逐条平行铺贴方式裁剪，留出搭接宽度。对直径较小的圆形底部，按底部尺寸裁剪成两个半圆形，留出搭接宽度。如果是锥形底部或球形底部，可裁剪成几个扇形块料。

（3）圆形卧式设备

用于圆形卧式设备的纤维材料，按周长方向尺寸裁剪，为了便于施工，可裁短一些并留出搭接宽度。

（4）封头

用于封头的纤维材料，可根据封头几何尺寸，将纤维材料裁剪成几个扇形块料，按扇面展开铺贴。

（5）弯管

用于弯管的纤维材料，可根据弯管几何尺寸，将纤维材料裁剪成多个小块料，分段分块铺贴。

2. 转角、开口部位对铺贴纤维材料的要求

对设备的转角、接管处、法兰平面、开口、人孔及其他受介质冲刷的部位，纤维材料应裁剪成多个小块料，分段分块铺贴，并应增加1~2层玻璃布，翻边处应剪开贴紧。

技能要求

一、确定纤维材料裁剪尺寸

首先要根据基体形状、尺寸、纤维材料铺贴方式来确定纤维材料的裁剪尺寸，然后留出搭接和翻边宽度。

二、计算裁剪的数量

1. 根据基体尺寸

根据基体的形状和几何尺寸来计算纤维材料裁剪面积、周长等数据，再结合纤维材料的幅宽和搭接宽度算出单层纤维材料的数量。

2. 根据设计要求

根据设计的层数要求，结合单层纤维材料数量，汇总计算出全部所需的纤维材料数量。

第3节　施　工　操　作

学习目标

- 掌握纤维增强塑料手糊法施工技术。
- 能用手糊法施工纤维增强塑料。

知识要求

纤维增强塑料衬里的施工方法主要是手糊法。基本操作方法是边铺衬纤维材料，边涂刷胶粘剂（配制好的树脂胶液），直至要求层数（厚度），固化后即成纤维增强塑料防腐层。手糊法有两种常用操作工艺，即分层间歇法和多层连续法。这两种方法的施工工艺大体相同，主要差异在于多层连续贴衬法是连续铺贴纤维材料，直至一定厚度（要求厚度）为止，而分层间歇贴衬法则是在前一层纤维材料固化后，再进行下一层纤维材料的铺贴工作。

选择手糊法的施工工艺，很大程度上取决于合成树脂的品种及防腐蚀要求。例如，酚醛树脂、呋喃树脂在固化过程中要放出低分子的物质，以及一些其他的挥发成分，因此不宜一次过厚地贴衬玻璃布，最好选用分层间歇法施工工艺；不饱和聚酯树脂和乙烯基酯树脂是由引发剂交联的固化体系，一次可以贴衬玻璃布的厚度大些，所以一般可选用多层连续法施工工艺。

一、施工工艺

分层间歇法施工工艺流程，如图 7—1 所示。

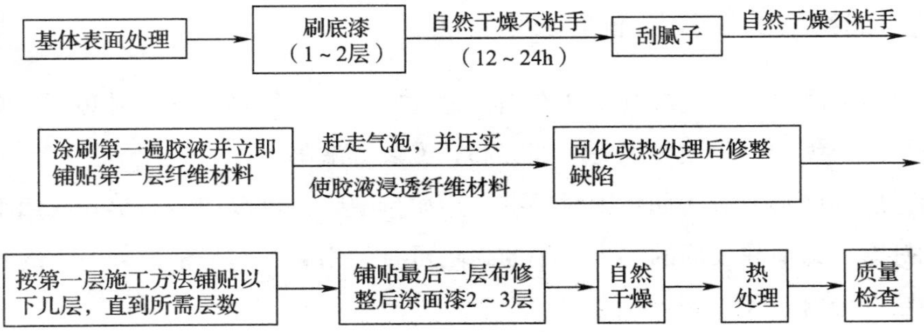

图 7—1　分层间歇铺贴法玻璃钢施工工艺流程

二、纤维材料的铺贴方法

先在基体表面贴衬部位涂刷一层配好的树脂胶液，涂刷胶液应均匀、仔细，纵横向各刷一遍，防止漏刷。

一般纤维材料铺贴的顺序是从上到下、先壁后底、先衬管后衬壁。有时为了操作方便，在贴衬器壁的同时，在进出口处贴衬一块纤维材料，当全部施工完毕后，此处纤维材料已经固化，可以避免进出困难。

铺贴纤维材料时不要拉得过紧，使纤维材料基本平直即可，两边不得有歪斜现象。纤维材料铺贴平整后，应立即用毛刷、刮板或压辊滚压，均匀地刮平、压实，从布的中央向两边赶除气泡，铺贴纤维材料必须做到贴实、无气泡和无褶皱。

纤维材料一定要被胶液浸透，使胶液从纤维材料孔眼里渗透出来。纤维材料的上下左右，一般搭接宽度不小于 50 mm，各层搭缝应相互错开，不得重叠。圆角处应把纤维材料剪开，圆口翻边处也应将纤维材料剪开，然后翻贴于翻边上。

第一层纤维材料贴妥后，涂刷一层胶液，要求薄而均匀。铺贴第二层、第三层纤维材料时，操作同第一层。分层间歇法施工时，铺贴纤维材料应在前一层纤维材料表面的胶液初步固化不粘手，并将毛刺、凸边、气孔整修检查合格后，才可进行施工。有时需在修整部位周围用铁砂布打毛，然后用乙醇擦净，干燥后再贴衬下一层。若能布、毡交替铺贴最为理想，按同样的方法贴衬纤维材料，直至达到设计规定的层数和厚度。

铺贴的原则是：先立面，后平面，先上后下，先里后外，先壁后底。大型设备衬里时可以分批分段进行施工。圆形卧式容器衬里时，铺贴纤维材料可以先贴下半部，翻转180°后，再贴另外半部。设备的转角、接管处、法兰平面、人孔及其他受介质冲刷的部位，均应增加铺贴1~2层纤维材料，翻边处应剪开贴紧。

三、铺衬层的质量标准及修补方法

铺衬层的质量标准是纤维材料在铺衬过程中，要求每层纤维材料必须贴实，铺衬层应平整、无褶皱、无较大气泡和突起、毛刺等缺陷。

铺衬层的修补方法是如果铺衬层有上述质量缺陷，可以用铲刀铲除或用手提式角磨机打磨，并清除表面的粉尘。小的缺陷可直接用腻子刮平整，大一点的缺陷可补衬一层纤维材料。

技能要求

一、利用分层间歇法施工纤维增强塑料

1. 涂刷底漆

在处理好的基体表面涂刷底漆，底漆可采用与纤维增强塑料相同的树脂。当采用酚醛或呋喃树脂时，因用酸性固化剂，对金属或混凝土有腐蚀作用，所以必须涂刷无酸性固化剂底漆，一般用环氧树脂底漆。可涂刷1~2遍，每遍厚度约为0.1 mm，自然固化时，每遍间隔时间不得少于24 h。

2. 刮腻子

基体表面或焊缝处如有不平整凹凸部分，可用腻子刮平或抹成圆弧过渡，固化后用砂布打平。腻子的配比参见其他教材的有关章节。腻子所用树脂与胶液相同。

3. 贴衬纤维材料

同本节知识要求的“纤维增强塑料的施工方法”。纤维材料的铺贴顺序一般应

与泛水方向相反。先沟道、孔洞、设备基础等，后地面、墙裙、墙脚。其搭接应顺物料流动方向进行。

4. 检查铺衬层质量并修整

贴衬完纤维材料后，固化 24 h，对照质量标准检查铺衬层各层的质量，对存在的缺陷进行修整。

5. 涂刷罩面料

罩面料一般应在缺陷修补后涂刷。一般刷两层面漆，两层面漆厚为 0. 1 ~ 0. 2 mm。罩面料表面应光滑、饱满。

对不饱和聚酯树脂，罩面料可采用掺有石蜡苯乙烯溶液的树脂胶料，以免表面发黏。涂刷时，应搅拌均匀，不得漏涂。

常温固化时，树脂固化时间见表 7—5。

表 7—5　　常温树脂固化时间

树脂名称	常温固化天数（天）	树脂名称	常温固化天数（天）
环氧树脂	≥15	不饱和聚酯树脂	≥15
酚醛树脂	≥25	乙烯基酯树脂	≥15
呋喃树脂	≥15		

二、注意事项

1. 树脂材料应防火、防爆。
2. 纤维材料应防潮、防污染。

第 4 节　后　处　理

学习目标

➢ 了解纤维增强塑料成品保护要求。

➢ 能保护纤维增强塑料成品。

知识要求

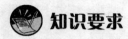

纤维增强塑料施工完后，要对成品进行精心保护。纤维增强塑料成品的具体保护要求是：

1．楼地面纤维增强塑料隔离层施工完后，应及时设置防护栏杆、防护板或防护门，并设专人看护，禁止人员踩踏和行走。等成品完全固化后，方可拆除。并应将防护设施及多余材料及时清理干净。

2．防护栏杆拆除后，下道工序进场施工楼地面面层时，不允许放置带棱角的材料及易污染的油、酸、油漆、水泥、散装粉料等材料；如确要堆放块材、设备等，应铺设防污染塑料布。操作架的钢管架应设垫板，钢管扶手挡板等硬物应轻放。

3．纤维增强塑料衬里的设备、管道或楼地面纤维增强塑料隔离层在养护期内必须采取防雨、防暴晒措施，以免影响纤维增强塑料质量。

4．纤维增强塑料衬里和楼地面纤维增强塑料隔离层在施工及养护期内，上方禁止交叉动火（如氧割、电焊）作业。

技能要求

纤维增强塑料施工完成后，要采取成品保护措施进行成品保护。

一、设置拦护设施

按施工组织设计和成品保护要求设置拦护设施，可采用钢管搭建围拦，设置警示标志，并由专职人员看护。

二、设置防雨、防晒设施

在成品养护时，要用彩条布和钢管脚手架搭建防雨、防晒设施。因纤维增强塑料是有机高分子材料，受日光照射、暴晒时会加速其老化或破坏，纤维增强塑料浸水后将难以固化完全，从而影响质量。

第 5 节　质量检查

学习目标

➢ 了解底漆施工的质量要求。

➢ 能检查底漆涂刷质量。

知识要求

基层表面处理完毕，须涂刷底漆两遍并刮腻子。钢壳基层的第一遍底漆应在基层处理完毕后 8 h 内涂刷，第二遍底漆应在第一遍底漆固化后进行涂刷，每遍底漆的固化时间不少于 24 h。由于酸性固化剂对金属基体或混凝土基体有腐蚀作用，因此必须涂刷无酸性固化剂底漆，一般用环氧树脂底漆。

环氧树脂底漆涂刷有以下几点质量要求：

1. 底漆必须涂刷均匀，表面应平整，不得有漏刷、流挂、起皱、漏底等现象。

2. 底漆配制应略稀，应尽可能渗透进基层。涂刷时不能太厚，每次厚约 0.1 mm，并应与基层黏结牢固，无脱皮现象。

3. 底漆应固化完全。

技能要求

检查底漆涂刷质量的方法如下：

一、对底漆外观的检查

采用目测观察法。底漆涂刷完后，用肉眼观察底漆层，表面颜色应一致，无漏刷、流挂、起皱、漏底现象。

二、对底漆固化度检查

用手触摸固化好的底漆层，底漆层应不粘手。用白棉球蘸丙酮擦拭底漆，白棉球不变色。

三、对底漆与基体的黏结检查

用肉眼观察底漆与基体黏结是否良好，有无脱皮现象。

本章思考题

1. 纤维增强塑料常用的树脂类材料有哪些？各有何性能特点？
2. 树脂类材料储存时要注意哪些事项？
3. 纤维增强塑料常用的纤维类材料有哪些？
4. 衬里施工时纤维材料的搭接宽度一般不小于多少？
5. 基体的阴阳角处纤维材料怎样铺贴？
6. 纤维增强塑料分层间歇法施工技术有哪些工艺要点？
7. 衬里施工纤维材料铺贴的原则是什么？
8. 成品的保护要求有哪些？
9. 环氧树脂底漆涂刷的质量有何要求？
10. 检查底漆涂刷质量的方法有哪些？

第 8 章

金属喷涂防腐蚀作业

第 1 节 准 备 工 作

学习单元 1 施工前的资料确认

学习目标

- 了解金属喷涂对施工对象的原始质量要求和原始数据的核对内容。
- 了解原、辅材料的质量标准及特性。
- 能掌握原始数据的核对程序。

知识要求

一、金属喷涂对施工对象的原始质量要求

金属喷涂对施工对象的原始质量要求如下：

1. 强度

施工对象要有足够的强度，保证在 0.6 ~ 0.8 MPa 的压力下不会被损坏。

2. 刚度

施工对象要有足够的刚度，保证在0.6~0.8 MPa的压力下不会被打变形。

3. 焊缝

施工对象为焊接件，则焊缝处要磨光，与基体要圆滑过渡。

4. 铸件

施工对象为铸件，则铸件的披缝要磨平，浇、冒口要割除。

二、原始数据的核对内容

原始数据的核对内容如下：

1. 位号核对

施工前要核对施工对象的位号，防止弄错施工对象。

2. 尺寸核对

施工对象的尺寸有时与图样不符，必须予以核对，便于控制材料和工程结束后的决算。

3. 结构核对

施工对象的结构有时与图样不符，必须予以核对，便于及时修改施工工艺。

三、原、辅材料的质量标准及特性

1. 原、辅材料的质量标准

（1）原材料的质量标准

原材料中的不锈钢丝、铝丝、锌丝、锌铝合金丝质量标准见相关技术资料。

（2）辅料的质量标准

1）压缩空气

①无油。白纸放在喷枪的出口，打开空气阀，白纸上无油污、油迹。

②无水。白纸放在喷枪的出口，打开空气阀，白纸上无水迹。

2）磨料

①粒度。磨料颗粒一般为0.5~1.5 mm。

②清洁。磨料应清洁、干燥、无油污和可溶性盐类。

2. 原、辅材料特性

（1）不锈钢

防腐用不锈钢多为非磁性铬镍合金，具有很好的塑性、韧性及优良的耐腐蚀性能，其喷涂性能也佳，常用于制作储存各种有机溶剂、50% 氢氧化钠等储罐、船舶、车辆内壁的防腐涂层。必须强调的是不锈钢涂层为阴极性涂层，选择合适的封闭剂是非常重要的，以隔绝介质与基体金属，防止不锈钢涂层对基体金属产生不利影响。

（2）铝

铝是轻金属，密度为 2.7 g/cm^3。铝具有优良的耐腐蚀性能，在水、大气、有机溶剂中耐蚀性能好，铝为阳极性涂层，所以在上述介质中可以不采取封闭处理。铝的喷涂性能不佳，普通喷涂设备难以满足大面积喷涂要求，南京化工职业技术学院研制了新型专利技术，只要对普通喷涂设备进行改造便可满足大面积喷涂铝的要求。铝又是易于氧化的活性材料，喷涂过程中产生的铝粉易燃烧，应注意加强通风防护。

（3）锌

锌的密度为 7.14 g/cm^3，具有优良的耐水、大气、有机溶剂性能。锌为阳极性涂层，所以在上述介质中可以不采取封闭处理。锌的喷涂性能不太好，与铝相似，其喷涂设备也与铝相同。

（4）压缩空气

压缩空气为无色、无味气体，不燃不爆，但有助燃作用。压缩空气的压力一般为 0.6 ~ 0.8 MPa，冲击力很大，要防止喷枪打到人体造成工伤事故。

（5）磨料

常用磨料有冷硬低磷铸铁砂、刚玉砂、铜矿砂及石英砂等。喷砂过程中会产生大量灰尘，特别是用石英砂作为磨料，喷砂过程中产生的硅尘对人体非常有害，通风除尘十分重要。

技能要求

一、原始数据的核对

原始数据的核对程序如下：

（1）核对位号。

（2）核对尺寸。

（3）核对结构。

二、注意事项

原始数据的核对要仔细、认真。

学习单元2　施工机具的选用

学习目标

➢ 了解机具与质量、效力的关系。

➢ 能掌握机具的选用程序。

知识要求

一、机具与施工质量的关系

机具与施工质量有着密切的关系，通常施工机具越先进，工程质量越好，这已被大量的实践所证明。

1．空气压缩机

螺杆式空气压缩机比活塞式先进，好的螺杆式空气压缩机可基本做到微油，即压缩空气中基本无油，且环保性也好。

2．除水装置

冷冻干燥机的除水效果比其他的除水装置（精密过滤器、水冷除水装置等）要好得多。

3．金属喷涂机

电弧喷涂机远比火焰喷涂先进，无论是从喷涂效力、附着力还是从节约能源方面都是如此。

二、机具与效力的关系

机具与效力同样有着密切的关系，通常施工机具越先进，效力越高。如电弧喷涂机的效力远比火焰喷涂机高，大概可提升效力4~6倍。

技能要求

一、机具的选用

机具的选用程序如下：

1. 看质量标准

质量标准要求高的，应选用相对先进的机具。

2. 看现有条件

在确保质量的前提下，尽量选用已有机具或相对经济的机具。

3. 进行经济性比较

进行性价比等经济方面的比较筛选。

二、注意事项

在满足质量标准要求的前提下，尽量选用简单的机具。

第 2 节　喷　涂　操　作

学习单元 1　不锈钢的电弧喷涂

学习目标

- 了解不锈钢的分类、性能及电弧喷涂参数。
- 能掌握电弧喷涂设备参数的调节程序及喷涂雾状不稳定的影响因素。

知识要求

一、不锈钢的分类及性能

1. 不锈钢的分类及牌号

（1）分类

不锈钢按其化学成分可分为铬不锈钢及铬镍不锈钢两大类。

铬不锈钢的基本类型是 Cr13 型和 Cr17 型钢；铬镍不锈钢的基本类型是 18－8 型和 17－12 型钢（前边数字为含铬质量百分数，后边数字为含镍质量百分数）。

在这两大基本类型的基础上还发展了许多耐蚀、耐热以及可以提高力学性能和加工性能等各具特点的钢种。

不锈钢的品种繁多，随着近代科学技术的发展，新的腐蚀环境不断出现，为了适应新的环境，不锈钢发展出了超低碳不锈钢和超纯不锈钢，还发展出了许多具有特定用途的专用钢。因此不锈钢是一类用途十分广泛，对国民经济和科学技术的发展都十分重要的工程材料。

（2）牌号

我国不锈钢的牌号是以化学元素和数字来表示的，如 00Cr17Ni14Mo2。

00　Cr　17　Ni　14　Mo　2

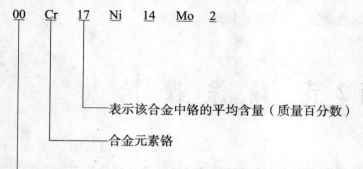

- 17——表示该合金中铬的平均含量（质量百分数）
- Cr——合金元素铬
- 00——含碳量:1. 若为1位数（通常为1、2、3），则表示含碳量为千分之几（1‰、2‰、3‰），如1Cr13;
  2. 若为0，表示低碳钢，含碳量为0.03%～0.08%，如0 Cr18Ni12Mo2Ti;
  3. 若为00，表示超低碳不锈钢，含碳量为0.01%～0.03%，如00 Cr18Ni14Mo2;
  4. 若为000，表示超超低碳（或称超纯不锈钢），含碳量＜0.01%，如000Cr2g。

2. 不锈钢的性能

不锈钢的性能取决于主要合金元素的种类和含量。

（1）铬

铬元素由于极易钝化，因而成为不锈钢耐腐蚀性最主要的合金元素。但是只有当钢中的铬含量（质量百分数）达到13%时，才具有较强的耐腐蚀性能。铬含量越高，耐腐蚀性越好，但不能超过30%，否则会降低钢的韧性。因此把含铬量≥13%的钢材称为不锈钢。

（2）镍

镍加入到一定的量后能改善不锈钢的塑性及加工、焊接等性能。镍还能提高钢的耐热性。

（3）钼

钼可在 Cl^{-} 中钝化，可提高不锈钢抗海水的能力，同时不锈钢中加钼还能显著地提高不锈钢耐全面腐蚀及局部腐蚀的能力。

在化工防腐蚀中，最常用的为铬镍奥氏体不锈钢。

鉴别奥氏体不锈钢的最简单方法是用永久磁铁。由于奥氏体不锈钢为非磁性的，即使在热喷涂后仍为非磁性，所以在喷涂后能用磁性测厚仪方便地测出涂层的厚度。

不锈钢的耐腐蚀性与其合金元素的含量有关，选择何种不锈钢进行喷涂必须根据介质的腐蚀性来决定。

不锈钢适用介质范围为大气、水、硝酸、碱、中性溶液、有机酸、有机溶剂及有机化合物等，不适用于盐酸、硫酸、含卤素（氟、氯、溴、碘）离子的盐溶液，即使含氯离子高的水溶液也会对一般的不锈钢产生严重的孔蚀。喷涂不锈钢涂层的适用介质范围还取决于封闭层的耐腐蚀性及抗渗性，具体材料的选择要考虑许多因素，必须有相关的专业知识。

温度对不锈钢的耐腐蚀性有着很大的影响，通常温度升高腐蚀率加大。

不锈钢的熔点较高，火焰喷涂速率较低，最好采用电弧喷涂。

二、电弧喷涂参数

电弧喷涂是将两根被喷涂的金属丝作为自耗性电级，利用其端部产生的电弧作热源来熔化金属，用压缩气流雾化的方法热喷涂。这种喷涂方法很早就被采用，随着不断完善和发展，其应用正在继续扩大。

1. 喷涂原理

连续送进的两根金属丝端部成一定角度（30°~60°），分别接直流电源的正、负级。在金属丝端部短接的瞬间，由于高电流密度，接触点产生高热，在两根金属丝间产生电弧。在电源的作用下，维持电弧稳定燃烧。在电弧发生点的背后由喷嘴喷射出的高速气流（通常是压缩空气），使熔化的金属脱离并雾化成微粒，在高速气流的推动下喷射到经过预处理的基体表面形成涂层。电弧喷涂原理示意如图 8—1 所示。

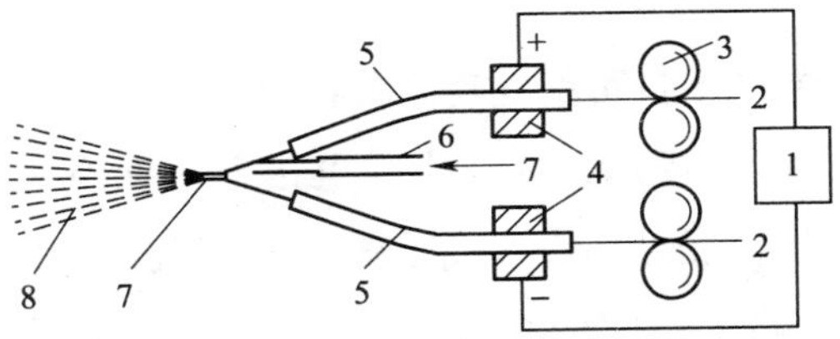

图 8—1　电弧喷涂原理示意图

1—直流电源　2—金属丝　3—送丝滚轮　4—导电块　5—导电嘴　6—空气喷嘴　7—电弧　8—喷涂射流

熔化—雾化过程：在正常情况下，仅在喷涂开始时两金属丝之间存在瞬间短路状态，在喷涂过程中，在电弧的作用下两金属丝的端部频繁地产生金属熔化→熔化金属脱离→熔滴雾化成微粒的过程。在每一过程中阳级和阴极的熔化速度是有差异的，但总的熔化速度一致。金属丝端部熔化过程中，极间距离频繁地发生变化。

电弧喷涂最关心的问题之一是涂层粗糙度，它取决于雾化后微粒的粗细。影响雾化微粒粗细的因素较多，主要有：雾化气流的压力越高，微粒越细；电弧电压越高，微粒越粗；两根金属丝间夹角越小，微粒越细；低熔点金属比高熔点金属雾化微粒要细。除以上因素外，喷嘴的结构也影响雾化微粒粗细，采用封闭式喷嘴比敞开式喷嘴产生的雾化微粒细。

电弧喷锌涂层粗糙度与电弧电压及雾化气流压力的关系如图 8—2 所示。

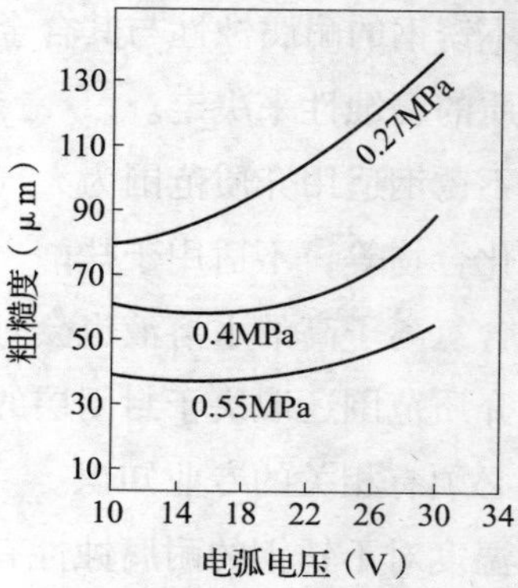

图 8—2　电弧喷锌涂层粗糙度与电弧电压及雾化气流压力的关系

2. 电弧喷涂参数

（1）电压

金属喷涂的电压一般维持在 28 ~ 32 V。

（2）电流

在电源电压保持恒定时，由于电流的自调节性，电弧电流发生频繁的波动，自动维持金属丝的熔化速度，电弧电流随着送丝速度的增加而增加。

（3）空气压力

空气压力保持在 0.6 ~ 0.7 MPa（在喷涂过程中不应小于 0.5 MPa），压缩空气流量大于 1.5 m^3/min。

三、喷涂雾状不稳定的影响因素

1. 喷涂丝材导电接触不良可引发喷涂雾状的不稳定

通过送丝机送丝的电弧喷涂，易产生导电接触不良现象，导致喷涂雾状不稳定。导电接触不良是最常见的故障，也是最难解决的问题。这个问题出在喷枪的导电杆、导电嘴等其他能够导电的零件上。由于丝材在送丝过程中处于运动状态，现有喷枪无法保证丝材一直处于良好接触。最新技术是由南京化工职业技术学院防腐研究室发明的，用一个导电集成器解决了上述问题。

2．外线路电压不稳定

当外线路电压波动较大时，会产生喷涂雾状不稳定现象，严重时甚至会产生断弧。

3．压缩空气气压不稳定

压缩空气气压不稳定，会产生喷涂雾状不稳定现象。气压不稳定是由于储气罐的容积太小或压缩机工作不稳定造成的。

技能要求

一、电弧喷涂设备的电压及空气压力的调节程序

以 QD8 型电弧喷涂设备为例，如图 8—3 所示。

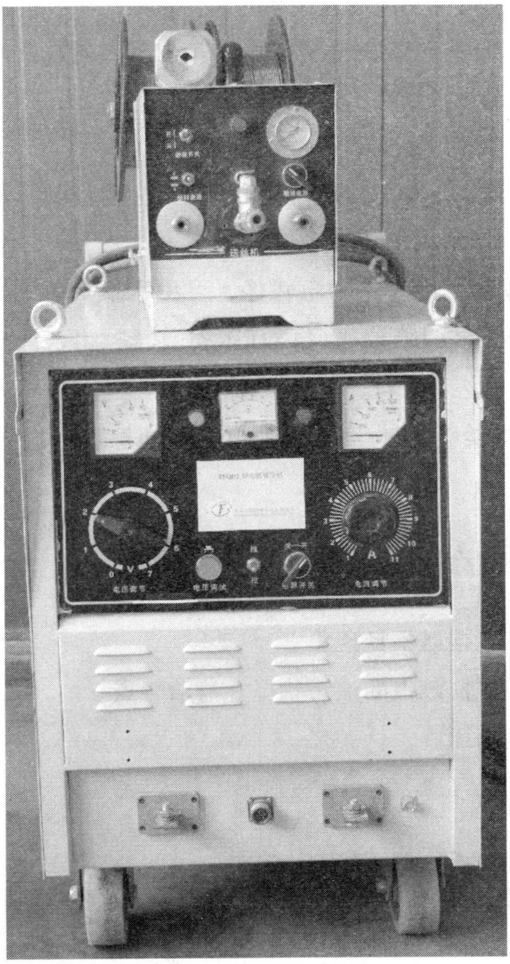

图 8—3　QD8 型电弧喷涂设备

1. 开启空气压缩机

使空气压力保持在0.6~0.7 MPa（在喷涂时不应小于0.5 MPa），压缩空气流量大于1.5 m^3/min。合上电源开关“QF”，工作指示灯“H2”亮。

2. 选择喷涂电压

在电弧喷枪未穿入喷涂丝材时，将喷涂开关“S3”拨至“喷涂”位置，这时，喷枪口即有压缩空气喷出，约2 s喷涂电压表上就有电压指示，这时通过电压粗、细调开关“S1”“S2”把喷涂电压设定到所需要的位置。

3. 设定送丝电压

送丝电压与送丝速度成正比，有以下两种设定方法：

（1）在调整完喷涂电压后，即可通过调整旋钮“RP”把送丝电压设定到所需要的位置。

（2）可以将喷涂开关“S3”拨至“送丝”位置，通过调速旋钮“RP”把送丝电压设定到所需的位置。

4. 把喷涂开关“S3”拨至“停”位置

将所要喷的丝材送入送丝机的导轮，对准压轮槽并以一定压力压紧（软金属丝材压紧拉不动即可），然后重新拨至“喷涂”位置就可以进行喷涂。喷枪每次开启有4~5 s的启动过程。在喷涂时想暂停，可由手柄上的送丝开关控制，这时喷枪停止送丝，喷涂停止，但喷枪嘴口仍有压缩空气喷出，两根金属丝也仍有直流电，请务必注意。

喷涂时两根金属丝绝对不能相碰，不可同时接触某一金属物体，以防短路。

二、判定产生喷涂雾状不稳定的方法

（1）检查有无导电接触不良现象。

（2）检查导电集成器触点的油污状况并清洁触点。

（3）检查外线路电压。

（4）检查压缩空气气压。

三、电弧喷涂不锈钢涂层的程序

（1）开启空压机。

（2）开启冷冻干燥机。

（3）清洁待喷涂表面，用压缩空气吹扫待喷涂表面。

（4）开启电弧喷涂机。

（5）开启送丝机。

（6）开启电弧喷枪。

（7）打开电弧喷枪的送风开关。

（8）电弧喷涂。

（9）关闭。

（10）检查。

（11）修复。

（12）检查直至合格，否则重复步骤 11 ~ 12。

（13）关闭电弧喷涂机。

（14）关闭送丝机。

（15）关闭电弧喷枪。

（16）关闭空压机。

（17）关闭冷冻干燥机。

（18）关闭总电源。

四、注意事项

电弧喷涂后的质量检查非常重要。

学习单元 2　立式设备的内顶表面喷涂

学习目标

- 了解仰角喷涂操作难点。
- 能掌握立式设备的内顶表面喷涂操作方法。

知识要求

大型储罐的顶部多为碟形或椭圆形，为了增加强度，往往焊有许多加强筋，其喷涂难点如下：

一、仰涂操作

仰涂操作需要注意两人配合，动作协调默契，保证做到枪随工件移动，送丝机随枪移动，电流电压及时调整。

由于顶部处于最高位置，加强筋多、孔多，结构与空间复杂，操作者又处于仰头且举枪过头状态，倘若光线不足，人很容易疲劳。必须保证光线充足、协调配合、适时休息、精心施工，才能确保施工质量。

二、不易检查

由于位置的局限，操作者和质量检验人员很容易疏忽对质量的检验，这就要求操作者和质量检验人员多检验，不怕麻烦，确保工程施工质量。

三、操作安全

位置较高，结构与空间复杂，操作者处于仰头状态，看不到脚下，尤其要注意安全。

技能要求

一、立式设备的内顶表面喷涂操作

1. 做好劳动防护

系好安全带，戴好安全帽、防护镜，穿好劳动工作服。

2. 要求掌握仰涂基本功

喷涂通常需两人配合，一人持枪操作，另一人移动送丝机并负责与罐外联系，保证送丝连续顺畅，及时通知罐外调节电压和气压。

在进行内顶及加强筋的喷涂时，加强筋由角钢或槽钢等型钢焊接而成，通常截面尺寸较小，厚度较薄，而表面积较大，往往与罐体之间还留有缝隙。因此要求将所有棱角用手提砂轮磨成圆角。喷砂不能漏喷。喷涂前灰尘必须用压缩空气吹扫干净。喷涂更要细心，不能漏喷。喷涂厚度应适当减薄，保持厚薄均匀。照明要好，光线太暗看不清楚，封闭（孔）时若发现有缝隙的地方必须用胶泥将缝隙堵死。

二、注意事项

在立式设备的内顶表面喷涂中对加强筋的喷涂要格外小心，不能因为看起来不太重要而忽视。

学习单元 3　电弧喷涂送丝设备的保养和故障排除

学习目标

➢ 了解电弧喷涂送丝设备的种类、结构原理、保养知识和故障原因。

➢ 能掌握电弧喷涂送丝设备的保养方法和故障排除程序。

知识要求

一、电弧喷涂送丝设备的种类

按照丝材的受力情况，分为以下几种：

1. 拉丝

拉丝设备如图 8—4 所示。

图 8—4　电弧喷涂拉丝设备

2. 送丝

送丝设备如图 8—5 所示。

图8—5　电弧喷涂（送、拉丝）设备

二、结构原理

1. 拉丝

其送丝是依靠电弧喷枪的拉丝装置进行的。

优点：送丝较稳定，断弧机会小。

缺点：电弧喷枪的质量大，长时间操作人会感到疲劳；具有拉丝功能的电弧喷枪最大只能喷直径2 mm的丝材，大大降低了电弧喷涂的效率。

2. 送丝

送丝是依靠送丝机进行的。

优点：最大可喷直径3 mm的丝材，可提高电弧喷涂的效率，充分发挥电弧喷涂的优越性；电弧喷枪的质量小，长时间操作人不会感到疲劳。

缺点：送丝不稳定，易断弧，尤其是喷涂像铝、锌这类较软的材料非常困难，目前国内现有生产电弧喷涂机的厂家都未能解决这个问题，南京化工职业技术学院经过多年研究，现已基本解决了这个问题，详见相关专利文献。

三、保养知识

送丝机用后需用压缩空气吹扫，尤其是电动机、齿轮、送丝轮等运动部件。清扫干净后在运动部件（送丝轮除外）加润滑脂润滑。

四、故障原因

1. 不送丝或送丝速度不均匀

出现该故障的原因如下：

（1）送丝轮因磨损而使走丝槽变深。

（2）送丝轮太紧。

（3）送丝轮的走丝槽内有油脂。

（4）送丝轮轴上的键掉落。

2. 送丝机不工作

该故障的原因是电动机损坏或缺相。

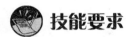

技能要求

一、电弧喷涂送丝设备的保养

1. 清洁

用压缩空气吹扫送丝机，尤其是电动机、齿轮、送丝轮等运动部件。

2. 润滑

运动部件（送丝轮除外）加润滑脂润滑。

二、故障排除

1. 不送丝或送丝速度不均匀的故障排除程序

（1）检查送丝轮走丝槽的磨损情况。

（2）检查送丝轮是否压得太紧。

（3）检查走丝槽内是否有油脂。

2. 送丝机不工作的故障排除程序

（1）检查电动机是否损坏。

（2）检查电动机的接头是否缺相。

三、注意事项

走丝槽常会引发送丝机故障。

第3节　封闭（孔）处理

学习单元1　中性条件下封闭（孔）剂的选用

学习目标

➢ 了解中性条件下封闭（孔）剂的材料种类和性能。

➢ 能掌握中性条件下封闭（孔）剂的选用程序。

知识要求

一、中性条件下封闭（孔）剂材料种类

中性条件下能作为封闭（孔）剂的材料种类很多，包括环氧树脂、酚醛树脂、乙烯基树脂、聚酯树脂、有机硅、氯磺化聚乙烯。

二、性能

1. 在中性水中的性能

在中性水中上述材料都可用作封闭（孔）剂的材料。

2. 在中性盐中的性能

（1）环氧树脂

除不耐次氯酸钠等介质外，在绝大多数的中性盐中都可用。

（2）酚醛树脂

除不耐硫化钠、次氯酸钠等介质外，在绝大多数的中性盐中都可用。

（3）乙烯基树脂

在绝大多数的中性盐中都可用。

（4）聚酯树脂

除不耐大于10%碳酸铵、大于20%硫化钠等介质外，在绝大多数的中性盐中都可用。

（5）有机硅

除不耐次氯酸钾等介质外，在绝大多数的中性盐中都可用。

（6）氯磺化聚乙烯

除不耐醋酸铝、醋酸钙、醋酸锌、氢硫化钙等介质外，在绝大多数的中性盐中都可用。

技能要求

一、中性条件下封闭（孔）剂的选用程序

（1）分析中性介质的条件，看其是中性水溶液还是中性盐溶液。

（2）根据溶液选择满足性能要求的封闭（孔）剂。

二、注意事项

所选封闭（孔）剂必须满足不同的中性介质的要求。

学习单元 2　有机溶剂条件下封闭（孔）剂的选用

学习目标

➢ 了解有机溶剂的种类和性能。

➢ 能掌握在有机溶剂中封闭（孔）剂的选用方法。

知识要求

一、有机溶剂的种类

有机溶剂的种类有醇类、苯类、醛类、酯类、酮类、醚类等。

二、有机溶剂的性能

有机溶剂的性能差别很大，有些有毒，有些会爆炸，常用有机溶剂的性能见表8—1。

表8—1　　常用有机溶剂的性能

有机溶剂	特性	密度（g/cm^3）	爆炸极限	毒性
甲醇	俗称木精，无色易挥发、易燃液体	0.791 5	6.0% ~36.5%	有毒
乙醇	俗称酒精，无色透明易挥发、易燃液体	0.789 3	3.5% ~18%	低毒
甲苯	无色易挥发液体，有芳香气味	0.866	1.2% ~7.0%	有毒
对二甲苯	无色透明易挥发液体，有芳香气味	0.861	1.1% ~7%	有毒
甲醛	无色气体，对人的眼鼻等有刺激作用	0.815（液）	7% ~73%	刺激气味
甲酸甲酯	无色液体，有令人愉快的气味	0.974 2	6.0% ~20%	低毒
甲酸乙酯	无色液体，有令人愉快的气味	0.923 6	3.5% ~16.5%	低毒
丙酮	无色易挥发、易燃液体，有微香气味	0.789 8	2.55% ~12.8%	微毒
甲醚（又称二甲醚）	无色可燃性气体或压缩液体	0.661（液）	3.4% ~27%	低毒

技能要求

一、有机溶剂中封闭（孔）剂的选用

在有机溶剂中，根据溶剂性能的不同，材料耐溶剂的能力也是不一样的：

1. 醇类

可用环氧树脂、乙烯基树脂、有机硅、氯磺化聚乙烯、改性环氧酚醛、无机硅酸盐。

2. 苯类

可用环氧树脂、改性环氧酚醛、无机硅酸盐。

3. 醛类

可用环氧树脂（除糠醛、苯甲醛等）、有机硅、无机硅酸盐。

4. 酯类

可用改性环氧酚醛、无机硅酸盐。

5. 酮类

可用有机硅、改性环氧酚醛、无机硅酸盐。

6. 醚类

可用改性环氧酚醛、无机硅酸盐。

二、注意事项

根据有机溶剂种类，选择满足其性能要求的封闭（孔）剂。

第 4 节　施 工 记 录

学习目标

- 了解施工环境内容、涂层厚度内容。
- 能填写金属涂层施工记录表。

知识要求

一、施工环境内容

1. 环境温度

环境温度是指施工环境中空气的温度。

2. 表面温度

表面温度是指被施工工件的表面温度。

3. 相对湿度

相对湿度是湿空气中水蒸气分压力与相同温度下水的饱和压力之比。

4. 露点温度

露点温度是指施工环境中，在此环境温度、相对湿度条件下空气中水分凝结成露的温度。

二、涂层厚度

1. 面积为 1 cm^2 至 1 m^2 的涂层

当涂层面积为 1 cm^2 至 1 m^2 时，任何给定点的局部厚度都应当是在大约为 1 cm^2 的基准面上测得的涂层厚度。采用点测量方法时，应在 1 cm^2 内做5 次测量，取其算术平均值，如图 8—6 所示。

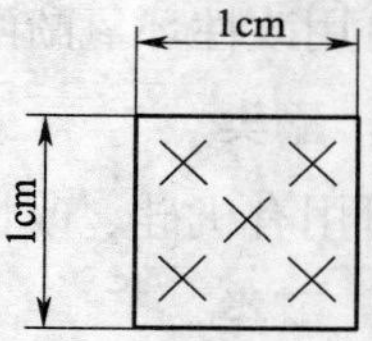

图 8—6　面积为 1 cm^2 至 1 m^2 的涂层厚度测量

2. 面积大于 1 m^2 的涂层

涂层面积大于 1 m^2 时，任何给定部位的涂层局部厚度都应当是在约 1 dm^2 的基准面上测量。

测量面是点，或测量面积在点与几个平方厘米之间时，按图 8—7 所示在 1 dm^2 基准面内做 10 次测量，取其算术平均值。

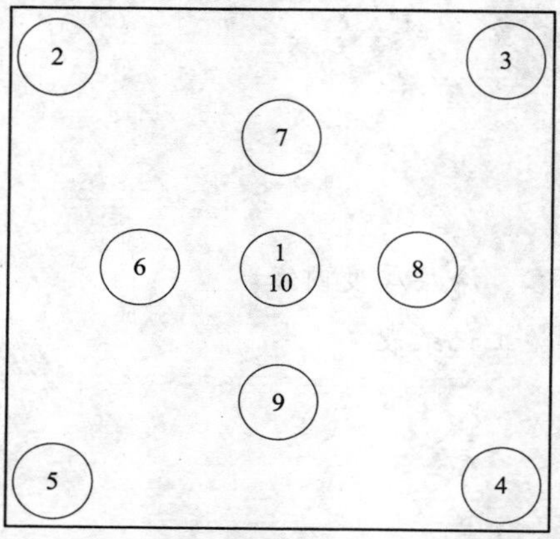

图 8—7　面积大于 1 m^2 的涂层，在约 1dm^2的基准面上测量的顺序

3. 厚度测量位置

为了确定涂层的最小局部厚度，应在涂层厚度可能最薄的部位测量涂层的局部厚度。测量的位置和次数可以由有关各方协商认可，并在协议中规定。建议测量位置应尽量按照有关产品标准中的规定选取。当协议双方没有任何规定时，则测量位置和次数按 GB 11374—2012 标准中的规定选择。

三、其他内容

1. 材料

喷涂用金属材料应符合下列要求：

锌应符合 Zn≥99.99%；铝应符合 Al≥99.5%；锌铝合金中锌的成分应符合

Zn≥99.99%，铝的成分应符合 Al≥99.7%。

除非另有规定，合金中金属的允许偏差量为规定值的 ±1%。也可选用不同比例的锌铝合金，例如 87% Zn—13% Al 或 65% Zn－35% Al（典型的锌铝合金是 85% Zn—15% Al）。

合金代号标准格式为：Zn% Al% 涂层厚度

如材料为 87% Zn－13% Al，涂层厚度为 120 μm，则合金代号为 Zn87Al13）120；65% Zn－35% Al，涂层厚度为 100 μm，则合金代号为 Zn65Al35）100；85% Zn－15% Al，涂层厚度为 50 μm，则合金代号为 Zn85Al15）50。

2. 设备

（1）表面处理设备。

（2）喷涂设备。

3. 仪器

（1）表面处理检测仪器

1）粗糙度对比板。

2）清洁度对比图片。

（2）金属涂层检测仪器

1）涂层测厚仪。

2）涂层附着力检测仪。

4. 人员

（1）施工人员。

（2）检测人员。

技能要求

一、填写金属涂层施工记录表

施工过程中和质量检查时，要及时填写金属涂层施工记录，见表 8—2。

表 8—2　　金属涂层施工记录

设备/工程名称		施工单位	
		施工员	
		检验员	
图号		日期	
施工文件号		施工部位	

续表

喷涂材料：　　　　　　　　规格/型号/批号：　　　　　　　　　　　　　　　　　　　；

生产厂商/品牌：　　　　　　　；

相对湿度（%）：　　　　　；环境温度（℃）：　　　　　；表面温度（℃）：　　　　　　　　　；

露点（℃）：　　　　　　　；开始时间：　　　　　　　；　　结束时间：

检查点	外观	厚度（μm）	附着力（MPa）	备注

二、注意事项

施工条件非常重要，不可忽视。

本章思考题

1. 原始数据的核对程序有哪些？
2. 机具的选用程序有哪些？
3. 电弧喷涂设备的电压及空气压力的调节程序有哪些？
4. 如何进行立式设备的内顶表面喷涂操作方法？
5. 电弧喷涂送丝设备的保养方法和故障排除程序有哪些？
6. 封闭（孔）剂的材料有哪些种类？
7. 指出3种常见的有机溶剂。
8. 如何测量露点、表面温度与相对湿度的求法？
9. 如何测量涂层的厚度？
10. 金属涂层施工记录表都需填写哪些内容？

第9章

非金属喷涂防腐蚀作业

第1节　准备工作

学习目标

➢ 了解非金属喷涂施工技术资料的内容、施工对象的检查、原材料的种类、质量检查的方法、施工机具的操作方法以及施工的安全措施。

➢ 能检查施工对象的状况。

知识要求

一、施工资料的准备

施工资料包括施工图、施工方案和施工技术操作规程。

防腐蚀工在施工前应根据施工图明确施工对象的形状、结构、设计的防腐方法、选用的防腐材料、质量的检验方法及防腐施工的合格等级等内容。将其中不明确、不清楚的问题及不合理或不符合防腐施工要求的问题，集中提给技术人员，统一在技术交底时解决。

施工前，防腐蚀工应认真阅读施工方案，明确方案的具体要求和规定。

施工前，防腐蚀工应熟悉施工技术操作规程，包括氧气罐、乙炔罐、喷枪的开停步骤以及喷涂过程中各种不正常情况的处理方法。

二、施工对象的检查

检查内容包括外观状况、外形尺寸、设备的技术文件（设备的制造材料、制造日期、理化试验等）。

三、原材料和施工机具的准备

根据防腐蚀设计要求选定非金属材料种类；根据材料的消耗量确定材料的数量；进入工地的材料应同时附有合格证和材质证明书，检查材料质量是否在有效期内，必要时应对材料进行复检，不合格材料不得用于施工。

防腐蚀工应认真阅读氧气罐、乙炔罐、喷枪、涂层测厚仪及电火花检测仪的使用说明书，弄清其工作原理，掌握其操作方法。

四、安全措施的准备

非金属喷涂时，氧气罐、乙炔罐、减压器及喷枪的故障均可能引起火灾和爆炸事故，施工前应对其进行认真的检查。

现场应有通风设备、粉尘浓度检测仪，若喷涂现场的粉尘浓度超过爆炸下限，在火焰喷涂的明火作用下，很可能发生爆炸。

有限操作空间的安全措施准备包括：有限操作空间的通风保证，有限操作空间的照明保证，有限操作空间粉尘含量的连续监控，有限操作空间内最长连续工作时间的确定和外部的监护。

技能要求

施工前，需检查、记录施工对象的状况，内容见表 9—1。

表 9—1　　施工对象检查内容

设备权属单位		设备制造单位	
非金属喷涂施工单位		防腐方法	
设计使用年限		合格等级	
	检查内容		
设备外观			
外形尺寸			
制造材料			
制造日期			
设备用途			
检查人员：	审核：	批准：	

第 2 节　喷　涂　操　作

学习单元 1　氧—乙炔火焰喷涂操作

学习目标

➤ 掌握氧—乙炔火焰喷涂原理及操作规程。

➤ 能操作氧—乙炔火焰喷涂陶瓷棒、陶瓷粉末、塑料粉末涂层。

知识要求

一、氧—乙炔火焰喷涂的概念

1. 氧—乙炔火焰陶瓷棒材喷涂的原理

氧—乙炔火焰陶瓷棒材喷涂的原理如图 9—1 所示。氧—乙炔火焰棒材喷涂时，棒材穿过喷嘴中心，通过围绕喷嘴和气帽的环行火焰，棒材的尖端连续被加热到熔点，由通过气帽的压缩空气将其雾化成喷射粒子，依靠空气流加速喷射到基体表面。粒子与基体表面撞击时变平并与之黏结，从而形成涂层。

在火焰棒材喷涂中，由于氧—乙炔火焰直径可以压缩得比氧—乙炔火焰粉末喷涂时小，故能有效利用氧—乙炔火焰的能量。大多数情况下，氧—乙炔火焰棒材喷涂工艺的喷涂速度要比粉末喷涂工艺高得多，因此，涂层的密度与基体的黏结强度也较高。

2. 氧—乙炔火焰陶瓷粉末喷涂的原理

氧—乙炔火焰陶瓷粉末喷涂的原理如图 9—2 所示。氧—乙炔火焰粉末喷涂时，粉末材料悬浮于载气中，通过喷嘴进行传送，粉末进入氧—乙炔火焰中迅速熔化。此时，已熔化的粒子依靠火焰加速并喷射到基体上，熔融的粒子在飞行过程中冷却至塑性或半熔化状态，粒子与基体连续撞击形成涂层。有时也使用压缩空气来进一步使粉末粒子加速。

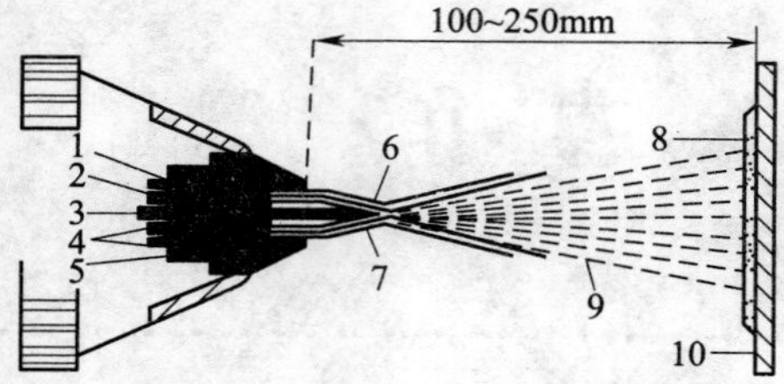

图9—1　氧—乙炔火焰陶瓷棒材喷涂原理

1—压缩空气　2—氧—乙炔　3—棒材　4—喷嘴　5—气罩　6—熔化的棒材　7—燃烧气体　8—涂层　9—喷射流　10—基体

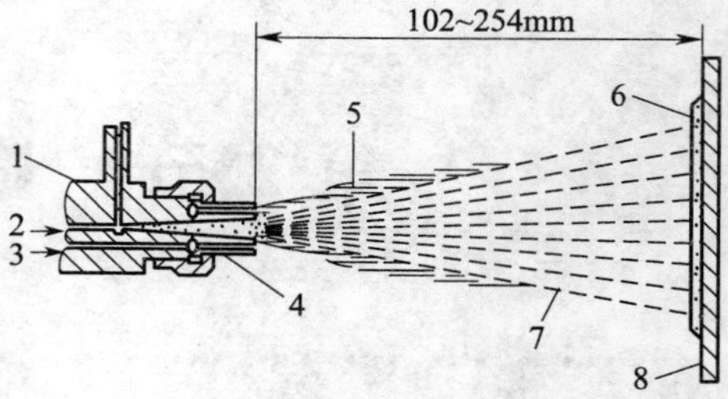

图9—2　氧—乙炔火焰陶瓷粉末喷涂原理

1—喷枪　2—燃料气　3—氧气　4—喷嘴　5—火焰　6—涂层　7—喷射流　8—基体

3. 氧—乙炔火焰塑料粉末喷涂的原理

氧—乙炔火焰塑料粉末喷涂的原理如图9—3所示。它是利用火焰将塑料粉末加热到熔融状态并喷涂到基体表面而形成的涂层。塑料粉末由输送气（N_2或压缩空气）从喷枪中心孔喷出，被喷出的粉末在火焰中受热而成为熔融状态，在输送气和焰流的作用下撞击基体表面，由于基体已预热，基体表面附着的粉末粒子相互融合形成涂层。

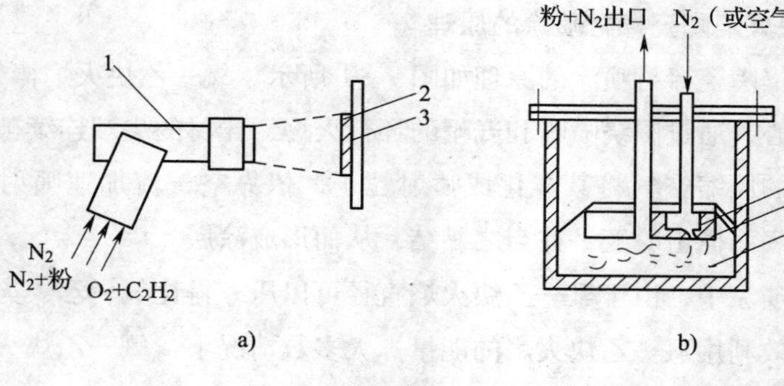

图9—3　氧－乙炔火焰塑料粉末喷涂的原理

a）喷枪　b）储桶粉

1—喷枪　2—工件　3—涂层　4—扬粉头　5—45°进气孔　6—沸腾粉

二、火焰喷涂用非金属材料

可用于氧—乙炔火焰喷涂的非金属材料包括塑料粉末、陶瓷（粉末和棒材）。

1. 塑料粉末

塑料粉末分为热固性塑料粉末和热塑性塑料粉末。不论是热固性塑料粉末还是热塑性塑料粉末涂料，要适用于火焰喷涂，应满足下列要求：

（1）良好的稳定性

使用时不阻塞输粉管路，储存时不结块。

（2）熔融温度与分解温度的范围广

通过火焰区的粉末要成为黏流状态，加热温度需高于熔融温度，若粉末的分解温度和交联温度接近熔融温度，则粉末就会发生分解、燃烧，不能获得性能理想而平滑的涂层。

（3）粉末不能太细

最佳粒度为 80 目左右。

（4）粉末应具有较低的熔融黏度

具有较低的熔融黏度可保证得到良好的流动性，而不致使涂层产生气泡和针孔。

2. 喷涂用陶瓷材料

常用的氧—乙炔火焰喷涂的陶瓷材料主要有陶瓷金属氧化物和陶瓷碳化物。陶瓷金属氧化物主要有氧化铝、氧化锆、氧化钛、氧化铬等。陶瓷碳化物主要有 WC、Co、Ni 等。

三、氧—乙炔火焰喷涂设备

氧—乙炔火焰根据所喷材料的不同，可分为陶瓷棒材喷涂设备、陶瓷粉末喷涂设备和塑料粉末喷涂设备。

1. 氧—乙炔火焰陶瓷棒材喷涂设备

典型的氧—乙炔火焰陶瓷棒材喷涂设备包括氧气瓶、乙炔发生器、氧气降压阀、空气压缩机或车间压缩空气管道、空气过滤器、可燃气体流量表、空气流量表、火焰喷枪、送棒机等。

（1）送棒装置

包括电动机和送棒滚轮。

（2）气动力

气动力是压缩空气或电力，并带有调速器。

（3）喷枪

喷枪是氧—乙炔火焰喷涂设备中最关键的部分。按氧气和乙炔气进入喷枪的不同方式，可分为射吸式和等压式两种。国产多为射吸式，国外则以等压式为主。

下面以射吸式 SQP－1 型火焰棒材喷枪为例，介绍喷枪的原理、结构和特点。

1）原理。利用喷嘴的射吸功能，使高压氧气（0.1～0.8 MPa）、压力较低的乙炔气（0.01～0.1 MPa）按一定的比例均匀混合（体积比约为1:1），并以相当高的流速喷出。

2）结构。QTB 型陶瓷条棒喷枪结构如图 9—4 所示。

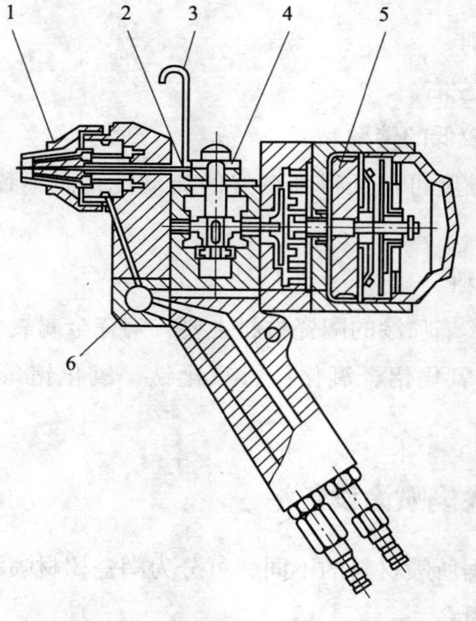

图 9—4　QTB 型陶瓷条棒材喷枪结构简图

1—喷嘴部件　2—棒材　3—挂钩　4—送棒滚轮　5—风机部件　6—气体开关

2. 氧—乙炔火焰陶瓷粉末喷涂设备

氧—乙炔火焰陶瓷粉末喷涂设备主要包括各种喷枪、氧气和乙炔供给装置以及辅助装置。喷枪包括火焰燃烧系统和粉末供给系统。

（1）对喷枪的要求

1）不易回火，火焰能量大，燃烧稳定均匀，调节灵敏。

2）吸粉力强，送粉力大，送粉开关灵活，启闭可靠。

3）操作方便，维修简单，易于携带。

4）各连接处密封要好，各通道不漏气，安全可靠。

（2）分类

喷枪分为等压式、中压式和射吸式三种，见表 9—2。

表 9—2　　喷枪的分类

等压式压力（MPa）	乙炔 0.05 ~ 0.1	氧气 0.05 ~ 0.1
中压式压力（MPa）	乙炔 0.05 ~ 0.1	氧气 0.2 ~ 0.4
射吸式压力（MPa）	乙炔 >0.05	氧气 0.3 ~ 0.5

（3）喷枪

以 ZK9000 型喷枪为例，喷枪的结构示意图如图 9—5 所示。

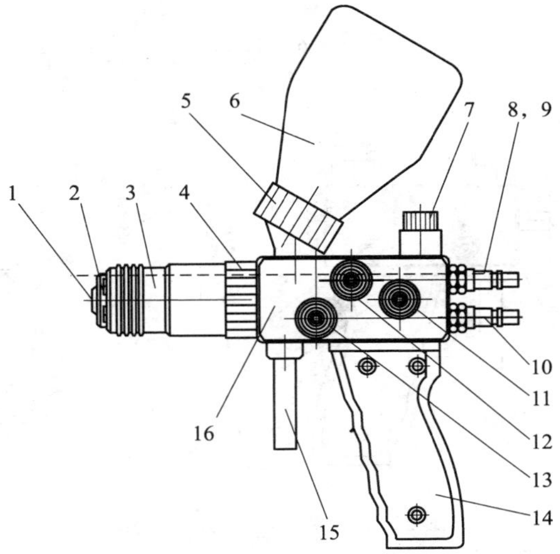

图 9—5　ZK9000 型喷枪的结构示意图

1—火焰喷嘴　2—空气喷嘴　3—空气帽　4—混气螺母
5—粉斗座　6—储粉罐　7—送粉气阀　8—乙炔进气接头（左）
9—氧气进气接头（右）　10—压缩空气接头　11—乙炔调节阀
12—氧气调节阀　13—压缩空气调节阀　14—手柄　15—连接轴　16—枪体

1）送粉机构。根据火焰大小、用途、工艺特点及不同的应用场合，把送粉机构设计为三种类型：氧—乙炔混合气送粉，在火焰中心由氧气流或其他气体流送粉，从火焰外面送粉。

2）组成部分

①喷嘴。有两种形式：一种是梅花孔嘴，热能量较大，火焰速度较低，不适用于内孔零件的喷涂；另一种是环形喷嘴，热能量较小，火焰速度高，不易回火，较适用于内孔零件的喷涂。

②送粉气体控制阀。用于控制送粉气体的流量，从而调节射吸系统吸入粉末的数量和粉末达到火焰中的速度。

③通过送粉系统控制送粉量。

④氧气和乙炔控制阀。分别用来控制氧气和乙炔的流量。

⑤方向可调的粉斗座。

⑥储粉罐。

3. 氧—乙炔火焰塑料粉末喷涂设备

以ZK6018－Ⅱ火焰喷塑机为例，喷塑设备由喷枪和送粉器组成，喷塑机的结构如图9—6所示。工艺参数见表9—3。

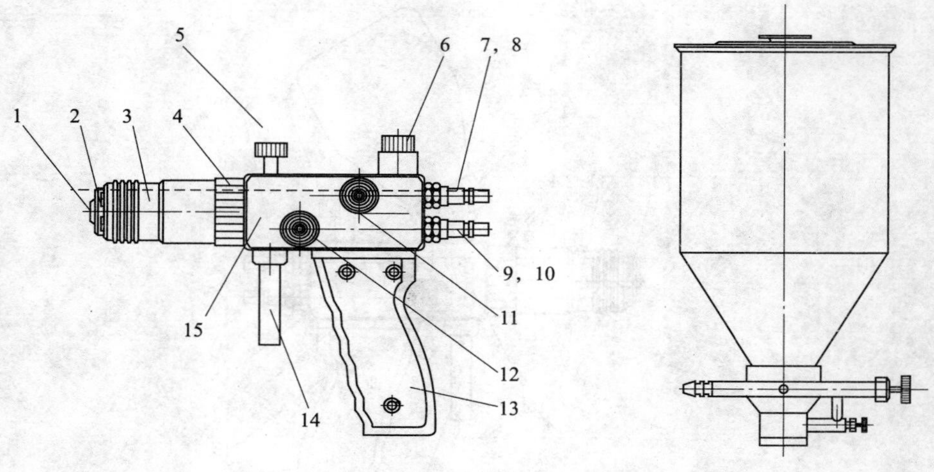

图9—6 喷塑机的结构示意图

1—火焰喷嘴 2—空气喷嘴 3—空气帽 4—混气螺母 5—送粉开关 6—氧气调节阀 7—乙炔进气接头（左） 8—氧气进气接头（右） 9—压缩空气接头（左） 10—供粉软管接头（右） 11—乙炔调节阀 12—压缩空气调节阀 13—手柄 14—连接轴 15—枪体

表9—3　　ZK6018－Ⅱ火焰喷塑机的工艺参数

项目		气体压力参数	塑料粉末品种	工件预热推荐温度（℃）	涂层长期使用温度（℃）
燃气部分	乙炔气工作压力（MPa）	0.10～0.12	高压聚乙烯	120～150	－70～60
			低压聚乙烯	150～200	－70～75
	氧气工作压力（MPa）	0.50～0.60	尼龙11	170～230	－50～80
			尼龙12	170～230	－50～80
	干燥清洁压缩空气（MPa）	0.40～0.60	尼龙1010	210～250	－50～80
			尼龙66	250～270	－50～80
供粉部分	喷涂距离（mm）	150～300	聚乙烯PE 聚烯烃PO 交联型聚乙烯	180～250	－14～120
			氯化聚醚	170～230	－30～120

续表

<table>
<tr><th colspan="2">项目</th><th>气体压力参数</th><th>塑料粉末品种</th><th>工件预热推荐温度（℃）</th><th>涂层长期使用温度（℃）</th></tr>
<tr><td rowspan="3">供粉部分</td><td rowspan="2">粉末沉积率
双层保护气</td><td rowspan="2">85%～95%</td><td>环氧粉末</td><td>150～200</td><td>80</td></tr>
<tr><td>乙烯—丙烯酸共聚物 EAA
乙烯—醋酸乙烯酯共聚 EVA</td><td>80～130</td><td>-45～70</td></tr>
<tr><td>推荐粉末粒度（目）</td><td colspan="2">热塑性粉末为 80～140</td><td colspan="2">热固性粉末为 100～140</td></tr>
</table>

技能要求

一、喷涂操作

1. 氧—乙炔火焰陶瓷棒材喷涂操作

步骤 1　在钢瓶和空气源上调整压力

氧气压力为 0.4～0.5 MPa，流量计读数为 1.9～2.1 m^3/min；乙炔压力为 0.12～0.13 MPa，流量计读数为 1.3～1.4 m^3/min。（注：以上压力均是喷涂工作气体压力）然后关闭总阀。

步骤 2　送棒电动机电压调整

调速器上的插头插入 220 V 的插座内，并将连接线分别插入喷枪手柄和调速器背面的插座内，打开面板上的开关和喷枪手柄开关，则电动机运转，然后旋动旋钮，调整电动机电压，以喷氧化铬为例，电动机电压调至 12～15 V。喷涂效率为 60 mm/min。然后关闭送棒开关。

步骤 3　调整送棒滚轮

插入陶瓷条棒，使棒的端头与喷嘴端面齐平，然后夹紧棒材。夹紧力大小可用旋钮从喷枪侧面上的小孔内旋紧或旋松进行调节。

步骤 4　将阀杆扳手旋转 90°

此时手感有钢球落入凹槽内，即点火，然后慢慢旋开到 180°，形成火焰，打开送棒开关，待 1～2 s 后一束火花射出，此时进一步调整氧气压力参数和送棒电动机电压，达到火花密集为止，开始喷涂。

步骤 5　工件喷砂

表面应达到 Sa3 级，粗糙度 >40 μm。

步骤6 喷打底层

可用Ni—Cr或Ni—Al打底，目的是增强结合强度，注意母材硬度不可超过HRC50。

步骤7 喷陶瓷

调整好各参数进行喷涂，注意工件温度不得超过180℃。

步骤8 后加工

视用途而定。

2. 氧—乙炔火焰陶瓷粉末喷涂操作

步骤1

喷枪使用前检查各连接部位气密性，特别是混气螺母是否压紧，如发现松动或漏气，必须事先排除。

步骤2

检查喷枪混合器射吸性能和枪上粉斗送粉是否畅通。将喷枪与粉斗顶丝固定，再将喷枪氧气接头与氧气管接通，打开氧气瓶总阀调减压表到0.5 MPa，打开喷枪乙炔阀和氧气阀，用手指触摸喷枪乙炔接头进气口，如果感到有吸力说明混合器射吸正常，再将枪上粉斗打开，用手掌贴在粉斗座上口，如感到有很大的吸力说明喷枪与粉斗连接供粉气路正常。然后关闭氧气瓶总阀，使氧气减压表自然回到零时顶针松开。最后将喷枪各气路可靠连接，重新调节喷枪所使用的各气体工作压力参数，准备点火喷涂。

步骤3

喷枪喷涂作业时如果不使用压缩空气，应将空气喷嘴和空气保护套取掉，避免长时间连续喷涂工作中混气组件和火焰喷嘴过热回火。

步骤4

点火前将粉斗装上所需粉料后，顺时针旋转粉斗座关闭粉阀；打开喷枪上送粉气阀逆时针旋转15°~30°，再打开乙炔气阀逆时针旋360°1~2周，同时将氧气阀逆时针旋15°~30°，用打火机点着火后再将氧气阀逆时针旋15°~45°，使火焰呈中性焰；打开喷枪保护气阀逆时针旋转调节保护气至适当量，逆时针旋转粉斗座，调节送粉气阀，使送粉量达到最佳状态进行喷涂作业；停喷时先将粉斗座顺时针旋转即可停止送粉，再将乙炔气阀、氧气阀顺时针旋转关闭，最后关闭保护气阀。

步骤5

任何一种材料喷涂完毕待喷嘴冷却后，首先都应将粉斗逆时针旋转打开，将送粉气阀逆时针旋转打开，用手指堵住喷嘴中心出粉孔，使送粉气将残余粉末反吹清理干净；然后再将粉斗顺时针旋转关闭，将送粉气阀顺时针旋转关闭即可。每次操作都应严格按照上述方法进行。

3. 氧—乙炔火焰塑料粉末喷涂操作

使用条件：空压机排气量≥0.9 m^3/min，工作压力为 0.6～1 MPa，经过油水过滤器的干燥清洁压缩空气接入喷涂设备，需使用无水无油干燥清洁的压缩空气输送塑料粉末。

步骤 1

喷枪与送粉器管线连接：将内径为 15 mm 的高压软管与送粉器总进气接头连接牢固，将送粉器空气压力表座处的左右空气球阀接头分别与采用内径 10 mm 高压软管接入的喷枪手柄后左下保护气接头连接牢固（左右组各接一支喷枪），再将左右送粉接头分别采用内径 12 mm 透明塑料软管与喷枪手柄右下进粉接头连接（左右组各接一支喷枪）；该送粉器设计为可两支喷枪同时喷涂作业，送粉器下部左组供一支喷枪使用，右组供另一支喷枪使用；如果用户只使用一支喷枪喷涂作业，可将左组或右组压缩空气和送粉接头分别关闭即可。

步骤 2

喷枪与氧气、乙炔气管线连接：将乙炔气软管直接与喷枪手柄后左上乙炔气接头连接牢固，再将氧气软管直接与喷枪手柄后右上氧气接头连接牢固。

步骤 3

喷涂作业：开启空压机运转 3～5 min，送粉器空气压力表≥0.5 MPa；首先将送粉桶上盖及下部大螺堵左旋卸掉，左旋打开反吹气阀清除送粉桶及管道内积粉，然后右旋关闭反吹气阀并左旋大螺堵，给送粉桶装入所需塑料粉末，打开反吹气阀左旋 15°～30°使送粉器内塑料粉末呈沸腾状态，再将喷枪对准送粉桶内进行送粉调试（避免粉末浪费），将送粉器送粉气阀左旋开启，观察喷枪出粉量大小，确认送粉是否正常，再将送粉气阀右旋到底关闭，最后将送粉桶盖装好，防止反吹气阀打开，气压过大粉末外溢。

步骤 4

喷枪点火：按照上文所述喷涂参数分别调节氧气、乙炔气减压表工作压力，将喷枪乙炔气阀左旋 360°1～2 周，再将喷枪氧气阀左旋 15°～45°，喷枪点火呈还原性火焰为佳（蓝色焰芯长 30～50 mm），将喷枪保护气阀右旋 360°1～3 周，再将喷枪上送粉气阀左旋 45°左右开启，调节送粉器送粉气阀至适当送粉量进行喷涂作业。停止喷涂时首先将送粉器送粉气阀右旋关闭，再关闭喷枪乙炔气阀、氧气阀，最后关闭喷枪保护气阀和送粉阀。每次操作都应严格按照上述方法进行。

二、注意事项

1. 氧—乙炔火焰陶瓷棒材喷涂操作的注意事项

（1）空气帽内表面的清洁度和粗糙度是获得良好喷涂性能和高质量涂层的关键因素之一，因此要经常清除污物。

（2）齿轮箱内要有足够的润滑脂，应定期检查。

（3）保持喷嘴孔畅通和喷枪外表面的整洁。

2. 氧—乙炔火焰陶瓷（塑料）粉末喷涂操作注意事项

（1）氧、乙炔气体减压表必须经计量部门检验合格并定期校验。

（2）经常保持喷枪清洁，喷嘴各小孔通畅无积炭，必要时用通针 $\phi0.5 \sim \phi0.6$ mm 钢丝疏通，防止杂质进入乙炔回火防止器及各气路孔内。

（3）如果使用快速接头出现漏气、乙炔回火防止器内滤网积炭、乙炔压力过低或流量供不上等可能出现的回火问题，应立即关闭喷枪乙炔阀，将空气阀开至最大吹冷混合器和喷嘴，再将氧气阀打开吹出回火积炭后关闭，查出原因并排除，重新点火使用。

（4）回火原因及排除办法。回火原因为喷嘴与混合器连接螺母未拧紧而漏气。将混合器从枪体上拨出，分别检查混气组件的送粉导管 $2 \times \phi10$、氧气导管、乙炔气导管 $2 \times \phi8$、火焰喷嘴 $2 \times \phi12$ 及 $2 \times \phi20$ 五处 O 形橡胶密封圈（均为外径尺寸）密封情况，如有损坏应立即更换，重新装配使用。

（5）喷枪喷嘴配合面不得有损伤并要保持光洁；停止使用时，应将喷枪和附件擦拭干净后放入箱中，以防尘土及杂质侵入喷枪影响使用。

（6）喷枪在运输及保管时应轻装轻卸，并放在无油干燥的地方保存。

（7）有关安全事项按氧—乙炔气焊工有关操作规程执行。

学习单元2　氧—乙炔火焰喷涂陶瓷的后处理

学习目标

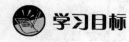

- 了解陶瓷涂层后处理和封孔剂的知识。
- 能进行封孔剂的施工、陶瓷涂层的精加工处理操作。

知识要求

一、陶瓷涂层后处理的目的

涂层后处理是指对涂层的封孔处理和涂层的精加工处理。

1. 封孔处理

封孔处理是将封孔剂涂敷在涂层表面上，使其进入孔隙中填充孔隙，其目的是防止腐蚀性介质（腐蚀性气体、腐蚀性液体）透过孔隙到达基体表面，从而对基体产生腐蚀。

2. 精加工处理

涂层的精加工处理是指通过磨削精饰，降低陶瓷涂层粗糙度值。其目的是使通过精加工后的陶瓷涂层粗糙度达到使用的要求。

二、封孔剂

氧—乙炔火焰热喷涂陶瓷涂层是一种有孔结构，孔隙率的变化范围很大，如氧—乙炔火焰热喷涂陶瓷涂层气孔率高达 15% 以上，而高速氧—乙炔火焰热喷涂陶瓷涂层气孔率则为 1% 以下。并非所有的涂层均需进行封孔处理，如工件用于储油，利用喷涂的多孔材料促进润滑、减少磨损或用于热交换装置时，无须封孔处理。但大多数情况下陶瓷涂层的孔隙是需要进行封孔处理的。封孔处理所用的封孔剂应满足如下的基本要求。

1. 封孔剂基本要求

（1）有足够的渗透性。

（2）能耐化学溶剂。

（3）有一定的抗机械力作用。

（4）在工作温度下性能稳定。

（5）不与涂层或基体发生化学反应。

（6）当涂层用于食品行业时无毒。

（7）使用时安全可靠。

2. 封孔剂的种类

封孔剂的种类见表 9—4。

表9—4　　　　封孔剂的种类

大分类	小分类	明细	适用范围
有机系封孔剂	石蜡系列 热塑性树脂系列 热固性树脂系列 氟树脂系列 有机高分子系列	石蜡、油脂、油 乙烯树脂等 环氧树脂等 聚四氟乙烯树脂等 硅树脂等	工业大气、海洋大气、 江河、海水、 化工介质、钢铁制品在550℃ 以下的防氧化
无机系封孔剂	硅酸盐系列 溶胶—凝胶系列 其他	水玻璃、硅酸钠、 氧化铝、二氧化硅、 二氧化锆、磷酸盐、 硫酸钡	一般大气腐蚀， 高温、强酸等环境下使用的情况
加热扩散处理	激光照射	通过激光进行的熔融处理	各种氧化系列陶瓷，如氧化铝、 二氧化硅、二氧化钛等
其他	自封孔 玻璃混合法	某些金属—陶瓷复合粉末、 某些混合的陶瓷氧化物 喷涂材料中混入低熔点玻璃的方法	

3. 封孔剂的选择

封孔剂的选择是依据工件所处介质的腐蚀情况及工作温度。有机类的封孔剂如乙烯树脂、酚醛、改进型环氧树脂及聚氨树脂等，主要用于工作温度不高，处于大气氧化、工业大气、海水等环境；无机类封孔剂如沥青基铝浆、铝硅酮树脂及某些硅酸盐、铬酸盐则用于处于高温氧化介质的工件。

技能要求

一、封孔剂的施工（刷涂，以环氧封孔剂为例）

1. 操作准备

（1）材料

封孔剂符合设计要求，符合国家有关技术指标的规定，要有出厂合格证、质量检验报告。

（2）主要施工机具

稀释桶、搅拌机、小塑料桶、刷子（或滚筒）、量筒、秤、搅拌棍等。

2. 操作步骤

步骤 1　封孔前陶瓷涂层的预处理

用 80% 磷酸涂刷一道，待磷化膜形成干燥后，再进行下道施工。目的是在孔底部基体上形成磷化膜，提高封孔剂与基体的结合力。

步骤 2　环氧树脂的稀释

取 10 kg 环氧树脂加入稀释桶，加入 2 kg 环氧树脂专用稀释剂，用搅拌机搅拌均匀，待用。

步骤 3　加入固化剂

用小塑料桶称取 1.2 kg 稀释后的环氧树脂，加入树脂配套用固化剂 0.24 kg，用搅拌棍搅拌均匀，然后进入下一步。

步骤 4　涂刷

用刷子蘸上封孔剂，涂刷涂层，涂刷方向保持一致，涂刷接头要相互衔接。注意：每次应少蘸、短刷，防止封孔剂太多而产生流坠。根据设计要求，进行第二遍、第三遍涂刷施工。

步骤 5　第二遍涂刷

待第一遍封孔剂表干后（表干时间根据施工环境温度不同而不同，一般为 24 h），进行第二遍涂刷。第二遍涂刷方向和第一遍垂直（第三遍涂刷方法与第二遍相同，只是涂刷方向与第二遍垂直）。

步骤 6　固化、保养

施工涂刷完成后，工件应固化、保养一周，才能完成封孔操作。

3. 注意事项

（1）施工环境必须满足规范要求：温度在 5 ~ 30℃。相对湿度≤85%。

（2）环氧树脂的稀释可以一次性稀释多一些，如稀释的量以一天的使用量为参考。

（3）加入固化剂时，每次称取环氧树脂的量以半小时内用完为宜。

二、陶瓷涂层的精加工处理

1. 操作准备

（1）工具、材料的准备

传统磨床、金刚石砂轮、细绿碳化硅砂轮、磨削液。

（2）工件准备

在磨削处理前，按封孔剂的施工方法进行封孔处理。

2. 程序步骤

步骤1

打开冷却液系统，检查系统是否运行正常。

步骤2

开启磨床，检查磨床振动是否正常。

步骤3

装上金刚石砂轮，对工件进行粗磨。

步骤4

换上细绿碳化硅砂轮进行精磨，直到达到设计要求。

3. 注意事项

（1）要求磨床刚性好、振动小。

（2）要先粗磨，然后再细磨。

（3）磨削液要选用含缓蚀剂的水作冷却液，不要使用水基乳化油作冷却液，因为后者易使涂层污染变色。

（4）为避免砂轮挤压涂层而产生微裂纹或发裂，砂轮线速度和进给量均以较小为宜。

第3节　检测涂层表面微裂纹

学习目标

- 掌握涂层微裂纹的检测原理。
- 能检测涂层结合力和涂层表面微裂纹。

知识要求

涂层微裂纹的检测常用渗透探伤法，它是利用毛细现象来进行探伤的方法。对于喷涂非金属涂层的光滑而清洁的零件，用一种渗透性很强的液体涂覆其表面，若表面有肉眼不能直接观察到的微裂纹，由于该液体的渗透性很强，它将沿着裂纹渗透到其根部，在溶剂蒸发的过程中，表面溶剂先于裂缝内的溶剂蒸发，故可在蒸发过程中观察涂层表面是否有微裂纹。

技能要求

一、敲击法检测涂层的结合力

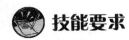

在生产现场对非金属喷涂涂层与基体的结合力的检测采用敲击法。方法如下：

找一块尺寸合适的钢板，分别用它轻敲已喷涂好非金属涂层的工件和未喷涂涂层的工件表面，仔细倾听两种声音的差别。一种情况是两个工件上发出的声音相似，均发出较为清脆的声音；另一种情况是喷涂非金属涂层的工件发出低沉的声音。第一种情况说明非金属涂层与基体结合力较好；第二种情况说明非金属涂层与基体结合力较差。

二、涂层表面微裂纹的检测

现场非金属涂层微裂纹的初步检测可以采用渗透探伤法。方法如下：

（1）将待检测的已喷涂完非金属涂层的工件表面清理干净。

（2）将工件加热到一定温度。

（3）在工件表面涂上乙醇或石油醚。

（4）在溶剂蒸发的数秒内，观察非金属涂层表面情况。

（5）是否有微裂纹的判断：如在溶剂蒸发的数秒内，非金属涂层表面有暗色线条，表明涂层存在微裂纹；如果没有暗色线条，表明无微裂纹。

本章思考题

1. 氧—乙炔火焰喷涂的原理是什么？
2. 氧—乙炔火焰喷涂使用的非金属材料及要求是什么？
3. 氧—乙炔火焰喷涂的设备组成都有哪些？
4. 氧—乙炔火焰喷涂陶瓷的后处理操作都有哪些？
5. 非金属喷涂对环境有什么要求？

第10章

化学清洗防腐蚀作业

第1节 准备工作

学习目标

➢ 了解化学清洗工艺流程。

➢ 能够为化学清洗施工做前期准备工作。

知识要求

一、化学清洗施工工艺规程

清洗施工工艺规程属于整个化学清洗工作的前期工作部分，其工作内容包括：确定清洗剂、清洗剂的浓度、温度、清洗方式、清洗时间和监督项目等。

1. 清洗剂的选择

清洗剂种类的选择、浓度的确定，一般根据清洗设备沉积物成分、腐蚀情况及清洗目的来确定。清洗剂的质量可以按照有关国家标准，或者行业标准、企业标准进行验收与检查。

2. 缓蚀剂的选择

在同一浓度、同一温度下，对不同品种的缓蚀剂进行静态腐蚀试验，将不加缓蚀剂时腐蚀指示片的腐蚀速率设为0，测定缓蚀效率，其测定数据见表10—1。

表 10—1　　缓蚀效率的测定

比较内容	比较数据
无局部腐蚀	（10 倍放大镜下检查）
均匀腐蚀速率（$g \cdot m^{-2} \cdot h^{-1}$）	<2
缓蚀效率	>96%

3. 缓蚀剂用量的确定

在选定清洗剂、确定清洗工艺参数（清洗剂浓度，温度）下进行缓蚀剂用量试验。试验用量为 0.1%、0.15%、0.2%、0.25% 和 0.3%。

由于腐蚀缓蚀剂多为有害物质，在考虑其缓蚀能力的同时，还应考虑其毒害作用。在缓蚀效率相近的情况下，应减少缓蚀剂的用量。

4. 助溶剂的使用和剂量

对于坚硬的氧化铁垢，或垢的组成中含有比较多的硅化物时，在通常的盐酸清洗液中化学反应速度比较慢，为加速这类垢的溶解脱落速度，可以向酸洗液中加入适量的助溶剂，盐酸清洗时，助溶剂多为 NH_4HF 或 NaF。助溶剂的浓度，前者为 1.0% 左右，后者为 0.5% 左右。

上述有关缓蚀剂、助溶剂的质量同样可以按照有关国家标准，或者行业标准、企业标准进行验收与检查。

5. 清洗方式的选择

清洗方式通常有两种：一种是静态浸泡法，另一种是动态清洗法。

静态浸泡法的优点是不需要专用的清洗溶液箱和临时循环管线，工艺简单。但由于清洗液浓度、温度不易均匀，清洗过程也不易掌握，其清洗效果也不如动态清洗的效果好。

动态清洗法分为闭路循环法和开路清洗法两种。闭路循环法是指由清洗箱、清洗泵和被清洗系统组成一个循环回路，让清洗液在清洗系统中循环清洗的方法。这种方法是化学清洗中通常采取的方法。开路清洗法是指由清洗箱、清洗泵、被清洗系统和排放点组成一个清洗回路，清洗剂一次性通过清洗系统后，清洗剂和清洗产物由排放点排放的方法。

6. 清洗时间

清洗时间通常指清洗液在清洗系统中静置浸泡或循环清洗的时间。清洗时间的控制，应根据清洗过程中的化学监督数据来确定。

要严格控制清洗时间。清洗时间过长，容易产生“过洗”，可能增加对设备金属表面的腐蚀；清洗时间过短，则清洗系统中的沉积物不容易洗净，达不到预期的清洗效果。

7. 清洗流速

清洗流速不宜过大或过小。流速过大，虽然可以使沉积物溶解速度加快，但缓蚀剂的缓蚀能力却下降。清洗流速过小，则不能保证清洗液在清洗系统的各个部分均匀流动，也会影响清洗效果，还可能在某些清洗部位产生清洗产物堆积或“气塞”现象，不仅不能有效地清洗这些部位，而且清洗后的废液也难以冲洗干净。

8. 清洗监督

清洗监督项目是根据化学清洗的目的及其清洗工艺要求决定的。

9. 清洗工具

在化学清洗过程中，主要使用的工具是由循环泵、阀门和循环槽构成的临时清洗系统。因此需要掌握常用离心泵、计量泵、自吸泵、球阀、闸阀等工具的工作原理，以便在清洗过程中正确操作。

二、化学清洗施工方案的构成

化学清洗是一项系统工程，它不仅要求清洗工艺对被清洗设备内表面沉积物的清洗效果好，对金属的腐蚀速率小，金属表面的钝化状况好，而且要考虑清洗费用、废液的排放处理等一系列问题。因此，在进行化学清洗前，必须制定一个合理的化学清洗方案。一般化学清洗施工方案主要由以下几方面构成：

1. 清洗前被清洗设备的检查情况

被清洗设备情况包括四个方面：第一是设备型号和运行参数；第二是清洗面上垢的沉积情况（厚度、坚硬程度、颜色特征、物性等）；第三是清洗面的腐蚀情况，包括清洗面金属遭受的腐蚀程度、腐蚀产物的堆积形式，当腐蚀产物呈凸起状时要说明腐蚀产物下面的金属面是否平整，有无疡性腐蚀凹坑，腐蚀坑深度情况，这种腐蚀的分布情况；第四是设备的服役史，包括服役时间、维修保养情况、以往的清洗措施等。

2. 清洗试验

由于被清洗设备的类型、设备结构、材质、沉积物的种类、组成和数量的不同，在确定化学清洗剂和采用的工艺条件时，应进行专门的清洗试验。

3. 清洗工艺

清洗工艺是根据被清洗对象的材质、清洗要求、结构特点、数量大小、清洗剂的性能、清洗设备工具的功能以及有关的清洗验收标准而制定的操作规程。

4. 清洗设备工具

清洗设备工具是不可缺少的，根据清洗要求可选择不同的设备。

5. 化学清洗系统的选择

选择合理的化学清洗系统，是获得良好清洗效果的重要条件。合理的清洗系统应该是系统简单，各回路流速基本均匀，临时管道、阀门和设备布置合理，清洗操作方便，可以有效地排放和处理废液等。

6. 清洗验收标准

清洗后的验收标准至关重要，这是工业化学清洗水平的标志。这些标准既要考虑到被清洗对象的清洗要求，又要考虑到清洗对被清洗对象可能造成的损害的允许程度，同时还要考虑到对环境保护和人体健康的影响。清洗验收标准是最起码的法规，必须切实执行。

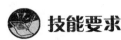

技能要求

一、化学清洗对象的识别

在清洗准备工作收集被清洗设备的信息时，不仅要了解、清楚识别设备中的普通材质，还应特别注意识别清洗设备中的特殊材质，了解清楚其物理性能、化学性能。不仅要了解设备的技术特性、结构形式、制造工艺和使用寿命，还要了解设备材料的耐腐蚀性能、力学性能、材料的价格等。常见材料分类参见有关资料手册。

二、化学清洗材料的准备

依据化学清洗技术工艺方案和清洗施工进度计划，准备有关化学清洗材料。其中，包括化学清洗用的酸、碱、缓蚀剂等助剂。

三、化学清洗机具的准备

依据化学清洗技术工艺方案和清洗施工进度计划，准备有关化学清洗施工机具。其中，包括化学清洗用的循环槽、循环泵、临时管道、管件、阀门和盲板等。

一般来讲，循环槽的有效使用容积为循环槽容积的 80% 左右。同时，根据循环泵的铭牌选择循环泵的流量、扬程。对于临时管道，如果使用耐酸胶管，管径一般指胶管的内径，如果使用钢管，则内径指钢管的公称直径减去管壁厚度。

四、化学清洗施工分析仪器、记录资料的准备

依据化学清洗技术工艺方案中涉及的分析监测项目，准备好分析项目所使用的分析仪器、标准试剂及其辅助药剂、工具。同时，制定好化学清洗过程中分析监测项目的记录本、分析总结报告表格。

第2节　安装清洗设备

学习目标

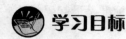

- 掌握化学清洗的主要设备以及化学清洗的工艺过程。
- 能安装清洗设备。

知识要求

一、化学清洗的主要设备

1. 泵

通常把提升液体、输送液体或使液体增加压力，即把原动机的机械能变为液体能量从而达到抽送液体目的的机器统称为泵。在化学清洗中，通常使用离心泵。

2. 阀门

阀门是流体输送系统中的控制部件，具有导流、截流、调节、节流和防止倒流、分流或溢流泄压等功能。常用阀门有截止阀、闸阀、球阀、蝶阀、止回阀、节流阀、旋塞阀。

3. 常用管材

常用管材主要有橡胶管、塑料管、金属管和复合管四类。在化学清洗过程中，一般使用金属管道和耐酸橡胶管。

4. 法兰与法兰垫片

法兰是使管子与管子相互连接的零件，连接于管端。法兰上有孔眼，螺栓使两法兰紧连。法兰间用衬垫密封。法兰分为螺纹连接（丝接）法兰和焊接法兰。

常用法兰垫片分为非金属垫片（石棉橡胶板垫片、聚四氟乙烯包覆垫片等），

半金属垫片，金属垫片。

二、化学清洗的工艺过程

循环清洗是化学清洗最常用的一种方法。下面以循环清洗为例，介绍化学清洗的实施过程。

设备清洗工序以设备状况不同和积垢性质不同而不同，在一般情况下，锅炉化学清洗的一般步骤为：水冲洗、碱洗或碱煮、碱洗后水冲洗、酸洗、酸洗后水冲洗、漂洗和钝化、废液处理等步骤。清洗系统无油污时，碱洗除油和碱洗后水冲洗可以省去。

1. 水冲洗

化学清洗前的水冲洗，对于新建设备和机械杂质较多的设备来说是非常重要的。在清洗前对系统进行彻底水冲洗可除去设备内泥砂以及管道内表面疏松的污物，减轻清洗除垢的负担，使清洗取得更好的效果。此外，水冲洗还可检验清洗系统是否严密。

2. 碱洗

碱洗的目的主要有：第一，去除系统中各种防锈油、机油、防锈漆等有机物，使酸洗过程中的有效成分更完全、彻底地同污垢表面接触，从而促进金属氧化物和污垢的溶解，以保证达到良好的清洗效果；第二，可清除一些碱溶性沉积物（如一些硅的化合物）；第三，可清除坚硬沉积物并将长链有机物拆断为短链有机物，便于附着物从表面脱落，达到清洗的目的。

3. 碱洗后水冲洗

碱洗后水冲洗的目的是清除残留在系统内的碱洗液，降低管壁的 pH 值，用过滤澄清水、软化水或除盐水进行碱洗后水冲洗（被清洗的设备中含有奥氏体钢材的，碱洗后水冲洗只能用氯离子小于 0.2 mg/L 的除盐水）冲洗至出口水 pH 值不大于 9，磷酸根浓度低于 10 mg/L，即可。

4. 酸洗

酸洗除垢是整个化学清洗工序中最关键、最重要的环节，除垢效果的好坏关系化学清洗的成败。

除垢清洗剂的组成视设备情况、积垢性质、工艺条件等参数而定，绝大多数清洗液主要成分都由酸构成。在酸洗时，为了改善清洗效果，缩短清洗时间，减少酸对被清洗对象的危害，除了采用酸以外，还要添加必要的缓蚀剂、表面活性剂、消泡剂、还原剂等。

循环酸洗应通过合理的回路切换，维持清洗液浓度和温度的均匀，避免清洗系统有死角出现，每个循环回路的流速为0.2～0.5 m/s，不得大于1 m/s。开式酸洗应该维持系统内酸液流速为0.15～0.5 m/s，不得大于1 m/s。

在酸洗过程中，每0.5 h应该测定一次酸浓度和含铁量，用柠檬酸清洗时，还应测pH值。清洗中酸度降低到一定程度时，应适当补加酸和缓蚀剂。当酸洗到既定时间或清洗溶液中Fe^{2+}和酸含量无明显变化，同时监视管段内垢已清除干净时，就可结束酸洗。

酸洗时温度不可过高，无机酸的清洗温度一般在40～70℃，柠檬酸的清洗温度为90～95℃。EDTA的清洗温度控制为：低温80～90℃，高温（130±10）℃。

5. 酸洗后水冲洗

酸洗后水冲洗的作用是为了除去酸洗后残留的酸洗液和系统内脱落的固体颗粒，使系统中水的pH值上升到5～6，回液浊度合格，以便漂洗和钝化处理。冲洗方式同碱洗后水冲洗。

6. 漂洗

漂洗的作用是利用柠檬酸铵或其他漂洗液与被清洗设备系统内残留的铁离子络合，除去系统内在水冲洗过程中形成的浮锈，使系统总铁离子浓度降低，以保证钝化的效果。

7. 钝化

酸洗后的金属表面处于较高活性状态，容易产生二次浮锈，通过对金属表面进行钝化处理，可以在金属表面形成一层氧化膜，使金属处于钝化状态，防止二次浮锈的生成。钝化时应定期进行排气排污，检查系统循环情况，直到钝化结束。

8. 钝化后处理

钝化结束后，停止清洗用泵，打开高点排气阀，将空气引入系统，将钝化液排出清洗系统，打开低点排污阀排尽钝化液。

将清洗系统内设备的低点、清洗时流速低的位置打开检查，并彻底清除沉渣，检查完毕后将系统中拆下的部件如流量计、单向阀、调节阀、滤网、除沫器等全部恢复，撤掉因清洗加入的盲板、节流板、堵头等，使系统恢复正常。

完成钝化清洗后，有时需要进行必要的特殊处理。若系统属于忌水装置，则需要引入干燥的压缩空气、氨气将系统干燥至需要的程度；如果系统要在较长时间后才进入生产工序，则应对装置进行保护，保护的方法有湿法和干法两类：湿法保护就是用氮、联氨、乙醛肟、二甲基酮肟的水溶液注入洗净的系统进行保护，此方法在霜冻的季节应慎用；干法保护是用氮气将系统吹干，在微正压下封存或用气相缓蚀剂保护。

技能要求

一、安装化学清洗设备系统

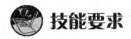

在清洗之前，一定要按预先制定的清洗方案安装和布置好清洗系统。在安装完毕后，一是要对系统中的各台泵进行试运行，合格后方可使用；二是对各种监测仪表和取样口进行认真检查，以免失效和发生错误。

二、检查化学清洗设备系统

1. 清洗系统的检查

清洗系统的检查一般通过以下方法进行：当清洗系统的配管完成后，要进行水冲洗试漏，确定无泄漏后加入热水进行循环，可以单个回路进行，也可以多个或全部回路同时进行，视清洗泵站的大小而定。当打入的热水回来后，对整个系统的所有回路逐个进行检查，通过一个回路上的若干点检查测试温度，特别要注意可能形成气阻的部位，若每个测试点的温度都正常、没有冰凉的部位，则说明流程顺畅；若所有的测试点的温度都过低或有冰凉的部位，则说明该回路的流程不顺畅，应找出原因进行改正。

2. 清洗系统内泄漏的检查

清洗系统内泄漏的检查，一般通过以下三种方法进行。

（1）对一台在役设备，通过对使用设备的人员询问了解，确定该设备在运行过程中有无泄漏点，或有无可能出现泄漏的部位。

（2）对一台新设备，通过对安装设备的人员询问了解，确定该设备在安装后打压过程中有无泄漏点，或有无可能出现泄漏的部位。

（3）在清洗系统的配管完成后，水冲洗试漏工序中，通过进回液情况、液位情况及巡管检查来找泄漏的部位。

第 3 节　配制清洗剂

学习目标

- 了解各种清洗剂的基本物理化学特性。
- 能配制清洗剂。

知识要求

一、清洗剂的物理化学性质

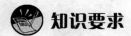

参考有关资料了解以下清洗剂的物理化学性质：

1. 碱清洗剂

碱清洗剂有氢氧化钠、磷酸三钠、磷酸氢二钠、三聚磷酸钠、碳酸钠等。

2. 酸清洗剂

酸清洗剂有盐酸、硫酸、硝酸、氨基磺酸、磷酸、氢氟酸、柠檬酸、甲酸、乙酸、羟基乙酸、乙二胺四乙酸（EDTA）等。

二、各类清洗剂的功效

1. 无机酸清洗剂

工业上常用盐酸、硫酸、氢氟酸、氨基磺酸等无机酸清洗设备积垢。无机酸主要依靠酸溶解作用和剥离脱落作用除垢。以下主要介绍各种无机酸清洗剂的特点和使用效果。

（1）盐酸清洗液

盐酸是清洗设备积垢最常用的清洗剂。盐酸清洗能力强、清洗速度快，且清洗后的表面状态好。盐酸清洗剂的浓度根据结垢量的大小来确定，加入缓蚀剂，降低腐蚀速率，清洗温度从室温至60℃均可。盐酸清洗剂对碳酸盐水垢和铁垢最有效，不但清洗速度快，而且经济。

（2）硫酸清洗剂

硫酸多用于清洗钢铁表面的氧化皮、铁锈。硫酸清洗剂可除铁垢、腐蚀产物垢和磷酸盐垢，但是硫酸不可清除钙镁垢和硫酸盐垢，因为会生成难溶的硫酸钙。在硫酸清洗液中加入非离子表面活性剂，可以大大提高除垢能力。硫酸清洗液的浓度根据结垢量大小确定，清洗温度为50～80℃。

（3）硝酸清洗剂

硝酸是一种强氧化性的无机酸。低浓度的硝酸对大多数金属均有强烈的腐蚀作用，高浓度的硝酸对一些金属不腐蚀，有钝化作用；硝酸清洗液除垢去锈速度快，时间短，加入适当缓蚀剂后，对碳钢、不锈钢、铜及合金腐蚀速率降低，缓蚀效果好。

（4）氢氟酸清洗剂

氢氟酸和氢氟酸盐一般用于清洗硅酸盐垢及铁垢。在锅炉清洗中，硅酸盐垢高达 40% ~50% 时，常用氢氟酸清洗剂清洗，硅垢含量较低时也可采用其他酸加氟化物清洗剂清洗。氢氟酸除硅垢、铁垢的能力是其他清洗剂无法相比的。

（5）氨基磺酸清洗剂

氨基磺酸（NH_2SO_3H）是中等强度的固体无机酸。特点是：不挥发，可避免因挥发而造成的一系列问题；又因是固体物料，所以便于运输，而且只要维持干燥，则性质稳定；水中溶解性能好，清洗时生成的盐易于溶解，不生成盐类沉淀；不含氯离子，对材质适用的范围广，且对金属的腐蚀性小；对钙镁垢清洗能力强，但清除铁垢特别是氧化铁皮的能力差。目前，仅用于不锈钢、碳钢、铜及合金等热交换器清除残留的铁锈，有利于清洗后设备表面的钝化处理。

2. 有机酸清洗剂

有机酸清洗剂主要利用有机酸的酸性和活性基团的络合能力，加上表面活性剂、渗透剂等作用，将垢层溶解、剥离、润湿、分散、络合至清洗液中，以缓蚀剂控制设备的腐蚀，以达到清洗的目的。

（1）柠檬酸清洗剂

柠檬酸是设备清洗中应用最多的有机酸，在化学清洗用酸中仅次于盐酸。柠檬酸可以溶解铁和铜的锈垢，一方面因为所含氢离子能和碱性氧化物作用，另一方面氢离子具有对金属离子的络合作用，促进金属氧化物的溶解。柠檬酸铁的溶解度小，但如果在柠檬酸清洗液中加入氨，生成柠檬酸单铵 $NH_4H_2C_6H_5O_7$，就可以和铁离子生成柠檬酸亚铁铵和柠檬酸铁铵，具有很高的溶解度，有利于铁锈的清除。柠檬酸主要用于清洗造价比较高的设备表面的氧化物垢，柠檬酸对钙镁垢的溶解能力较差。

（2）EDTA 清洗剂

EDTA 是络合剂的代表性物质，与钙、镁、铁等金属离子可形成稳定的络合物，可使设备表面垢溶解，化学清洗时常用 EDTA 钠盐和铵盐作为清洗液。

EDTA 除垢的最大特点是可以在碱性条件下除垢，它在除垢的同时又起钝化作用，清洗和钝化过程可以一步完成。其清洗温度较高，一般在（130 ± 10）℃，清洗药品的价格也较高，因此从节能和降低成本的角度出发，较少选择 EDTA 清洗剂。只有贵重设备有时才采用 EDTA 清洗。

（3）羟基乙酸清洗剂

羟基乙酸也称乙醇酸，是最简单的乙醇酸。羟基乙酸主要用于大型锅炉过热器、再热器表面氧化铁皮的清洗。用羟基乙酸清洗的优点是羟基乙酸具有不易燃、无臭、毒性低、生物分解性强、水溶性好、不挥发等特点，能与设备中的锈垢、钙镁垢等充分反应而达到除垢的目的。因为是有机酸，所以对设备的腐蚀性很弱，清洗时不会产生有机酸铁的沉淀；由于无氯离子，还适用于不锈钢材质的清洗。采用羟基乙酸进行设备清洗，危险性小，安全性高，但价格昂贵。

（4）草酸清洗剂

草酸又名乙二酸，分子式为 $H_2C_2O_4$，无色透明晶体，通常为二水合物。相对密度为1.653，熔点为101～102℃；无水物的相对密度为1.90，熔点为189.5℃，并在此温度下分解，雾化温度为157℃。草酸易溶于水等极性溶剂。但由于许多草酸盐是难溶于水的，例如草酸钙、草酸镁。因此，不能用硬水配制草酸清洗剂，也不能将草酸用于清除碳酸钙和氢氧化镁垢。草酸清洗剂主要用于清除铁的氧化物。

3. 复合酸清洗剂

根据具体设备材质和结垢类型，可开发由多种酸组成的复合酸清洗剂。复合酸清洗剂适合于清洗钙镁垢、磷酸盐垢、铁垢、铁锈、氧化铁皮和少量硅垢等各种类型的设备积垢。采用复合酸清洗时腐蚀速率低。如在复合酸中加入表面活性剂，会增加渗透性和剥离作用，使复合酸清洗剂对垢的清洗能力增强，提高对设备表面的清洗状态。

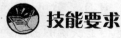

技能要求

一、清洗剂、助剂材料用量的确定

根据有关专业资料提供的公式，应掌握以下清洗用药量的计算：

（1）液体药品用量计算。

（2）固体药品用量计算。

（3）盐酸用量计算。

（4）柠檬酸清洗用药量计算。

二、各类药剂的加入时间和调整清洗液温度、流速

通常，各类酸性清洗药剂加入的顺序为：首先，在循环槽中加入水，在泵循环搅拌的情况下，加入缓蚀剂。其次，在缓蚀剂混合均匀、继续搅拌的情况下，缓慢

地加入酸液。最后，根据技术要求，再加入其他助剂。对于碱性清洗液的配制，一般程序为首先在循环槽中加入水，其次在泵循环搅拌的情况下缓慢地加入固体碱性药剂，直至全部溶解、混合均匀。最后，加入其他助剂。

当清洗剂配制完毕后，根据技术要求，逐渐升温至规定温度。通常采用蒸汽加热升温方式，并且通过调节蒸汽流量大小控制清洗液的温度。

在清洗过程中，一般采用调节循环泵出口阀门的开度调节清洗液的流速。也可以利用循环泵的旁路调节清洗主回路清洗液流量的大小，达到调节清洗液流速的目的。

三、注意事项

（1）在清洗剂的配制过程中，一定要严格按照药剂加入的顺序配制清洗剂。同时，在配制过程中，一定要不停地进行搅拌，使之均匀混合。

（2）在加入固体，或者浓度很高的氢氧化钠、浓硝酸、硫酸等药品的过程中，一定控制加药的速度，缓慢地加入、不停地搅拌。避免加入过快，导致局部过热，造成已经加入的缓蚀剂等药品失效。

第 4 节　化学清洗操作

学习目标

- 了解各种污垢的特点及其清洗过程的检测知识。
- 能操作化学清洗。

知识要求

一、金属表面污垢种类

工业设备中最常见的积垢类型有水垢、腐蚀积垢、生物黏泥、有机质垢及其他积垢。垢的形成大都起因于沉淀、结晶、化学反应、腐蚀和微生物生成等因素。

1. 固体颗粒的沉淀

流体系统中所夹带的固体颗粒如砂粒、灰尘、炭黑，在设备表面沉积而形成垢。

2. 由结晶造成的结垢

由结晶引起的结垢是经常遇到的，常见的有以下几种：

（1）碳酸盐水垢。

（2）硫酸盐水垢。

（3）硅酸盐水垢。

（4）磷酸盐水垢。

（5）混合型水垢。

3. 由化学反应生成的垢

物质与加热表面接触时，由于自氧化和聚合反应而生成污垢，牢固附着在设备表面。设备表面金属腐蚀有助于氧化，当温度高时还会导致结焦，这种垢层硬而韧，不易清除。

4. 由腐蚀形成的垢

由金属表面的化学或电化学腐蚀而形成垢。

5. 生物黏泥

在石油、化工、冶金等工业冷却水系统中，设备的冷却装置及其他管道由于微生物大量繁殖，形成的生物黏泥。

6. 有机质垢

有机质垢有结焦的积炭、有机物黏附和人为的药剂涂料等，多数积炭是沥青质、焦油质等的混合物。

7. 其他积垢

其他积垢如大气中的尘埃积垢、催化剂粉尘积垢、有机物聚合结垢以及化工设备中各类反应所造成的特殊积垢。

二、化学清洗过程的监测

1. 碱洗终点的判断

依据溶垢实验，在清洗方案设定的清洗时间内，一般碱洗液中总碱度或磷酸根离子的浓度变化很小（在2 h内，其浓度变化小于0.2%）时，油含量变化很小（在2 h内，其浓度变化小于0.1%）时可判定碱洗基本结束。也可通过监视管的被清洗程度来判断设备的清洗情况。

2. 酸洗终点的判断

依据垢样分析、溶垢实验、除垢清洗剂浓度、清洗温度来判断溶垢反应是否还能进行，即判断清洗液的清洗浓度在现场情况下是否在有效溶垢浓度范围内，是否还能溶垢。当清洗达到预定时间时，依据分析每一个清洗回路进回液酸的浓度是否达到平衡，Fe^{3+}、Fe^{2+}或Ca^{2+}、Mg^{2+}等的离子浓度是否达到平衡，是否还有气体产生（对有气体产生的酸洗过程）和通过监视管来判断。当每一个清洗回路进回液酸的浓度（在有效值以上时）在 1 ~ 2 h 内变化不大于 0.2%，Fe^{2+}、Ca^{2+}、Mg^{2+}等离子浓度上升到一个稳定值，而Fe^{3+}离子浓度已越过峰值逐渐降低，并已无气体产生，监视管已被清洗干净时就可认为酸洗接近完成，再适当延长一段时间就可以结束酸洗。

3. 漂洗终点的判断

参考漂洗时循环进回液温度和漂洗时间，当漂洗液的浓度和总铁离子浓度基本平衡，监视管被漂洗干净时，即可结束漂洗。

4. 钝化终点的判断

参考钝化时循环进回液的温度和钝化时间，当测定钝化液浓度不再变化，监视管钝化膜致密完整，即可判定钝化结束，也可根据实际情况适当延长或缩短钝化时间。

5. 各步水冲洗终点的判断

依据冲洗进回液的浊度相似确定水冲洗合格；依据冲洗进回液的浊度相似，pH 值为 8 ~9 时确定碱洗后水冲洗合格；依据冲洗进回液的浊度相似，pH 值为 5 ~6，铁离子含量小于 50×10^{-6}时确定酸洗后水冲洗合格。

6. 清洗过程中的腐蚀监测

为了监测化学清洗过程中，被清洗设备的腐蚀情况，一般常用现场挂片实验方法。具体要求是：根据被清洗设备材料，选择标准腐蚀试片。当清洗运行正常后，将腐蚀试片挂在循环槽中。在这之前，使用分析天平对试片进行称量，同时测量试片尺寸，计算试片的表面积。在清洗过程中，可以取出试片观察其表面腐蚀情况。在清洗结束之后，再对试片进行表面清洗、干燥后称量。根据试片失去的质量，计算出腐蚀速度。

技能要求

一、清洗设备的操作步骤

设备清洗工序以设备状况不同和积垢性质不同而不同，在一般情况下化学清洗的步骤为人工清理、临时系统清洗、系统水冲洗及检漏、碱洗或碱煮、碱洗后水冲洗、酸洗、漂洗和钝化、废液处理、人工清理检查、复位及氮封保护等。清洗系统无油垢时，碱洗和碱洗后水冲洗可以省去。

二、化学清洗过程的监测指标与方法

1. 清洗过程的化学监督项目（以清洗锅炉为例）

化学清洗过程的化学监督项目主要根据清洗工艺而定。一般规定如下：

（1）煮炉和碱洗

在煮炉和碱洗工艺中，汽包锅炉取盐段和净段水样，直流锅炉取锅炉出、入口水样，每1 h测定碱度一次；换水时每2 h测定碱度一次，直至水样碱度与正常炉水碱度相近时为止。

（2）碱洗后的水冲洗

在碱洗后的水冲洗中，应每15 min测定一次出口水的pH值，每30 min收集一次平均样。

（3）循环配酸

在循环配酸工艺中，每10～20 min测定酸洗回路出、入口酸浓度一次，直至整个回路酸浓度均匀，并达到预定酸清洗浓度为止。

（4）酸洗

在循环酸洗过程中，应注意监控酸液温度、酸液流速、汽包及酸箱液位，并每1 h记录一次；每0.5 h测定一次酸箱出口、进酸管、排酸管的酸浓度和含铁量。

为提高酸浸泡效果，酸液在锅炉中浸泡一定时间（约为1.5 h）后，可放出部分酸液至酸箱中，加热至50～60℃后，再送入锅炉中。酸液的加热一般不超过3次，此时应每0.5 h测定一次酸浓度和含铁量。

（5）酸洗后的水冲洗

在酸洗后的水冲洗中，每15 min测定一次出口水的pH值、酸浓度和电导率。冲洗接近终点时，每15 min测定一次含铁量。

（6）漂洗

漂洗时，每0.5 h测定一次出口漂洗液的酸浓度、pH值和含铁量，并在漂洗结束时留样分析。

（7）钝化

钝化过程中，每1 h测定一次钝化液浓度和pH值。

（8）留样分析项目

碱洗留样主要测定碱度、二氧化硅和沉积物含量。

锅炉化学清洗的监督项目见有关规定。

2. 清洗过程中部分化学监督项目的测定方法

见有关技术资料。

3. 清洗过程中腐蚀速度的测定方法

为了监测清洗过程中，被清洗设备的腐蚀速度，一般常用现场挂片实验方法。具体做法是：

（1）将准备好的至少 3 片腐蚀试片进行称量，测量外形尺寸。

（2）使用绝缘线把试片分开挂在试片架上，再浸入清洗液循环槽中。必要时，可以准备另外一组试片放置在被清洗设备内。

（3）在清洗过程中，可以取出试片进行观察，了解材料在清洗液中的腐蚀情况。

（4）清洗结束后，取出试片进行表面清洗、干燥、称量。根据失去的质量，计算出腐蚀速度。

第 5 节　质 量 检 查

学习目标

- 了解化学清洗质量检查内容和检查方法。
- 能对化学清洗过程及结果进行测量和检查。

知识要求

一、化学清洗质量检查内容

化学清洗结束后，通常采用观察法对设备被清洗表面的污垢清洗状况和清洗后表面的钝化状态进行观察，判断是否清洗干净；同时，还要定量检查清洗过程中金属挂片的腐蚀速度，以便对清洗设备质量做出验收鉴定。

1. 清洗液的腐蚀速率、酸度或者 pH 值、铁离子浓度的检测方法

（1）腐蚀速度的测定

测量腐蚀速度，一般采用现场挂片实验方法，进行挂片腐蚀失重测量。然后，计算其腐蚀速度大小。

（2）酸度或者 pH 值的测定

对于清洗剂酸度的检测，一般采用酸碱中和滴定方法进行测定。如果要测定清洗剂的 pH 值，最简单的方法就是使用 pH 试纸进行检测。

（3）铁离子浓度的测定

对于铁离子浓度的测定，相对来说比较复杂。一般使用磺基水杨酸和 EDTA 二钠标准溶液，采用络合滴定方法进行测定。

2. 污垢洗净率的检查

首先，被清洗的金属表面应清洁，基本上无残留氧化物和焊渣，无明显金属粗晶析出的过洗现象。其次，设备表面清洗完成后，表面应具有钝化保护膜，颜色呈灰色或者灰白色，不出现二次浮锈，无点蚀。

在一定的可见清洗表面范围内，污垢的残存面积要小于整个可见面的 10%，即清洗的除垢率需达到 90% 以上。

二、化学清洗质量检查方法

1. 挂片法

（1）挂片材料的选择

挂片用材必须与所清洗的设备接触酸液部件的材质相同，取材时应使钢材的压延面作为挂片平面。

（2）挂片尺寸

试样的大小应该按照有关标准要求。市售的标准试样挂片为：50 mm × 25 mm × 2 mm，挂孔直径为 4 mm。

（3）挂片外观要求

挂片表面不能有划痕、凹坑、锈斑，棱角及挂孔不能有毛刺，挂片六面加工的粗糙度和挂孔内粗糙度均要达到一般机加工水平。

（4）加工程序

从整块钢板气割下坯料（或将钢管用铣床铣成条状），然后用刨床刨去四周的热影响区并刨平，再经铣、钻、磨等工序将挂片加工到规定尺寸和粗糙度，并打上钢印编号，再用细砂纸研磨除去棱角处、挂孔周围等的毛刺。挂片在加工过程中，严禁敲打撞击。

（5）加工后处理

用卡尺取挂片表面尺寸后，用丙酮或无水乙醇洗去表面油污（注意挂孔内污物），再置于无水乙醇中浸泡几分钟，取出后置于干燥器内，2 h 后称重待用。若挂片暂时不用，可将挂片干燥后，浸泡在机油中或用油纸包好置于一真空盒内保存，使用前用丙酮浸泡去油。

（6）挂片腐蚀速率的测定

酸洗开始时，需在清洗系统中挂放已经称量的挂片。酸洗结束后取出挂片，立即用清水淋洗，然后吸去水分，放入无水乙醇中浸泡 1 ~ 2 min，取出后快速擦干放入干燥器中，1 h 后用分析天平称重。如果现场暂无法称重，可将挂片保存在干燥器内，在 24 h 内称重即可。称重结束后，按照腐蚀失重公式计算挂片腐蚀速率。

2. 监视管法

在化学清洗过程中，为了监测清洗过程中清洗设备的腐蚀以及清洗后表面的钝化状况，除了上述采用腐蚀挂片方法检测腐蚀速度外，也可以取一段与清洗设备材料相同的管子，安装在清洗回路上。在清洗的不同阶段，可以通过观察该管子内表面的清洗效果来检查清洗质量。

技能要求

一、测量环境和清洗剂温度

一般清洗环境温度的测量采用普通的温度计即可。对于清洗过程中清洗液温度的测定，可以采用普通防腐热电偶，也可以使用普通温度计。

二、测量清洗剂的腐蚀速率、酸度或者 pH 值、铁离子浓度

1. 腐蚀速率的测定

在测量腐蚀速率时，一般采用现场挂片实验方法。将表面清洗干净、干燥后已经称重的试样置于待测的清洗液中，在规定的温度下，保持规定的浸泡时间。在实验过程中，试片不应和试验器皿接触，以免产生缝隙腐蚀。

试验结束后，取出试片用清水清洗干净，去掉表面附着物，再经去离子水和无水乙醇洗后用冷风机吹干，进行称量。

根据试验前后的质量损失计算腐蚀速率：

$$K = \frac{m_1 - m_2}{S \cdot t}$$

式中 m_1——试验前试片质量，g；

m_2——试验后试片质量，g；

S——试片腐蚀总表面积，m^2；

t——试验浸泡时间，min。

2．酸度或者pH值测定

清洗剂酸度一般采用酸碱中和法进行测量。取2～5 mL所配酸度清洗剂试样，置于锥形瓶中，稀释到100 mL，加2～3滴甲基橙指示剂，用0.1 mol/L的氢氧化钠溶液滴定至锥形瓶中溶液由红色转为橙色，记下所用的氢氧化钠的体积a（mL），计算公式如下：

$$酸度 = \frac{0.1 \times a \times K}{V \times 1\ 000} \times 100\%$$

式中 K——系数，盐酸为36.5，硝酸为63，氨基酸为97.1；

V——取样量，mL。

对于清洗剂pH值的测定，通常使用pH试纸测量，定性得到清洗剂的pH值范围。

3．铁离子浓度的测定

对于清洗剂中铁离子浓度的测定方法如下：取5～15 mL清洗剂置于锥形瓶中，加水80～90 mL，放入pH试纸测定pH值，如果pH值不在2～3的范围内则应做适当调整。加入1 mL 10%的磺基水杨酸，用0.1 mol/L的EDTA二钠标准溶液滴定至紫红色退去，记下EDTA二钠的消耗量为C_1。向试液中加入0.5 g左右过硫酸铵，加热到70℃左右，再加EDTA二钠标准溶液滴定至紫红色退去，所消耗EDTA二钠溶液的量记为C_2。计算公式如下：

$$[Fe^{3+}] = \frac{0.1 \times C_1 \times 55.85}{1\ 000 \cdot V} \times 100\%$$

$$[Fe^{2+}] = \frac{0.1 \times C_2 \times 55.85}{1\ 000 \cdot V} \times 100\%$$

三、清洗结束后的自查自检

每当清洗结束之后，承担清洗项目方的质量技术人员应该根据有关清洗标准和合同要求，对其清洗质量进行自查自检，以便确定是否邀请甲方人员进行清洗质量验收。如果自查自检不合格应进行补救清洗，使其达到清洗质量要求。

本章思考题

1. 举出 3 种以上化学清洗剂。
2. 化学清洗方式有哪两种?
3. 化学清洗的主要设备有哪些?
4. 化学清洗的工艺流程是什么?
5. 如何配制清洗液?
6. 清洗设备的操作步骤有哪些?
7. 清洗过程中怎样测定腐蚀速度?
8. 化学清洗质量应检查哪些内容?
9. 化学清洗质量的检查方法是什么?

第 11 章

耐蚀混凝土防腐蚀作业

第 1 节 准 备 工 作

学习单元 1 施工材料

学习目标

➢ 了解耐蚀混凝土各种施工材料的品种及性能，掌握施工材料储运及安全常识。

➢ 能检查和存放耐蚀混凝土施工材料。

知识要求

一、耐蚀混凝土材料的品种和性能

1. 树脂类材料

（1）呋喃树脂混凝土

1）呋喃树脂的品种和性能。呋喃树脂是一种热固性树脂，在耐蚀混凝土中应用的是糠醇糠醛型呋喃树脂。呋喃树脂混凝土由糠醇糠醛型呋喃树脂液、呋喃混凝土粉和耐酸石子组成，常用的牌号有 XLZ 型和 YJ 型。

糠醇糠醛型呋喃树脂具有优良的耐腐蚀性能和耐热性能，因此，它在化工防腐中得到了广泛的应用。特别是在一些比较苛刻的条件中，如温度较高、酸碱交替的介质中，更能显示出其优越性。

呋喃树脂混凝土现已广泛用于浇捣楼地面、设备基础、地沟、地坑、踢脚线等整体面层，制作电解槽、酸洗槽、储槽等整体槽罐，预制走道板、沟盖板、酸洗喷射梁等混凝土构件。

2）固化剂。呋喃树脂混凝土是商品化产品，固化剂已预先加进混凝土粉里。所以施工时配料简单，容易控制质量。

（2）乙烯基酯树脂混凝土

1）乙烯基酯树脂的品种和性能。乙烯基酯树脂近些年才在防腐蚀工程中大量使用，现在虽然品种很多，但还没有统一的国家标准。常用的乙烯基酯树脂的品种有丙烯酸型乙烯基酯树脂和甲基丙烯酸型乙烯基酯树脂。

丙烯酸型乙烯基酯树脂常用的牌号有 3201、3202。甲基丙烯酸型乙烯基酯树脂常用的牌号有 W_2—1 型、MFE—2 型、MFE—3 型。到目前为止乙烯基酯树脂中应用量最大、范围最广的是甲基丙烯酸型双酚 A 环氧乙烯基酯树脂（国内牌号相当于 MFE－2）和甲基丙烯酸酚醛环氧型乙烯基酯树脂（国内牌号相当于 W2－1）。

乙烯基酯树脂具有优良的耐化学腐蚀性能，还具有良好的工艺性能、优异的综合力学性能和高耐热性能。乙烯基酯树脂混凝土由乙烯基酯树脂胶料、耐酸粉料和骨料组成，主要用于防腐蚀设备如整体电解槽的制作。

2）固化剂。乙烯基酯树脂固化剂包括引发剂和促进剂。具体内容见本书第 7 章。

3）稀释剂。常用的稀释剂是苯乙烯，它是活性稀释剂，除了降低树脂的黏度外，它还起到交联剂的作用，能与不饱和聚酯树脂的不饱和双键发生共聚反应，产生交联结构，使树脂能在常温下固化成型。

2. 水玻璃类材料

水玻璃类材料是无机质的化学反应型胶凝材料。按其品种可分为钠水玻璃类材料和钾水玻璃类材料。

（1）钠水玻璃混凝土

1）钠水玻璃品种和性能。钠水玻璃是传统的耐腐蚀材料，又称泡花碱，是碱金属硅酸盐的玻璃状溶合物，其外观为无色或略带色的透明或半透明黏稠液体。钠水玻璃混凝土能耐高浓度的强氧化性酸、耐高温，但抗渗性差，收缩率大。

钠水玻璃混凝土由钠水玻璃、固化剂、耐酸粉料、骨料组成，主要用于地面防腐蚀。由于性能的局限性和新材料的出现，它现在应用得越来越少了。

2）固化剂。钠水玻璃类材料的固化剂采用的是氟硅酸钠。

（2）钾水玻璃混凝土

1）钾水玻璃品种和性能。钾水玻璃又称硅酸钾水溶液，为灰白色黏稠液体。钾水玻璃混凝土能耐高浓度的强氧化性酸、耐高温，且抗渗性较好，但收缩率大。

钾水玻璃混凝土由钾水玻璃、混凝土粉、骨料组成，主要用于地面防腐蚀。由于材料的收缩性大，防腐蚀面层容易产生裂纹，施工不好掌握，所以难以广泛应用。

2）固化剂。钾水玻璃混凝土是商品化产品，固化剂已预先加进混凝土粉里。所以施工时配料简单，容易控制质量。

3. 沥青类材料

沥青一般分为石油沥青和焦油沥青，防腐蚀工程中一般采用石油沥青。石油沥青又分为道路石油沥青、建筑石油沥青、专用石油沥青和普通石油沥青。耐蚀混凝土的沥青材料一般采用道路石油沥青和建筑石油沥青，当使用环境温度较高或有特殊要求时，可采用专用石油沥青。

沥青类材料的性能特点是耐稀酸性能优良，抗渗性和防水性好，价格低廉，养护期短，施工完24 h后即可交付使用。它的缺点是不耐溶剂，强度较低，耐热性差。

4. 集料类材料

（1）细骨料

在耐蚀混凝土材料中，常用的细骨料由各种粒径和细度的石英砂、石英粉、铸石粉、辉绿岩粉、长石粉构成。

（2）粗骨料

在耐蚀混凝土材料中，常用的粗骨料是各种粒径的石英石和鹅卵石。

二、施工材料储存运输及安全常识

1. 树脂类材料

树脂类材料及其固化剂、稀释剂等都是易燃易爆液体，必须储存在阴凉、通风的仓库里，包装要密封，现场要远离火种、热源，要进行防火标识。运输时车辆应配备消防器材。夏季最好早晚运输。运输途中应防暴晒、雨淋、高温。

特别要注意的是聚酯树脂、乙烯基酯树脂的引发剂、促进剂相遇会发生爆炸，所以储存、运输时一定要将它们分开，以免发生危险。

2. 水玻璃类材料

水玻璃要注意防水、防冻，固化剂要注意防潮。

3. 集料类材料

商品化粉料和粉、砂、石等集料类材料在储存运输过程中，应注意防雨、防潮。

技能要求

一、检查和存放施工材料

对耐蚀混凝土的各种施工用料如树脂类材料、水玻璃类材料、沥青类材料、集料类材料进入施工现场后，要进行以下检查：

1. 查看标签

首先检查包装是否完好，再对照供料计划核查其名称，检查其品种、规格、型号、数量、出厂合格证等是否合格，产品上是否有标签，是否为正规厂家生产的产品，有无厂址、电话，出厂检测报告是否与产品批号相同等情况。

2. 检查外观

打开包装，取出少量材料，查看其颜色、气味、性状等是否与材料的基本特性相符。

3. 存放

（1）选择地点

各种材料进入现场之前，要先安排好场地，树脂类材料要安排专门仓库或专人看守，场地必须有防雨、防潮设施。

（2）摆放标识

各种物资要分型号、品种、分区堆放，并摆放好各类标识。

二、注意事项

（1）树脂类及其辅料材料到现场后要检查是否有渗漏，如果有要及时处理。

（2）各种集料到现场后要检查是否受潮，要将受潮的部分材料干燥处理。

学习单元 2　动力施工设备

学习目标

➢ 掌握平板振动器、插入式振动棒、强制搅拌机等动力施工设备的安全操作要求。

➢ 能试运转动力施工设备。

知识要求

一、平板振动器安全操作要求

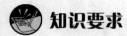

（1）振动器应安装漏电保护装置，保护接零应牢固可靠。作业时操作人员应穿戴绝缘胶鞋和绝缘手套。

（2）使用前，应检查平板振动器各部位是否无损伤，并确认与各部分连接牢固，旋转方向正确；电缆线应满足操作所需的长度。严禁用电缆线拖拉或吊挂振动器。振动器不得在初凝的混凝土、地板、脚手架和干硬的地面上进行试振。在检修或作业间断时，应断开电源。

（3）平板振动器的电动机与平板应连接紧固，电源线必须固定在平板上，电气开关应装在手把上。

（4）平板振动器作业时，应使平板与混凝土保持接触，使振波有效地振实混凝土，待表面出浆，不再下沉后，即可缓慢向前移动，移动速度应能保证混凝土振实出浆。工作的振动器，不得搁置在已凝或初凝的混凝土上。

（5）用绳拉平板振动器时，拉绳应干燥绝缘，两人要紧密配合，移动或转向时，应蹬平板两端，不得蹬在电动机上。作业转移时电动机的导线应保持足够的长度和松度。严禁用电源线拖拉振动器。

（6）作业结束必须做好清洗、保养工作。振动器要放在干燥处。

二、插入式振动棒安全操作要求

（1）使用前，应检查电动机的电位、相数和绝缘是否良好，并应接好保护零线。电线应悬在空中，以免受潮或擦伤。

（2）使用前，应检查机具的连接是否牢固。

（3）作业时，振动棒软管的弯曲半径不得小于500 mm，并不得多于两个弯，操作时应将振动棒垂直地面沉入混凝土，不得用力硬插、斜推或让钢筋夹住棒头，也不得全部插入混凝土中，插入深度不应超过棒长的3/4，不宜触及钢筋、芯管及预埋件。

（4）作业停止，需移动振动器时，应先关闭电动机，再将电气开关关闭，切断电源。不得将振动着的振动棒放在地板、脚手架及未凝固的混凝土面上，也不得用软管拖拉电动机。

（5）电线的连接和拆除，以及电气部分故障的修理，均应由电工担任。

（6）电动振动器必须使用刀开关，不允许使用插头开关。闸刀联要装在带锁的闸刀箱内。熔丝不合规格的不准使用。

（7）雨天工作时应设法将振动棒加以遮盖，避免雨水浸入。

（8）修理时，首先应切断电源，湿手不许接触电气开关。在一个构件上，如果同时使用几台附着式振动器，工作时所有振动器的频率必须保持一致。

（9）在使用中如发现温度过高，应停歇降温后再用。

（10）如发生触电事故，应立即切断电源，在未切断电源前绝对禁止与触电者接触，以免再发生触电事故。

三、强制搅拌机

强制搅拌机安全操作规程见初级教程中相关内容。

技能要求

一、接通电源启动设备

使用前，先检查电动机的电位、相数和绝缘是否良好，是否接好保护零线，机具的连接是否牢固。然后打开电源开关，接通电源，启动电动设备。

二、观察运转情况

观察电动设备的运转情况，看运转是否正常，听其声音有无异常。如有异常，应排除后才能使用。

第 2 节　基体表面处理

学习目标

- 了解各种脱模剂的种类和特性。
- 能进行脱模剂施工操作。

知识要求

耐蚀混凝土施工与普通混凝土施工一样，必须用到模板，但耐蚀混凝土由于防腐的要求，必须表面密实、平整、光滑，所以往往要进行后期修整处理。这就要求耐蚀混凝土表面不能被污染，而脱模剂的选择就很重要了。

混凝土脱模剂是一种覆盖于模板内壁起润滑和隔离作用，使混凝土在拆模时能顺利脱离模板，保持混凝土形状完整无损的物质。脱模剂应具有容易脱模、不污染混凝土表面、不腐蚀模板、操作简便等优点。

一、脱模剂的基本要求

1. 良好的脱模性能

拆模时，要求脱模剂能使模板顺利地与混凝土脱离，保持混凝土表面光滑平整、棱角整齐无损。

2. 涂覆方便、成膜快、拆模后易清洗

脱模剂应既能涂刷又能喷涂为好，成膜要快（一般在20 min之内），拆模后易于清除，这样才不影响施工进度和制品生产率。

3. 不污染耐蚀混凝土表面

耐蚀混凝土表面一般还要进行罩面、修整、补贴其他材料等二次施工，如果表面被污染，将会影响后续施工质量，因此不能直接用油性等难以清洗的脱模剂。

4. 与耐蚀混凝土不相互影响

不能选择对耐蚀混凝土固化有影响或造成混凝土表面固化不全的脱模剂，也要注意耐蚀混凝土对脱模剂有影响而造成脱模剂被破坏。

二、脱模剂的种类和特点

1. 薄膜类

薄膜类脱模剂如聚酯薄膜、聚氯乙烯薄膜等。应注意的是聚氯乙烯薄膜不能与聚酯树脂（或乙烯基树脂）直接接触，因为苯乙烯可使聚氯乙烯溶胀。

薄膜型脱模剂使用简单，脱模效果好，适用于几何形状简单、数量少的模具。

2. 乳液类

乳液类脱模剂有乳化油类和乳化液类两种，为乳白色液体。它们的特点是：可涂性好，成膜迅速，脱模效果好，对混凝土制品表面无污染。

技能要求

一、模板表面检查

首先对模板进行检查，模板应有足够的强度、刚度和稳定性，保证施工中不变形、不破坏。模板表面要清洁和干燥，要除去模板上的锈斑、尘屑或上次模板使用后留下的残留物。模板的数量、几何尺寸等符合要求，没有破损。

二、模板涂覆脱模剂

脱模剂的施工可采用涂、喷、刷、滚等方法，涂抹厚度应适宜，过薄时脱模效果欠佳，过厚则不经济，且易影响混凝土表面质量，清模也困难；涂抹厚度应随模板粗糙度和吸收能力的增加而增加。涂抹技术的选择需考虑脱模剂的黏稠度、模板种类及形状、实际施工条件等因素，流态脱模剂或异形模板可采用喷雾器，较稠的脱模剂要用软抹布、海绵、软扫帚等物进行涂抹。

重复涂刷的脱模剂必须等上层干燥后再涂第二层，否则不仅得不到重复涂刷的效果，而且有时会损坏前一层未干燥的薄膜，从而形成小凸起或皱皮，使表面不平整，也影响制品表面质量。如果脱模剂有沉积，应将多余的刮去。

先按模具形状要求剪裁薄膜，然后用糊浆或油膏将其黏附在模具表面，黏附好后，薄膜应无漏空和皱褶。

涂覆脱模剂后的模板应摆放整齐，不得乱堆乱放，在上面踩踏。

三、注意事项

（1）避免脱模剂与加强筋相接触。

（2）应按照说明书使用脱模剂，有些脱模剂在混凝土浇灌前必须干燥或硬化，而有些宜在混凝土浇灌前几分钟涂刷。

（3）模板表面涂刷脱模剂后，要防止被污染或风化。

（4）在初次使用脱模剂或模板形式改变的情况下，必须模拟实际施工条件，对脱模进行适应性检验，包括脱模剂对施工异常温度条件、浇注及振捣成型条件等的适应性，此外，还需要进行乳液稳定性及涂膜均匀性检验。

第3节　施工用料的处理

学习单元1　加强筋的表面处理

学习目标

➢ 了解加强筋的品种和规格。

➢ 能处理加强筋表面。

知识要求

一、加强筋的品种和规格

耐蚀混凝土的加强筋现在已从传统的钢筋开始转向以耐腐蚀的复合材料加强筋为主，以使耐蚀混凝土整体防腐蚀性能更好。

1. 玻璃纤维增强塑料加强筋

玻璃纤维增强塑料加强筋是以玻璃纤维为增强材料，以合成树脂及辅助剂等为基体材料，经拉挤牵引成型的一种新型复合材料，俗称玻璃钢筋。耐蚀混凝土常用的玻璃纤维增强塑料加强筋有光圆筋和螺纹筋，直径为3～32 mm。

2. 玄武岩纤维增强塑料加强筋

玄武岩纤维增强塑料加强筋是以玄武岩纤维等为增强材料，以合成树脂及辅助剂等为基体材料，经拉挤牵引成型的一种新型复合材料。耐蚀混凝土常用的玄武岩纤维增强塑料加强筋有光圆筋和螺纹筋，直径为3～32 mm。

3. 碳纤维增强塑料筋

碳纤维增强塑料筋是以碳纤维为增强材料，以合成树脂及辅助剂等为基体材料，经拉挤牵引成型的一种新型复合材料。其直径为3～16 mm。

4. 钢筋

用于耐蚀混凝土的钢筋有光面钢筋和带肋钢筋。光面钢筋是Ⅰ级钢筋，供应形式为盘圆，直径不大于 10 mm，长度为 6 ~ 12 m。

带肋钢筋有螺旋形、人字形和月牙形三种，一般Ⅱ、Ⅲ级钢筋轧制成人字形，Ⅳ级钢筋轧制成螺旋形及月牙形。一般使用的规格为 6 ~ 25 mm。

二、加强筋表面处理的技术

1. 复合材料加强筋表面处理

复合材料加强筋表面处理常用的方法有：一是将复合材料加强筋表面打磨粗糙，二是在加强筋表面缠绕树脂纤维。

2. 钢筋加强筋表面处理

钢筋的表面处理主要是涂刷防腐蚀隔离层，一般涂刷环氧树脂胶。其目的主要是防止腐蚀介质的侵蚀，同时增加与耐蚀混凝土的握裹力。

技能要求

一、处理复合材料加强筋

1. 增加表面粗糙度

为了增加加强筋与耐蚀混凝土的握裹力，对表面光滑的复合材料加强筋要进行粗糙化处理，增加表面的粗糙程度。根据现场情况和工具装备可以用纸砂轮机或粗砂布对复合材料加强筋表面进行打磨，或在其表面缠绕树脂纤维束。

2. 清理加强筋表面

将复合材料加强筋表面的粉尘和污物用布擦干净或用水清洗干净，放在架子上备用。

二、处理钢筋加强筋

与复合材料加强筋不同，钢筋需要涂刷一层耐腐蚀隔离层。为了防止在制作过程中损伤隔离层，一般要求先制作好钢筋，再进行表面处理。

1. 钢筋除锈

用砂布、钢丝刷、手提式角磨机等工具将钢筋表面锈蚀清除干净，放在专门存放场地备用。

2. 涂刷防腐隔离层

钢筋除锈 8 h 以内，涂刷一层防腐蚀隔离层，一般用环氧树脂胶涂刷。第一遍涂层固化后，再涂刷第二遍。

三、注意事项

（1）在处理复合材料加强筋表面时应避免损伤复合材料加强筋，影响其强度指标。

（2）处理完成的加强筋存放场地应注意防火安全。

（3）处理完成的加强筋在存放场地要避免损伤和二次污染。

学习单元2　加强筋的制作、绑扎

学习目标

➢ 了解加强筋的制作、绑扎技术。

➢ 能制作、绑扎加强筋。

知识要求

一、加强筋的制作

钢筋的制作、绑扎技术需要钢筋工种的知识，请参见相关书籍资料，本书只介绍复合材料加强筋的知识。

加强筋制作流程：加强筋表面检查——→加强筋放样——→加强筋切割——→加强筋半成品制作

1．加强筋表面检查

加强筋制作之前要检查其是否符合技术规格型号，如果不符要进行更换。要检查加强筋表面是否受到损伤或漏涂，如果有这样的现象，要先修补好。要检查加强筋表面是否有油污、灰尘等，如果有则要清除干净。

2．加强筋放样

根据设计要求，按照施工图和配筋图，对不同规格、尺寸的加强筋加以编号，然后分别计算加强筋下料根数，填写加强筋配料单，作为申请、备料、加工的依据。根据加强筋配料单，可在地面放样，画出各种规格的加强筋下料长度。

3．加强筋切割

根据各种规格的加强筋的放样下料长度，长短搭配，先断长料后断短料，用切割机或手工切割加强筋，得到所需要的加强筋尺寸。

4. 加强筋半成品制作

用石笔和墨斗在地面弹放加强筋位置线或制作专用加强筋定位台架，按图样加强筋的尺寸绑扎成半成品。

二、加强筋绑扎与安装

1. 材料及主要机具准备

（1）采用不锈钢丝、镀锌铁丝或铅丝绑扎，扎丝的切断长度要满足使用要求。

（2）采用控制混凝土保护层用的耐蚀砂浆或胶泥垫块、塑料卡、各种挂钩或撑杆等。

（3）所需要的工具有钢筋钩子、撬棍、扳手、绑扎架、粉笔、尺子等。

2. 操作工艺

（1）按图样标明的加强筋间距，算出底板实际需用的加强筋根数。

（2）按弹出的加强筋位置线，先铺底板加强筋，再铺壁板加强筋。一般情况下底板先铺短向加强筋，再铺长向加强筋。壁板横筋在外，竖筋在里，所以先绑竖筋后绑横筋。

（3）加强筋绑扎时，靠近外围两行的相交点每点都绑扎，中间部分的相交点可相隔交错绑扎，必须保证钢筋不位移。

（4）混凝土保护层摆放底板用耐蚀砂浆或胶泥垫块制作，垫层厚度等于保护层厚度，按每 1 m 左右距离以梅花形摆放。壁板保护层用撑杆或特制的卡、钩来保证。

（5）双排加强筋之间应绑间距支撑或拉筋，以固定加强筋间距。支撑或拉筋可用 $\phi6$ mm 或 $\phi8$ mm 纤维增强塑料制作，间距 1 m 左右，以保证双排加强筋之间的距离。

技能要求

一、制作加强筋

（1）如用机械打磨方式对加强筋进行处理时，既要保证加强筋表面增加粗糙度的目的，同时又应避免磨痕过深而部分切断钢筋的纤维束。

（2）如用缠绕树脂纤维束对加强筋进行处理时，应控制好粘接用树脂的用量以保证树脂纤维束与加强筋的黏结强度。

（3）加强筋可采用多根同时切割，但应将加强筋束固定好。

二、绑扎加强筋

加强筋绑扎前应先认真熟悉图样，检查配料表与图样、设计是否有出入，检查成品尺寸和制作的加强筋的尺寸是否与下料表相符，核对无误后方可进行绑扎。

采用复合材料加强筋的耐蚀混凝土制品往往尺寸较小而量多，而且复合材料加强筋没有钢筋好操作，所以，一般尽量预先将加强筋在切割现场绑扎成半成品再运输到施工现场。在模具内将加强筋半成品绑扎安装成整体加强筋，可提高效率，保证质量。当然也可以在施工现场按“加强筋绑扎与安装”的方法绑扎安装加强筋。

第4节　施　工　操　作

学习单元1　耐蚀混凝土的施工

学习目标

➢ 掌握耐蚀混凝土的施工技术和耐蚀混凝土面层的质量要求。

➢ 能振捣耐蚀混凝土。

知识要求

一、树脂混凝土施工

树脂混凝土的施工工艺流程：交模板→涂覆脱模剂→树脂混凝土配制、布料→振捣成型→固化养护→脱模→修整→成品。

1. 树脂混凝土配制、布料

按树脂混凝土配合比将树脂混凝土料配制好，用运输工具运至现场，将混凝土料铺摊到基层上或浇灌进模具中。

2. 树脂混凝土振捣成型

用平板振动器或插入式振动棒进行振捣、抹压、罩面收光。

3. 树脂混凝土养护

树脂混凝土一般进行自然常温养护，养护时间为 15 天。

4. 树脂混凝土脱模

树脂混凝土在常温下养护 1～3 天，即可脱去模具。若环境温度低于 15℃时，需延长养护时间。若需要提前脱模可对树脂混凝土进行加温保温处理。

5. 树脂混凝土修整

对树脂混凝土的成型质量进行检查，对蜂窝、麻面等缺陷进行修整。

二、水玻璃混凝土施工

水玻璃混凝土的施工技术和工艺流程与树脂混凝土基本相同，只是在养护时间、拆模时间、酸化处理上略有不同。水玻璃类混凝土的拆模时间见表 11—1，养护期见表 11—2。

表 11—1　　水玻璃混凝土的拆模时间

材料名称		拆模时间（天）不少于			
		10～15℃	16～20℃	21～30℃	31～35℃
钠水玻璃混凝土		5	3	2	1
钾水玻璃混凝土	普通型	5	4	—	3
	密实型	—	7	6	5

表 11—2　　水玻璃混凝土的养护期

材料名称		养护期（天）不少于			
		10～15℃	16～20℃	21～30℃	31～35℃
钠水玻璃混凝土		12	9	6	3
钾水玻璃混凝土	普通型	—	14	8	4
	密实型	—	28	15	8

水玻璃混凝土的酸化处理：水玻璃混凝土养护后，应采用浓度为 30%～40%硫酸做表面酸化处理，酸化处理至无白色结晶盐析出时为止。酸化处理次数不少于 4 次。每次间隔时间：钠水玻璃材料不应少于 8 h，钾水玻璃材料不应少于 4 h。每次处理前应清除表面的白色析出物。

三、沥青混凝土施工

沥青混凝土的施工工艺流程：熬制沥青→配制沥青混凝土→基层上涂刷沥青稀

胶泥→布料→振捣→养护。

（1）沥青混凝土配制配合化见初级教程相关内容。

（2）沥青混凝土摊铺前，应在已涂有沥青冷底子油的水泥砂浆或混凝土基层上，先涂一层沥青稀胶泥，其质量配比为沥青：粉料＝100：30。

（3）沥青混凝土摊铺后，应随即刮平进行压实。每层的压实厚度，细粒式沥青混凝土不应超过30 mm；中粒式沥青混凝土不应超过60 mm。虚铺的厚度应经试压确定，用平板振动器振实时，应为压实厚度的1.3倍。

（4）沥青混凝土用平板振动器振实时，开始压实温度应为150～160℃，压实完毕的温度应不低于110℃。当施工环境温度低于5℃时，开始压实温度应取最高值。

（5）垂直的施工缝应留成斜槎，用热烙铁拍实。继续施工时，应将斜槎清理干净，并预热。预热后，涂一层热沥青，然后连续摊铺沥青混凝土。接缝处应用热烙铁仔细拍实，并拍平至不露痕迹。

当分层铺砌时，上下层的垂直施工缝应相互错开；水平的施工缝应涂一层热沥青。

（6）铺压完的沥青混凝土，应与基层结合牢固。其面层应密实、平整，不得用沥青做表面处理，不得有裂纹、起鼓和脱层等现象。当有上述缺陷时，应先将缺陷处挖除，清理干净，预热后，涂上一层热沥青，然后用沥青砂浆或沥青混凝土进行填铺、压实。

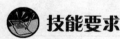

技能要求

一、用平板振动器振捣平面耐蚀混凝土

（1）当采用平板振动器进行振捣时，每层浇筑的厚度不宜大于100 mm。当浇筑厚度大于上述规定时，应分层连续浇筑。分层浇筑时，上一层应在下一层初凝以前完成。

（2）平板振动器在每一位置上应连续振动一定时间，正常情况下为25～40 s，以混凝土表面出现浮浆为准。

（3）应成排依次前进移动平板振动器，移动速度通常为2～3 m/min，前后位置和排间相互搭接距离应为3～5 cm，防止漏振。

（4）振动倾斜混凝土表面时（有坡度），应由低处逐渐向高处移动，以保证混凝土振实。

二、用插入式振动棒振捣立面耐蚀混凝土

（1）采用插入式振动棒时，每层浇筑厚度不宜大于200 mm。振捣时，应将振

动棒插入下层混凝土 50 mm 左右。振动棒插入混凝土的间距，应根据试验确定并不超过振动棒有效半径的 1.5 倍。振捣作业时，振动棒头离模板的距离应不小于振动棒有效半径的 1/2。

（2）插入式振动棒应垂直按顺序插入混凝土。如略有倾斜，则倾斜方向应保持一致，以免漏振。插入式振动棒应缓慢拔出混凝土，不得留有孔洞。

（3）严禁振捣器直接碰撞模板、钢筋及预埋件。

（4）在预埋件特别是止水带周围，应细心振捣，必要时辅以人工捣固密实。

（5）当立面浇灌到槽口的耐蚀混凝土振捣完毕后，在初凝前应立即用钢抹刀或小型平板振动机具将混凝土表面压实、抹平。

学习单元 2　耐蚀混凝土罩面

学习目标

- 掌握耐蚀混凝土面层质量要求和罩面施工方法。
- 能对耐蚀混凝土进行罩面。

知识要求

一、耐蚀混凝土面层质量要求

耐蚀混凝土整体面层应平整光洁，色泽均匀，结构密实，无蜂窝、麻面、空洞、裂缝、起壳、空鼓、固化不完全等现象。耐蚀混凝土整体面层的平整度和坡度符合设计要求。平整度以 2 m 直尺检查，其空隙不应大于 4 mm。坡度应符合设计要求，允许偏差为坡度的 ±0.2%，最大偏差值不得大于 30 mm，作泼水试验时，水应能顺利排除。

二、耐蚀混凝土面层罩面施工方法

耐蚀混凝土经振捣后常进行罩面，这样可增加耐蚀混凝土表面的密实度、抗渗性及耐液体冲刷能力，提高其表面树脂含量和耐腐蚀性，延长其使用寿命。

罩面施工可以在混凝土振捣后连续施工，也可以待混凝土固化后再施工。罩面的材料有砂浆和稀胶泥，其施工配合比见初级教材相关内容。施工时，先铺砂浆，

采用木槎板、大铁板进行抹压、抹平、收光，再倒一些稀胶泥采用小铁板轻轻刮平。

技能要求

耐蚀混凝土振捣后，可用2 m直尺测量检查表面，对表面较小的凹处、脚印处或胶浆明显不足处，采用砂浆填平，然后用木槎板抹压实，大铁板收光。最后在表面均匀倒一些稀胶泥，用小刮板刮平、刮均匀。

第5节　后　处　理

学习单元1　保护耐蚀混凝土成品

学习目标

- 掌握耐蚀混凝土成品保护要求。
- 能保护耐蚀混凝土成品。

知识要求

耐蚀混凝土施工完后，要对成品进行精心保护。耐蚀混凝土成品的具体保护要求如下：

1．耐蚀混凝土浇捣完成后，应将散落在模板上的混凝土清理干净，混凝土终凝前不得受外力作用。

2．需要预埋、预留的管道配件，应在耐蚀混凝土浇捣前，按设计要求做好预留、预埋工作，尽可能避免耐蚀混凝土浇捣后再打洞、凿孔、开槽等。

3．楼地面耐蚀混凝土施工完后，应及时设置防护栏杆、防护板或防护门，并设专人看护，禁止人员踩踏和行走。等成品完全固化后，方可拆除，并将防护设施及多余材料及时清理干净。

4．防护栏杆拆除后，下道工序进场施工时，施工面上不允许放置带棱角的材料及易污染的油、酸、油漆、水泥、散装粉料等材料；如确要堆放块材、设备等，应铺设防污染塑料布。操作架的钢管架应设垫板，钢管扶手挡板等硬物应轻放。

5. 耐蚀混凝土在养生期内必须采取防雨、防暴晒措施，以免影响耐蚀混凝土的质量。

6. 耐蚀混凝土在施工及养护期内，上方禁止交叉动火（如氧割、电焊）作业。

7. 耐蚀混凝土制成品运输时应选择适宜的车辆，要做到车箱清洁、干燥、整洁，装车高度、宽度、长度符合规定，堆放科学合理。装卸车时做到轻装轻卸，严禁撬、砸、甩、抛现象。装车捆扎牢固，防止运输及装卸散落、损坏。

技能要求

耐蚀混凝土施工完后，要采取成品保护措施进行成品保护：

1. 设置拦护设施按施工组织设计和成品保护要求设置拦护设施，可采用钢管搭建围拦，设置警示标志，并由专职人员看护。

2. 设置防雨、防晒设施在成品养护时，要用彩条布和钢管脚手架搭建防雨、防晒设施。因树脂混凝土中树脂是有机高分子材料，受日光照射、暴晒时会加速其老化或破坏，而造成树脂混凝土固化不均匀，导致开裂。而水玻璃混凝土浸水后将难以固化完全，影响质量。

学习单元 2　整体面层的模具脱模

学习目标

- 掌握耐蚀混凝土强度增长规律及耐蚀混凝土的脱模条件。
- 能对耐蚀混凝土整体面层的模具脱模。

知识要求

一、耐蚀混凝土强度增长规律

耐蚀混凝土振捣完后，其强度会逐渐增长。强度增长的程度与温度、时间有较大关系。如对呋喃树脂混凝土强度增长规律进行试验研究，做多组 70.7 mm × 70.7 mm × 70.7 mm 立方体试块，振动成型，常温养护，按 1 天、3 天、7 天、14 天、28 天 5 个龄期测其抗压强度。试验结果见表 11—3。

表 11—3　　呋喃树脂混凝土强度增加与龄期的关系

龄期（天）	1	3	7	14	28
抗压强度（MPa）	35.2	49.0	53.9	61.3	68.4
强度增长率	52%	72%	79%	90%	100%

从试验结果看出，呋喃树脂混凝土具有较高的抗压强度，特别是早期强度高。混凝土早期强度增长也很快，以 28 天抗压强度为标准，养护 7 天的抗压强度已经达到 28 天强度的 80%。若养护温度高，强度的增长会更快。

又如钠水玻璃混凝土，温度在 10 ~ 15℃时养护期为 12 天，温度在 16 ~ 20℃时养护期为 9 天，温度在 21 ~ 30℃时养护期为 6 天，温度在 31 ~ 35℃时养护期为 3 天。这表明温度越高，其强度增长越快，养护时间也越短。

二、混凝土脱模条件

承重结构的混凝土模板的拆除，应在混凝土的抗压强度达到设计强度 70% 时才可进行。不承重的侧模板，包括池槽的侧模板，只要混凝土强度保证其表面、棱角不因拆模而受损坏，即可拆除。

拆模的顺序：一般按后支先拆、先支后拆，先拆除非承重部分后拆除承重部分的拆模顺序进行。

技能要求

一、确定脱模时间

树脂混凝土在常温下养护 1 ~ 3 天，即可脱去模具。若环境温度底于 15℃时，需延长养护时间。

水玻璃混凝土的拆模时间与温度有较大关系，水玻璃混凝土的立面拆模时间应符合表 11—1 的规定。

二、脱模并整理模具

耐蚀混凝土养护达到要求后，即可开始脱模。脱模时，先拆去支撑，再逐步拆模板。不能强行敲打模板，以免损伤混凝土表面。

脱模后将黏附在模具上的耐蚀混凝土渣和胶浆用锤子和铲刀清除掉，并在模具上涂抹脱模剂，按顺序码放整齐。对已经损坏的木模、竹模等，运至废模板区域存放。

第 6 节　隔离层的质量检查

学习目标

- 掌握隔离层的质量要求和质量检查方法。
- 能检查隔离层施工质量。

知识要求

基层处理完毕，施工耐蚀混凝土前，需对基层上的隔离层进行检查。常见隔离层是纤维增强塑料隔离层，简称为玻璃钢隔离层。

纤维增强塑料隔离层施工的质量要求和检验方法应按《建筑防腐蚀工程质量检定评定标准》（GB 50224—2010）执行。其质量要求为：

1. 外观

树脂固化完全，无纤维露出，无针孔、气泡、皱折、起壳、脱层现象。

2. 层数或厚度

符合设计要求。

3. 表面平整度

不大于 5 mm。

4. 坡度

符合设计要求，允许偏差为坡长的 0.2%，并不大于 30 mm。

技能要求

一、检查玻璃钢隔离层的外观

肉眼观察玻璃钢隔离层，表面应平整，无分层脱层、纤维裸露、树脂结块、异物夹杂、色泽明显不匀等现象。

树脂固化度的检查方法有两种：

1. 用手触摸法

用手触摸玻璃钢隔离层表面，隔离层表面应不粘手。

2. 丙酮擦拭法

用干净棉球蘸取丙酮擦拭玻璃钢隔离层表面，棉球不黏、不变色。

3. 针孔检查，对钢基层上的玻璃钢应用电火花检测仪检查是否存在针孔，电火花长度应为15～20 mm，电压应为3.0～3.5 kV。

二、检查玻璃钢隔离层的层数或厚度

对钢基层上的玻璃钢层厚度，可用磁性测厚仪直接检测；对于水泥砂浆或水泥混凝土基层上的玻璃钢厚度，可用磁性测厚仪检测用钢板制作的测厚样板。

三、检查玻璃钢隔离层的表面平整度

用2 m直尺和楔形尺检查。

四、检查玻璃钢隔离层的坡度

用泼水试验和尺量检查，水应能顺利流出。

本章思考题

1. 常用耐蚀混凝土施工材料有哪些品种？各有何性能特点？
2. 耐蚀混凝土中常用的集料类材料有哪些？
3. 如何试运转平板振动器、插入式振动棒、强制搅拌机等动力设备？
4. 耐蚀混凝土施工中常用的脱模剂有哪几种？各有何性能特点？
5. 耐蚀混凝土中常用的加强筋有哪几种？
6. 如何绑扎和安装加强筋？
7. 树脂混凝土的施工工艺流程有哪些？
8. 如何保护施工完成后的耐蚀混凝土？
9. 耐蚀混凝土脱模需满足什么条件？
10. 纤维增强塑料隔离层有何质量要求？

第12章 强制电流阴极保护

第1节　安装辅助阳极

学习单元1　辅助阳极缺陷观测

学习目标

- 熟悉阴极保护系统的各个组成部分及其作用。
- 能对辅助阳极的缺陷进行观测和记录。

知识要求

一、阴极保护的基本概念

阴极保护是通过电化学方法降低被保护体（金属）的腐蚀电位，使其腐蚀速率显著减小，以达到抑制被保护体腐蚀的目的的技术。根据保护方式的差异，阴极保护可分为牺牲阳极法和强制电流法（又称外加电流法），前者是将一种电位更负的金属（如镁、铝、锌等）与被保护体进行电性连接，通过电负性金属或合金的不断溶解消耗，向被保护体提供保护电流，使被保护体获得保护；后者是在回路中串入阴极保护电源，通过辅助阳极将保护电流传递给被保护体，从而使腐蚀得到抑制。

二、阴极保护系统的组成和作用

阴极保护是国际上公认的防腐蚀技术，已有一百多年的历史。阴极保护既可减缓金属在腐蚀介质中的均匀腐蚀，又对金属材料的点蚀、晶间腐蚀、应力腐蚀开裂、腐蚀疲劳、杂散电流腐蚀以及生物腐蚀等都有很好的防止作用。其应用领域涉及地下、水中、化工介质中的管道、容器、港口码头、船舶、电缆金属护套、混凝土构筑物及化工设备等诸多方面，尤其在埋地管道、港口码头和船舶方面，阴极保护的防腐蚀效果在诸多技术中首屈一指，无可替代。

强制电流阴极保护系统主要有三个组成部分：阴极（被保护体）、辅助阳极和阴极保护电源。此外还包括参比电极、绝缘法兰、测试桩、检查片及各种电缆。图12—1所示是典型的阴极保护系统示意图。

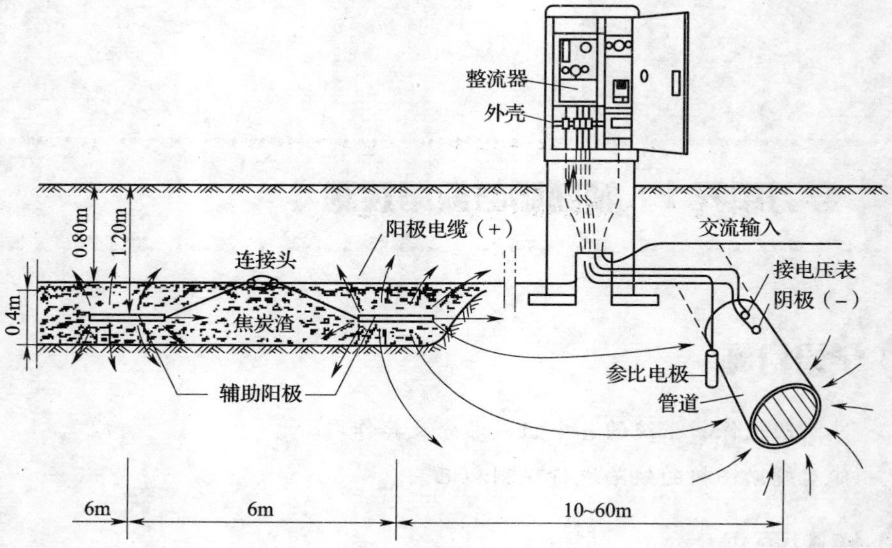

图12—1　管道的强制电流阴极保护系统

1. 辅助阳极

辅助阳极是强制电流系统中的重要组成部分，其作用是将保护电流经过介质传递到被保护体表面上。电流从辅助阳极经腐蚀介质至被保护体形成闭合回路，使被保护体免受介质腐蚀。

2. 阴极保护电源设备

阴极保护电源是阴极保护中最重要的部分，它不断地向系统提供保护电流。这就要求电源设备安全可靠，电源电压连续可调；能适应当地的工作环境（温度、湿度、日照、风沙）；有富裕的电容量；操作维护简便。

3．参比电极

阴极保护系统中需要经常测量设备的电位，使其处于保护电位范围内，此时就需要一种基准电极，即参比电极。参比电极除要求电位稳定外，还应具有易于制作、便于携带、电位精确、不易极化、重复性好、寿命长和方便测量的特点。

三、辅助阳极的缺陷

1．缺陷产生的原因

不同类型材料的表面缺陷产生的原因见表 12—1。

表 12—1　　各类基层的表面缺陷

材质	缺陷名称	缺陷产生的原因及处理
钢材	伤痕	因搬运和制作过程中的机械碰划产生；用砂轮磨平
	气孔	因焊接工艺不当或焊条未烘干；补焊或用腻子封堵
	咬边	因焊接工艺不当产生；补焊或磨平
	夹渣	因焊接工艺不当造成；剔除补焊或磨平
	重叠皮	冶炼、轧制、焊接中产生；焊接后磨平
	严重锈蚀斑点	因锈蚀造成；较深斑点应补焊磨平
铸铁和铸钢	空洞	因铸造工艺不当产生；打磨、补焊或用腻子封堵
	多孔	因铸造工艺不当产生；打磨、补焊或用腻子封堵

2．表面缺陷的预防

为了避免产生表面缺陷，对制造工艺有如下要求：焊接应采用双面对接焊；焊缝要平整，无气孔、焊瘤和夹渣；焊缝高度不大于 2 mm；要彻底清除焊接飞溅物；焊缝应磨平或磨成圆弧过渡。

技能要求

辅助阳极缺陷的观测、记录步骤如下：

1．详细观测、记录辅助阳极表面的焊缝状况、腐蚀形貌和缺陷状况。

2．记录的字迹应工整、规范。

3．请有关的工程负责人签字、认可。

4．按防腐蚀工程有关规定将记录上交保存。

学习单元2　辅助阳极表面处理、接线和绝缘密封

学习目标

➢ 熟悉辅助阳极表面处理、接线和绝缘密封的要求。

➢ 能按照要求进行辅助阳极表面处理、接线和绝缘密封操作。

知识要求

在进行后续操作之前，首先应先处理阳极表面缺陷，接着将表面的油污、灰尘等杂物清除干净，最后除去辅助阳极接头配件的浮锈。

一、辅助阳极接线要求

电缆和辅助阳极接头配件的连接应牢固可靠，导电性能良好。

二、辅助阳极绝缘密封要求

绝缘密封过程中应保证阳极接头的绝对密封，防止接线处渗水，腐蚀阳极接头。

技能要求

一、辅助阳极表面处理

1. 表面缺陷的处理

（1）表面处理用的工机具

处理表面缺陷时所用工具主要分为手工工具和动力工具。手工工具有钢铲片、锤子、錾子、钢丝刷、纱布、废旧砂轮等，动力工具有手持式电动砂轮机、风动砂轮机、电动软轴砂轮机、风铲等。

（2）缺陷处理操作

可使用钢丝刷、纱布、废旧砂轮等手工工具，在工件表面缺陷处来回打磨，直至达到要求；机动工具主要用于金属焊渣、焊瘤及焊接飞溅物的清理和凹凸不平处

表面的打磨。

2. 表面灰尘的清理

表面灰尘可用干净的布擦拭、吸尘器清除或压缩空气吹扫。

3. 表面油污的清理

（1）有机溶剂清洗

工程中对于较大的工件，常用布蘸有机溶剂擦拭；而中小工件则采用浸渍法，浸渍可在 3 个脱脂槽组成的脱脂机中进行，清洗溶剂常采用三氯乙烯。含氯溶液清洗时，一般采用气态脱脂清洗，即使用溶剂蒸气清洗法。

（2）碱液清洗

碱液清洗的基本工艺有浸渍法、喷射法和电化学法。表 12—2 列出了碱液清洗的基本工艺。

表 12—2　　碱液清洗的基本工艺

工序	项目	清洗方法		
		浸渍法	喷射法	电化学法
脱脂	时间（min）	3～5	0.5～1	0.55～1
	温度（℃）	70～100	55～80	70～98
	质量浓度（kg/m^2）	30～60	2～4	30～60
水洗	时间（min）	0.25～0.5	约 0.25	0.25～0.5
	温度（℃）	常温～50	常温～50	常温～50
热温水洗	时间（min）	0.5～2	约 0.25	0.5～2
	温度（℃）	70～90	50～70	70～90
热风吹干	时间（min）	1～3	0.5～1	1～2
	温度（℃）	70～105	70～103	70～105

4. 接头配件的表面除锈

人工手持钢丝刷、钢铲刀、砂布、废旧砂轮或使用各种电动工具、风动工具等打磨表面，除去铁锈、氧化皮、污物、旧涂层、电焊熔渣、焊疤、焊瘤和飞溅物，最后用毛刷或压缩空气清除表面的尘土和污物。

二、辅助阳极接线

将钢质接线片（接头配件）铸进阳极材料的粗端，用铜焊、锡焊或螺栓连接方式将导线接在阳极接头配件上。阳极和导线接线处应确保连接牢固、导电性能良好。

三、辅助阳极绝缘密封

将固化剂和环氧树脂按比例调配均匀，在接头处涂抹及灌封，形成一个阳极头，要防止接线处渗水，做好绝缘密封处理。高硅铸铁辅助阳极的接线密封如图12—2所示。

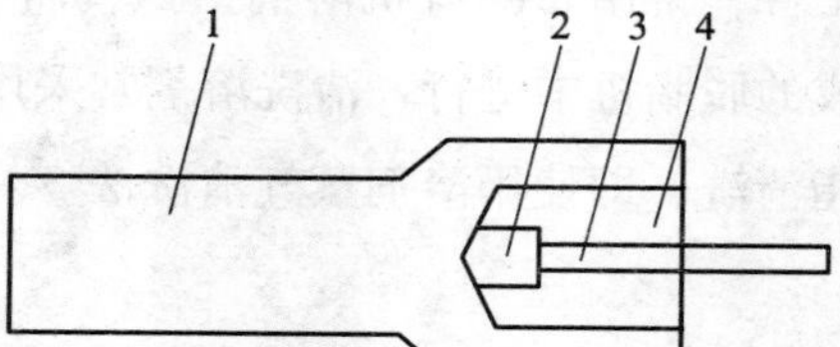

图12—2　高硅铸铁辅助阳极的接线密封

1—辅助阳极　2—电缆与辅助阳极头焊接　3—电缆　4—环氧树脂密封

四、注意事项

在辅助阳极的接线、绝缘密封等处理过程中，要始终维持阳极表面的清洁，确保阳极和电缆的导通性，并且接头处要严格密封，以使辅助阳极能正常工作。

学习单元3　接线电阻、接地电阻测量

学习目标

- 熟悉接线电阻的概念和测量方法。
- 熟悉接地电阻的概念和测量方法。
- 能测量接线电阻和接地电阻。

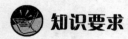

知识要求

一、接线电阻

1. 接线电阻的概念

接线电阻是指电流流经电缆，辅助阳极和被保护体时所遇到的电阻，它包括了阴极、阳极电缆的电阻，阳极电缆与辅助阳极之间的接触电阻，阴极电缆与被保护体的接触电阻以及被保护体的电阻。正常情况下，强制电流阴极保护系统中的接线电阻较小，如果测量结果较大，可能是由电缆与辅助阳极或被保护体的接触不良所致，需考虑重新接线。

2．测量方法

接线电阻可用万用表直接测量。万用表有指针万用表和数字万用表两种类型。其中，指针万用表操作较为繁杂，且灵敏度和准确度较低，与之相比，数字万用表的使用更为方便，灵敏度和准确度都很高，且便于携带，显示清晰。

二、接地电阻

1．接地电阻的概念

接地电阻是指电流经过接地体进入大地并向周围扩散时所遇到的电阻，它包括接地线和接地体本身的电阻、接地体与大地之间的接触电阻以及接地体到无限远处的大地电阻。接地电阻主要取决于接地装置的结构、尺寸、埋入地下的深度及当地的土壤电阻率。因金属接地体的电阻率远小于土壤电阻率，故接地体本身的电阻在接地电阻中可以忽略不计。

2．测量方法

（1）测量仪器

接地电阻的测量一般采用接地兆欧表或者接地电阻测试仪，接地电阻测试仪又可分为数字接地电阻测试仪、钳型接地电阻测试仪、双钳多功能接地电阻测试仪等。目前，辅助阳极接地电阻的测量主要还是通过接地兆欧表和数字接地电阻测试仪来完成。

（2）测试方法

归纳起来，接地电阻的测量方法有三类：打地桩法、钳夹法、地桩与钳夹结合法。打地桩法可分为二线法、三线法和四线法；钳夹法可分为双钳法和单钳法；地桩与钳夹结合法又称选择电极法，该法的测量原理与四线法相近。

1）打地桩法

①二线法。这是最初的测量方法，即将一根线接在被测接地体上，另一根接辅助地极。此法的测量结果为 R = 接地电阻 + 地桩电阻 + 引线及接触电阻，所以误差较大，现已不用。

②三线法。这是二线法的改进型，即采用两个辅助地极，通过公式计算，中间一根辅助地极在总长的 0.62 倍时，可基本消除由于地桩电阻引起的误差。现在这

种方法仍然在使用，但是此法仍不能消除被测接地体由于风化锈蚀引起接触电阻的误差。

③四线法。这是在三线法基础上的改进法，这种方法可以消除由于辅助地极的接地电阻、测试引线及接触电阻引起的误差。

目前市场支持此种方法的仪器比较多，其中以共立 4105A－H 接地电阻测试仪为代表。

2）钳夹法

①双钳法。该法利用了在变化磁场中的导体会产生感应电压的原理。用一个钳子通以变化的电流，从而产生交变的磁场，该磁场使得其内的导体产生一定的感应电压，用另一个钳子测量由此电压产生的感应电流，最后用欧姆定律计算出环路电路值。其适用条件一是要形成回路，二是另一端电阻可忽略不计。

②单钳法。单钳法的实质是将双钳法的两个钳子做成一体，但如果发生机械损伤，邻近的两个钳子难免相互干扰，从而影响测量精度。

目前市场支持此种方法的仪器有法国 CA 公司的 CA6412 钳式接地电阻测试仪，还有华谊仪表的 MS2301 钳式接地电阻测试仪，华天电力公司的 HT3000 双钳多功能接地电阻测试仪等。

3）选择电极法。该法的测量原理同四线法，由于在利用欧姆定律计算结果时，其电流值由外置的电流钳测得，而不是像四线法那样由内部的电路测得，因而极大地增加了测量的适用范围。尤其解决了输电杆塔多点接地并且地下有金属连接的问题。

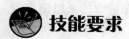

技能要求

一、测量接线电阻

1. 指针万用表测量接线电阻

（1）仪器准备

1）熟悉万用表表盘上各符号的意义及各个旋钮和选择开关的作用。

2）调节指针定位螺钉进行机械调零，使电流示数为零，避免不必要的误差。

（2）接线电阻的测量

1）选择合适的倍率挡。测量过程中，应使指针指在刻度尺的 1/3～2/3。

2）欧姆调零。测试电阻前，应将两个表笔短接，同时调节“欧姆调零”旋钮，使指针刚好指在欧姆刻度线右边的零位。每换一次倍率挡，都要进行欧姆调零，以保证测量准确性。

（3）读数、记录

读取表头的读数，该值乘以倍率即为测得的接线电阻值。

2. 数字万用表测量接线电阻

（1）仪器准备

1）熟悉电源开关、量程开关、插孔、特殊插口的作用。

2）将电源开关置于 ON 位置。

（2）接线电阻的测量

将量程开关拨至测量电阻的合适量程，红表笔插入“V/Ω”孔，黑表笔插入“COM”孔。如果被测电阻值超过所选量程的最大值，万用表将显示“1”，这时应选择更高的量程。

（3）读数、记录

数字万用表的读数方法与指针万用表稍有不同。如若选用的挡位是 200 Ω 挡，且读数是 150，则测得的阻值是 150 Ω；若选用的是 200 kΩ 挡，且读数是 150，则测得的阻值是 150 kΩ。按正确的方法准确读取示数，并记录电阻值。

二、测量辅助阳极接地电阻

通常使用 ZC－8 型接地电阻测试仪进行辅助阳极接地电阻的测试。

1. 仪器准备

ZC－8 型接地电阻测试仪由手摇发电机、电流互感器、滑线电阻及检流计等组成，全部机构装在塑料壳内，外有皮壳便于携带，如图 12—3 所示。附件有辅助探

图 12—3　ZC－8 型接地电阻测试仪

棒导线等，装于附件袋内。使用前检查测试仪是否完整，测试仪包括 ZC－8 型接地电阻测试仪一台，辅助接地棒两根，导线 5 m、20 m、40 m 各一根。

2. 测量接线

测量辅助阳极接地电阻时，接线方式为：仪表上的 E 端钮接 5 m 导线，P 端钮接 20 m 导线，C 端钮接 40 m 导线，导线的另一端分别接被测物接地极 E′、电位探棒 P′和电流探棒 C′，且 E′、P′、C′应在一条直线上，其间距为 20 m。

（1）测试接线

1）测量大于等于 1 Ω 接地电阻时接线图如图 12—4a 所示，将仪表上两个 E 端钮连结在一起。

2）测量小于 1 Ω 接地电阻时接线图如图 12—4b 所示，将仪表上两个 E 端钮导线分别连接到被测接地体上，以消除测量时连接导线电阻对测量结果引入的附加误差。

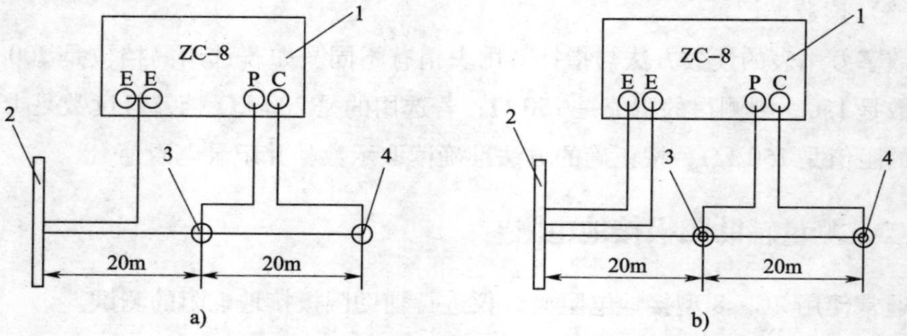

图 12—4　辅助阳极接地电阻测试线路

a）当接地电阻≥1 Ω　b）当接地电阻＜1 Ω

1—接地电阻测试仪　2—辅助阳极　3—电位极　4—电流极

（2）测量步骤

1）检查仪表端所有接线，应正确无误。

2）仪表连线与接地极 E′、电位探棒 P′和电流探棒 C′应牢固接触。

3）仪表水平放置后，调整检流计的机械零位，归零。

4）若刻度盘读数小于 1 时，检流计指针仍未取得平衡，可将倍率开关置于小一挡的倍率，直至调节到完全平衡为止。

3. 读数、记录

读取刻度盘读数和倍率，求得接地电阻 R 为刻度盘读数乘以倍率，准确记录读数和计算结果。在填写此项记录时，应附以电阻测试点的平面图，并对测试点进行顺序编号。

三、注意事项

1. 接地电阻测试仪的使用

（1）接地线路要与被保护体断开，以保证测量结果的准确性。

（2）测试应选择土壤电阻率大的时候进行，当气候、温度、压力等急剧变化时不能测量。

（3）被测地极附近不能有电解物质、杂散电流和已极化的土壤；探测针应远离地下水管、电缆、铁路等较大金属体。

（4）注意电流极插入土壤的位置，应使接地棒处于零电位的状态。

（5）连接线应使用绝缘良好的导线，以免出现漏电现象。

2. 万用表的使用

测量电阻时，要把辅助阳极从整个保护系统中断开，防止带电测量时损坏表头。

第 2 节　安装及管理电源设备

学习目标

- 熟悉电源设备的类型和使用方法。
- 能按要求进行电源设备的日常维护。
- 能判断电源设备可能出现的异常工作状况。

知识要求

一、电源设备的类型

目前用于阴极保护的电源设备类型如下：

（1）交流市电的整流设备（整流器、恒电位仪、恒电流仪）。

（2）太阳能电池。

（3）大容量蓄电池。

（4）热电发生器、密闭循环蒸汽发电机或风力发电机。

二、电源设备的使用方法

适用于阴极保护的电源设备类型有以上四种类型，但使用较广的主要是整流器和恒电位仪。目前国内普遍使用的是恒电位仪，主要型号有 PS－1 型、KSW－D 型、HDV－4D 型等。

PS－1 型恒电位仪安装接线如图 12—5 所示，将阳极电缆、阴极电缆、零位接阴线和参比电极线分别接在恒电位仪各自的接线柱上，接线应牢固。KSW－D 型、HDV－4D 型恒电位仪安装接线如图 12—6 所示。

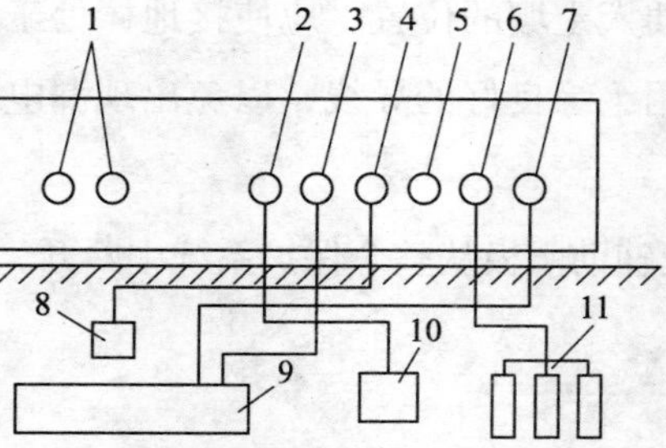

图 12—5　PS－1 型恒电位仪安装接线

1—输入电源接线柱　2—机壳接地接线柱　3—零位接阴极接线柱　4—参比电极接线柱　5—测量参比接线柱　6—输出阳极接线柱　7—输出阴极接线柱　8—参比阳极　9—被保护体　10—接地钢板　11—辅助阳极

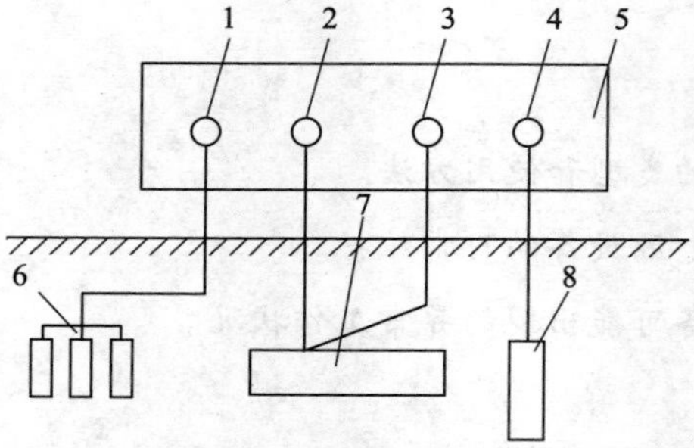

图 12—6　KSW－D、HDV－4D 型恒电位仪安装接线

1—输入阳极接线柱　2—输出阴极接线柱　3—零位接阴极接线柱　4—参比电极接线柱　5—恒电位仪　6—辅助阳极　7—被保护体　8—参比电极

整流器的安装较简单，只是将阳极电缆和阴极电缆对应接在整流器的正（+）、负（－）极接线柱上。

三、电源设备的维护内容

电源设备的日常维护应做到以下几点：

（1）电源设备应由专人负责管理，各旋钮和接线不得随意改动。

（2）保证电源设备正常供电，当电源设备显示有明显变化时，需详细记录并检查设备是否完好，排除故障。

（3）每日定时做好电源设备使用记录，记录内容包括时间、天气状况、负责人、设备输出电压、输出电流、保护电位的数据。

技能要求

一、电源设备异常工作状况判断

电源设备的异常工作状况及相应的原因和处理方法见表 12—3。

表 12—3　　电源设备的异常工作状况判断

故障显示	原因	处理方法
开机无输出，指示灯不亮，数字面板表不显示	电源开路；输入熔断器或稳压电源变压器熔断器熔断	检查输出电源连接情况并重新接好；更换熔断器
输出电流、输出电压突然变小，仪器恒电位正常	参比电极失效或参比电极井土壤干燥	更换参比电极，重埋参比电极
无电压、电流输出，声光报警，自检正常	参比电极断线；参比电极损坏	更换参比电极
输出电压变大、输出电流变小，恒电位仪正常	阳极损耗；阳极地床土壤干燥或发生气阻	更换阳极；定期对阳极地床灌水
输出电流突然增大，恒电位仪正常	参比电极失效；被保护体与未保护管线接触；绝缘法兰两边管道搭接	对参比电极进行检测，并做适当处理；对未保护管线采取措施；对绝缘法兰处的不正常搭接进行处理
有输出电压、无输出电流，声光报警，仪器自检正常	一般是现场阳极电缆开路，但不排除阴极线被人为破坏	重新接线

二、电源设备日常维护

（1）阴极保护电源设备一般都配置两台，互为备用，因此应按要求定时切换使用。改用备用的仪器时，应即时进行一次观测和维修。仪器维修过程中不得带电插、拔各插接件、印制电路板等。

（2）观察全部零件是否正常，元件有无腐蚀、脱焊、虚焊、损坏，各连接点是否可靠，电路有无故障，各紧固件是否松动，熔断器是否完好，如有熔断，需查清原因再更换。

（3）定时做好卫生工作，清洁内部，除去外来物。

（4）发现仪器故障应及时检修，并投入备用仪器，保证供电。每年要计算开机率。

开机率 = [（全年小时数 - 全年停机小时数）/全年小时数] ×100%。

第3节 参比电极

学习目标

- 熟悉参比电极的种类及使用方法。
- 能使用各种参比电极进行电位的测量。
- 能标较和保管参比电极。

知识要求

一、参比电极的概念

对于一个腐蚀体系，金属自腐蚀电位的绝对值是无法测量的，要使用一种电极电位比较稳定的电极作为基准，才能测量金属与该电极之间的相对电极电位，该电极即参比电极。测量由这类电极与被测电极组成电池的电动势，可以计算被测电极的电极电动势。

二、参比电极的种类

参比电极的种类很多，常用的有甘汞、银/氯化银、铜/硫酸铜电极，工程中固定设置的还有锌参比电极和长效埋地铜/硫酸铜电极。

1. 银/氯化银电极

银/氯化银电极是由金属银、氧化银和含有氯化物的溶液所组成。

用这类电极测量含盐量变化的水或土壤中金属构筑物的电位时，应在一只不穿孔的容器内盛饱和氯化钾溶液，将电极浸入该溶液中通过一个多孔的渗透膜与环境接触。不用时，电极中的溶液应该倒掉，或者把电极放置在氯化钾的饱和溶液中。

2. 铜/硫酸铜电极

铜/硫酸铜电极是由铜和饱和硫酸铜溶液组成的。

3. 锌参比电极

作为参比电极用的锌，必须是高纯金属（99. 995% 以上的纯度），铁的含量不超过 0. 001 4%。为了改善电极的电化学性能，在锌中加入微量的 Al 和 Si，组成锌硅铝合金，这种合金的电位稳定，极化小。在 25℃ 的 3. 5% $NaCl$ 溶液中，锌铝硅电极的电位在 −0. 803 ~ −0. 773 V。锌和锌合金电极易于制造，可在海水和淡海水中使用。

用于土壤中的锌参比电极必须是高纯锌类，应用中必须使用化学填包料。被保护体相对于铜/硫酸铜电极 −0. 85 V 的电位，相对锌参比电极的电位值为 +0. 25 V。

4. 长效埋地参比电极

长效埋地参比电极已在国内获得了推广，它是由填包料代替硫酸铜电极中的饱和硫酸铜溶液，从而提高电极寿命达 2 ~10 年以上。

三、参比电极的使用方法

将参比电极与被测金属同时放在介质中，用数字万用表测得的两者之间的电位差，即为被测金属在介质中相对该参比电极的电极电位。

技能要求

一、测量电位

1. 地表参比法

该法是埋地金属构筑物电位最常用的测量方法，测试时要将参比电极放在地下金属构筑物的顶部地面上，同时确保参比电极和土壤电接触良好。把从金属构筑物上引出地面的测试导线和参比电极引线同时接入高阻电压表，直接测取读数（见图 12—7a）。

除了测试桩处的定点测量外，该法也可用于管道顶部的长距离闭路测量（见图 12—7b），测量所得的数据代表了正对参比电极处的管道的管/地电位。

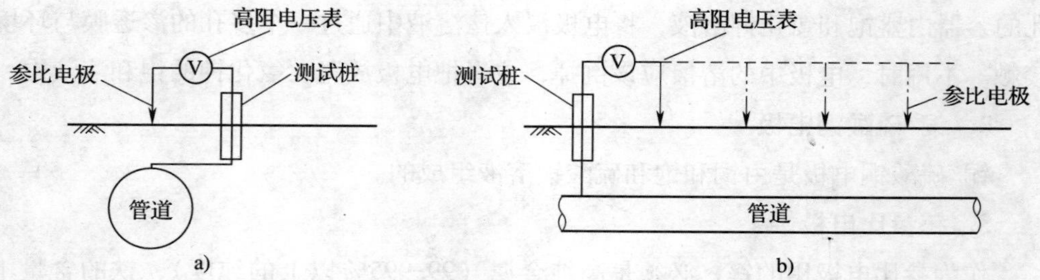

图12—7　地表参比法

a）地表参比法　b）闭路地表参比法

2. 近参比法

为了尽可能减少土壤电阻压降的影响，更精确地测得管/地电位，可将参比电极尽量靠近被测管道表面。此法的测量要点是把参比电极（通常用长效硫酸铜电极或测试探头）尽量靠近被测构筑物表面，如果被测表面带有良好的覆盖层，参比电极对应处应是覆盖层的露铁点，否则意义不大。图12—8a所示是近参比法的典型做法。

热油管道周围的热地场会对参比电极产生不良的影响，此时，可用辅助试片拉出一定距离（见图12—8b），以便准确测量管/地电位。

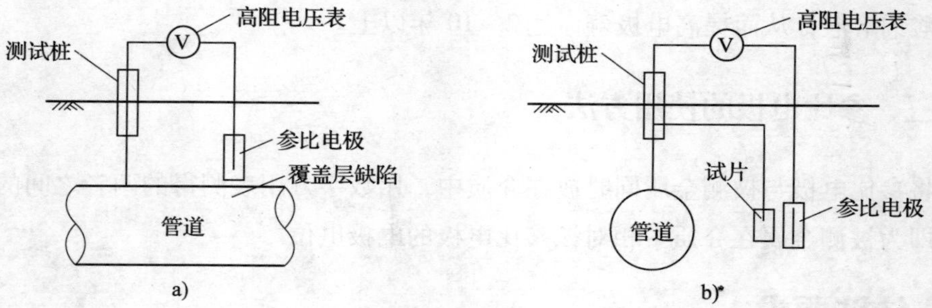

图12—8　近参比法

a）近参比法　b）试片近参比法

3. 滑动参比法

此法主要用于大型储罐底板外壁阴极保护电位分布的测量。对于新建储罐，一般可不用滑动参比法，而是在设计期间，在罐底中心及半径上每5～10 m布置一支参比电极（通常用长效硫酸铜电极或带填料的锌参比电极），如同近参比法，测知罐底板的电位分布。而对于已建储罐，则常用滑动参比法进行测量。

滑动参比法是在被测储罐的罐底预埋一支通至罐中心点的硬塑料管，在对应的罐底板位置上钻 ϕ6 mm的孔眼，并用沙网包缠以防地下泥沙流入堵塞管子。测量时，管内注满水，用一支带有海绵的参比电极在管内滑动，测取相应的电位。

该法存在两个不足：一是注水对罐基有不良作用；二是注水后测得的数据不可

靠。因此可作如下改进，将塑料管上定距离用铜环隔断，整个管上不用钻孔，测试时将管内注满盐水，当参比电极在管内滑动时，便可测得对应铜环处的罐底电位。滑动参比法示意图如图 12—9 所示。

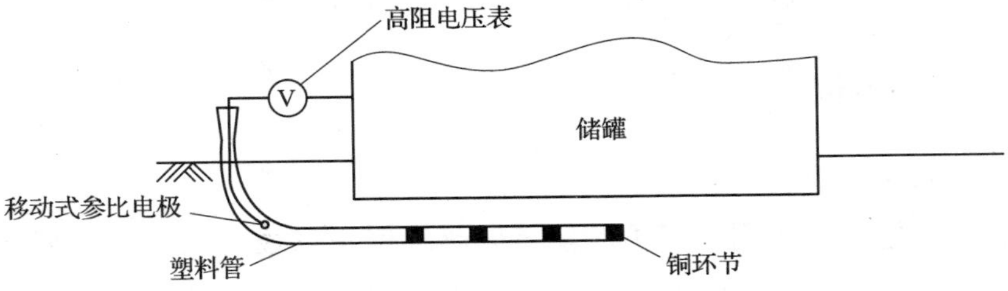

图 12—9　滑动参比法示意图

二、标校和保管参比电极

1. 参比电极的标校

参比电极在使用前，需进行校对，可用甘汞电极、硫酸铜参比电极或同种电极放在相同的介质中，用高内阻的数字万用表测量两电极之间的电位差，同种类型参比电极之间的电位差小于 10 mV 均可使用，不同种参比电极电位差符合理论规定值也可使用，否则将电位差相差较大的电极除去，重新进行处理。

2. 参比电极的保管

参比电极测试结束后，将其从介质中取出，用清水洗净，放入专用容器或其他专用包装中。

第 4 节　调　控　操　作

学习单元 1　阴极保护日常调控操作

学习目标

➢ 熟悉阴极保护的基本概念及阴极保护参数。

➢ 能通过电源设备调节阴极保护参数。

➤ 能从保护参数的测量结果中判断其中的异常现象。

知识要求

阴极保护参数主要包括保护电位、保护电流密度和 IR 降。

一、保护电位

1. 最小保护电位

最小保护电位是指阴极保护时使金属腐蚀停止（或可忽略）时所需的电位值。此项参数是借助参比电极来测量的，实践中容易实现，所以是阴极保护最基本的参数。由于参比电极不同，所测数值也不同，故在说明保护电位时，必须指明所用的参比电极。表12—4为英国1991年给出的一些金属的阴极保护最小电位标准。

表12—4　英国标准中阴极保护最小电位值　V

金属或合金		参比电极（及使用的条件）			
		铜/饱和硫酸铜（土壤和淡水）	银/氯化银/饱和氯化钾（任何电解质）	银/氯化银/海水①	锌/海水①
铁和钢	通气环境	-0.85	-0.75	-0.8	+0.25
	不通气环境	-0.95	-0.85	-0.9	+0.15
铅		-0.6	-0.5	-0.55	+0.5
铜基合金		-0.65 ~ -0.5	-0.55 ~ -0.4	-0.6 ~ -0.45	+0.45 ~ +0.6
铝	正极限	-0.95	-0.85	-0.9	+0.15
	负极限	-1.2	-1.1	-1.15	-0.1

注：所有计算都以0.05 V作了四舍五入。

①适用于清洁、无杂质、充气的海水中。海水直接与金属电极接触。

2. 最大保护电位

最大保护电位的限制应根据被保护金属、覆盖层种类及环境来确定，以不损坏被保护金属和覆盖层的黏结力为准。

如对于有覆盖层的钢结构，推荐的最大保护电位为：石油沥青为-1.50 V；煤焦油瓷漆为-3.0 V；环氧粉末为-2.0 V。

二、保护电流密度

保护电流密度是指被保护体单位面积上所需的保护电流，是阴极保护设计中必不可少的又一重要参数。

影响保护电流密度参数的因素很多，主要有被保护体的表面状况（有无覆盖层及类型、覆盖层质量）、环境条件（如温度、介质的流动、pH 值、含盐量及种类、通气程度、微生物的活动等）和被保护金属的种类。表 12—5 列出了不同类型钢构筑物的阴极保护电流密度。

表 12—5　　　　钢构筑物的阴极保护电流密度

钢构筑物		覆盖层状态	保护电流密度（mA/m^2）
埋地	管道、容器、储罐、导管	塑料	0.001～0.01
		沥青玻璃布	0.01～0.05
		沥青羊毛毡	0.3～7.0
	铠装电缆	油浸黄麻	3～17
	套管、接地极	无覆盖层	10～100
淡水	桥梁，上、下水构筑物	良好涂覆层	0.05～0.6
	闸门、水坝	旧涂覆层	0.5～8
	水罐、水井	无涂覆层	5～13
	热交换器、锅炉	无涂覆层	100～600
海水	趸船、系船浮标	良好涂层	0.2～20
	航行中船舶	旧涂覆层	20～1 000
	码头设施、浮桥、浮筒	旧涂覆层	50～1 000
	钢板桩、压载舱	无涂覆层	100～1 000

三、IR 降

实际上，对于金属的整个表面来讲，电位的变化经常是非常大的。因此，在评价阴极保护系统时，重要的是要保证从测量点测量的结果中确定出金属相对于土壤的最负电位。

除非参比电极放置在特别接近金属表面的位置，否则，从周围电解质中流向被保护的构筑物的保护电流产生的电位降将明显影响到金属表面与电解质之间的电位差。这种现象通常被称为“IR 降”，使测得的电位值比实际上的金属/电解质界面的电位值偏负。IR 降的大小取决于电解质的电阻率，也与埋地构筑物本身有关。构筑物如果带有覆盖层，覆盖层的电阻对保护电位的测量结果也有影响。目前已被腐蚀界所接受的使 IR 降误差最小化的方法为瞬间断电法。其他消除或降低 IR 降的技术仍在研究中，因此，对于被证明能够使IR降降至可以接受程度的技术，在具体工作中还是可以使用的。

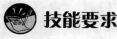

技能要求

一、测量及判断阴极保护参数

1. 阴极保护参数测量

（1）被保护体自然电位的测量

在强制电流阴极保护系统运行之前，通过地表参比法或近参比法测量被保护体的对地电位差，此电位差即为被保护体的自然电位。

（2）保护电位的测量

为了避免受介质IR降的影响，在测试保护电位时，应尽可能采用近参比法测量被保护体的保护电位。通过改变参比电极的位置，即长距离闭路测量，便可测得被保护体不同位置的保护电位。

也可在测试桩中安装自动采集模块，模块按照设定的采集周期自动进行数据采集，并将数据储存在模块的存储器中，巡检人员可定期采集数据，将采集到的数据传输到数据管理软件里，形成数据库。这样可以非常直观地显示整个管线和设备的保护电位状况。

（3）保护电流的测量

由于腐蚀介质的变化，被保护体所需保护电流也随之改变，故强制电流阴极保护系统未达到稳定前，不能准确地测量保护电流。当系统正常运行，达到设定的阴极保护电位时，电源设备上显示的电流输出值即为保护电流。

（4）槽压测量

辅助阳极和被保护体之间的电位即为槽压，可用电压表直接测量。

2. 参数异常情况判断

在阴极保护站投入运行一段时间后，有时会出现在规定的通电点电位下，输出电流增大，管道保护距离却缩短的现象。发生上述情况的原因，主要是由于被保护金属管道与未被保护的金属结构物“短路”，这种现象称为阴极保护管道漏电，或者称为“接地故障”。接地故障，使得被保护管道的阴极保护电流流入非保护金属体，在两管道的“短接”处形成“漏电点”，从而造成阴极保护电流的增大、阴极保护电源的过负荷和对阴极保护的干扰。

保护参数异常变化时，通常还需要考虑到阳极接地故障的影响。阳极接地电阻与阳极地床的设计和施工质量密切相关。冻土会使阳极地床电阻增加几倍至十几倍，气阻也会使阳极地床电阻增加。当阳极使用一段时间后，会由于腐蚀严重，表面溶解不均匀造成电流障碍，因此，造成在阴极保护的仪器上出现电位升高，而保护电流下降的现象。此时，应通过测量，更换或检修阳极地床，使阴极保护正常运行。另一薄弱环节是阳极电缆线与阳极接头处的密封与绝缘，若施工未注意则会造成接头处的腐蚀与断路，从而使阴极保护电流断路而无法将电流输入管道。

另外，阳极地床断路、阴极开路、零位接阴断路都会导致阴极保护参数的异常变动，甚至不能投保。

二、调节阴极保护参数

（1）在阴极保护系统未通电前，测量阳极接地电阻、回路电阻，测量钢管自腐蚀电位及阳极周围地电场。

（2）打开电源仪器前后盖，检查接线是否正确；把螺钉逐个加固。

（3）把仪器控制开关拨至自控，调压旋钮逆时针旋到底。

（4）打开电源开关、电位测量开关，将调压旋钮顺时针缓慢加大，槽压和电流同向加大，保护电位同时负移，将保护电位控制在设定值。记录仪器的电流、槽压和阴极保护电位，并到现场测量原记录点电位的变化，测量阳极周围的大地电场。

（5）稳定工作 2 h 后，再次测量、记录相应的数据，保持仪器的输出电流稳定，24 h 后再次测量、记录。

（6）加大仪器的输出电流，使保护电位达到最大保护电位，测量、记录相应的数据；减少仪器输出电流，使保护电位减小到最小保护电位，测量、记录相应的数据。最终选定保护电位于设定值。

学习单元 2　腐蚀挂片的装拆与观察

学习目标

- 熟悉阴极保护中腐蚀挂片的作用和装拆要求。
- 能操作腐蚀挂片的装拆。

知识要求

一、挂片的作用

腐蚀挂片一般采用与被保护体同质的材料，作用是调查、测量金属在腐蚀介质中的腐蚀率，以及在阴极保护状态下被保护体的保护度。

二、挂片的装拆要求

（1）挂片在安装前应编号，安装时需把编号密封，以便于后期的观测对比。

（2）受保护的腐蚀挂片与被保护体相连，应确保导电性良好；未保护的腐蚀挂片应与被保护体绝缘安装、固定，或独立安装埋设。腐蚀挂片在安装时应与被保护体处于相同的腐蚀环境中。

（3）收取腐蚀挂片时，同批取出的腐蚀挂片不得少于3片，取片时应注意不能影响其他腐蚀挂片。

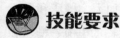

技能要求

一、装拆挂片

1. 腐蚀挂片的安装

将制备好的腐蚀挂片进行处理、称取质量，放在干燥的环境中保存。在安装前，检查腐蚀挂片的编号是否与记录相符，腐蚀挂片的安装位置由设计或试验单位负责确定。腐蚀挂片安装结束，应详细记录安装日期、安装位置、腐蚀介质状况、安装数量及编号等。

2. 腐蚀挂片的收取

按规定时间取出腐蚀挂片，用清水及毛刷去除腐蚀挂片上的腐蚀产物，再按失重测定法用特别配制的添加缓蚀剂的酸液清洗去净腐蚀产物，最后用清水洗净、烘干、称取质量并记录数据。

二、观察挂片

腐蚀挂片取出后，现场拍摄外观照片，观察并记录腐蚀产物、附着物的颜色、厚度、形态等。

本章思考题

1. 阴极保护的概念、作用是什么？
2. 强制电流阴极保护系统如何组成？
3. 辅助阳极如何检验和处理？
4. 强制电流阴极保护电源有哪几种类型？
5. 电源设备有哪些异常情况？针对不同异常情况如何处理？
6. 参比电极有哪几种类型？
7. 如何使用参比电极测量电位？
8. 阴极保护主要的参数有哪些？
9. 阴极保护主要参数如何测量？
10. 腐蚀挂片的作用是什么？

第 13 章

牺牲阳极阴极保护

第 1 节　安　　装

学习单元 1　牺牲阳极的安装

学习目标

- 了解阴极保护的基本原理和牺牲阳极阴极保护法的材料、性能及安装方法。
- 能安装牺牲阳极。

知识要求

一、牺牲阳极阴极保护的基本原理

1. 阴极保护的概念

腐蚀电池中，阳极腐蚀，阴极不腐蚀。用外部电源或牺牲阳极优先溶解释放出电子，使金属构筑物成为阴极而实现保护的方法称为阴极保护。

其基本原理是通过外加电流法或牺牲阳极法向被保护金属构筑物输送电子，即阴极保护电流，被保护金属构筑物处于电子过剩状态，使腐蚀电池中的阴极电位负

移至阳极电位，使阴阳极的电位差趋于零，腐蚀电流为零，从而达到防止金属腐蚀的目的。

2. 牺牲阳极阴极保护法的基本原理

它是由一种比被保护金属更活泼的金属或合金与被保护的金属电联结所构成，在电解质中，牺牲阳极因活泼而优先腐蚀，释放电流供被保护金属阴极极化，实现保护。

牺牲阳极阴极保护法由以下四个基本元素组成，如图 13—1 所示：

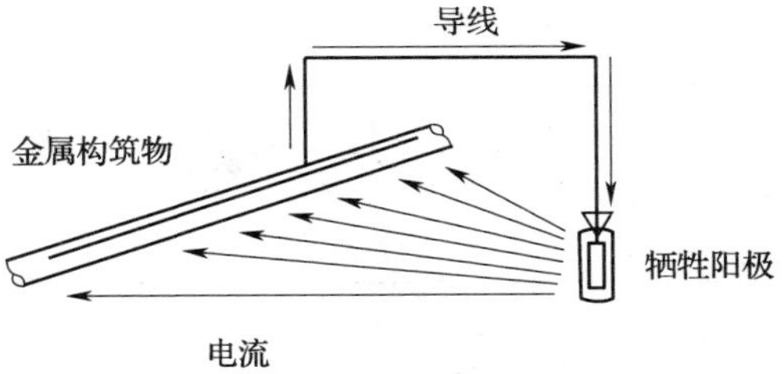

图 13—1　牺牲阳极阴极保护法四要素示意图

（1）牺牲阳极体。

（2）阳极填包料（仅在土壤中使用）。

（3）阳极与被保护金属构筑物的电联结。

（4）被保护金属构筑物。

二、牺牲阳极种类、性能及材料

工程中常用的牺牲阳极材料有镁和镁合金、锌和锌合金、铝合金三类。其性能和指标如下：

1. 锌合金牺牲阳极

（1）锌合金牺牲阳极的成分见表 13—1。

表 13—1　　**锌合金牺牲阳极的成分**

元素	锌合金主要化学成分的质量分数（%）	高纯锌主要化学成分的质量分数（%）
Al	0.1～0.5	≤0.005
Cd	0.025～0.07	≤0.003
Fe	≤0.005	≤0.001 4
Pb	≤0.006	≤0.003
Cu	≤0.005	≤0.002
其他杂质	总含量≤0.1	—
Zn	余量	余量

（2）棒状锌合金牺牲阳极的电化学性能见表13—2。

表13—2　棒状锌合金牺牲阳极的电化学性能

性能	锌合金、高纯锌	备注
密度（g/cm^3）	7.14	相对SCE
开路电位（V）	-1.03	
理论电容量（A·h/kg）	820	
电流效率（%）	95	在海水中，3 mA/cm^2条件下
发生电容量（A·h/kg）	780	
消耗率［kg/（A·年）］	11.88	
电流效率（%）	≥65	在土壤中，0.03 mA/cm^2条件下
发生电容量（A·h/kg）	530	
消耗率［kg/（A·年）］	≤17.25	

如果在相似土壤环境中的阳极性能能够被证明可靠且有证据支持，其他成分的锌合金牺牲阳极也可以使用。

（3）带状锌合金牺牲阳极的电化学性能见表13—3，带状锌合金牺牲阳极的规格及尺寸见表13—4。

表13—3　带状锌合金牺牲阳极的电化学性能

型号	开路电位（V）		理论电容量（A·h/kg）	实际电容量（A·h/kg）	电流效率（%）
	相对CSE	相对SCE			
锌合金	≤-1.05	≤-0.98	820	≥780	≥95
高纯锌	≤-1.10	≤-1.03	820	≥740	≥90

注：实验介质为人造海水

表13—4　带状锌合金牺牲阳极的规格及尺寸

阳极规格	ZR-1	ZR-2	ZR-3	ZR-4
截面尺寸 $D_1 \times D_2$（mm×mm）	25.40×31.75	15.88×22.22	12.70×14.28	8.73×10.32
阳极带线质量（kg/m）	3.57	1.785	0.893	0.372
钢芯直径 ϕ（mm）	4.70	3.43	3.30	2.92
标准卷长（m）	30.5	61	152	305
标准卷内径（mm）	900	600	300	300
钢芯的中心度偏差（mm）	-2~2			

注：阳极规格中Z代表锌，R代表带状，后面数字为系列号

2. 镁合金牺牲阳极

（1）棒状镁合金牺牲阳极

镁合金牺牲阳极的性能测试应当按照《镁合金牺牲阳极》（GB/T 17731—2009）进行，棒状镁合金牺牲阳极化学成分见表 13—5，棒状镁合金牺牲阳极的电化学性能见表 13—6。

表 13—5　　棒状镁合金牺牲阳极的化学成分

元素	标准型主要化学成分的质量分数（%）	镁锰型主要化学成分的质量分数（%）
Al	5.3 ~ 6.7	≤0.010
Zn	2.5 ~ 3.5	—
Mn	0.15 ~ 0.60	0.50 ~ 1.30
Fe	≤0.005	≤0.03
Ni	≤0.003	≤0.001
Cu	≤0.020	≤0.020
Si	≤0.10	—
Mg	余量	余量

表 13—6　　棒状镁合金牺牲阳极的电化学性能

性能	标准型	镁锰型	备注
密度（g/cm^3）	1.77	1.74	
开路电位（V）	−1.48	−1.56	相对 SCE
理论电容量（A · h/kg）	2 210	2 200	
电流效率（%）	55	50	在海水中，3 mA/cm^2 条件下
发生电容量（A · h/kg）	1 220	1 100	
消耗率［kg/（A · 年）］	7.2	8.0	
电流效率（%）	≥50	40	在土壤中，0.03 mA/cm^2 条件下
发生电容量（A · h/kg）	1 110	880	
消耗率［kg/（A · 年）］	≤7.92	10.0	

如果在相似土壤环境中的阳极性能能够被证明可靠且有证据支持，其他成分的镁合金牺牲阳极也可以使用。镁合金牺牲阳极本体如图 13—2 所示。

（2）带状镁合金牺牲阳极

镁锰合金挤压制造的带状镁合金牺牲阳极规格及性能见表 13—7。

图13—2　棒状镁合金牺牲阳极本体

表13—7　　带状镁合金牺牲阳极规格及性能

截面（mm×mm）		9.5×19
钢心直径（mm）		3.2
阳极带线质量（kg/m）		0.37
输出电流线密度（mA/m）	海水	2 400
	土壤	10
	淡水	3
注：土壤条件为电阻率50 Ω·m，淡水条件为电阻率150 Ω·m		

3. 牺牲阳极的选用

按照表13—8选取牺牲阳极的种类。

表13—8　　牺牲阳极种类的应用选择

阳极种类	土壤电阻率（Ω·m）
镁合金牺牲阳极	15～150
锌合金牺牲阳极	<15

对于锌合金牺牲阳极，当土壤电阻率大于15 Ω·m时，应现场确认其有效性。

对于镁合金牺牲阳极，当土壤电阻率大于150 Ω·m时，应现场确认其有效性。

对于高电阻率环境及专门用途，可选择带状牺牲阳极。

4. 牺牲阳极填包料

牺牲阳极的填包料是由石膏粉、膨润土和工业硫酸钠组成的混合物，常规的牺牲阳极填包料配方见表13—9。

表 13—9　　　　牺牲阳极填包料配方

阳极类型	质量分数（%）			适用土壤电阻率
	石膏粉	膨润土	工业硫酸钠	（Ω·m）
镁合金牺牲阳极	50	50	—	≤20
	75	20	5	>20
锌合金牺牲阳极	50	45	5	≤20
	75	20	5	>20

注：所选用石膏粉的分子式为 $CaSO_4 \cdot 2H_2O$

三、牺牲阳极系统安装要求

1. 牺牲阳极防腐处理方法

牺牲阳极的防腐处理分为两部分内容，一部分是在工厂预制时阳极电缆与钢心焊接后的防腐处理，另一部分是阳极在现场安装后阳极电缆与被保护钢构物焊接点的防腐处理。

（1）阳极电缆与钢心的防腐处理

阳极电缆与钢心焊接后要求用环氧树脂、玻璃丝布、热缩带及防腐胶带对钢心和焊接处进行防腐处理。

（2）阳极电缆与被保护钢构物焊接点的防腐处理

阳极电缆与被保护钢构物焊接点的防腐处理等级高于或等于被保护钢构物外防腐层的防腐等级。

2. 铝热焊接技术

在阴极保护施工中，电缆与被保护钢构物的电联结要求采用铝热焊接技术。铝热焊接技术是利用金属铝本身的强还原性将氧化铜还原成熔融金属铜，同时伴随着放出大量的热，用熔融态的金属铜把铜芯电缆与被保护钢构物的钢表面焊接在一起。铝热焊接时需要专门的铝热焊模和铝热焊剂。

技能要求

一、组装牺牲阳极

1. 阳极连接电缆的焊接

将阳极钢心打磨干净后与电缆引出头焊接，为了保证阳极连接牢固，可采用铜焊或铝热焊接，以保证接触电阻达到标准要求。焊接长度不得小于 50 mm。焊接牢固后用细铁丝捆扎，捆扎长度不得小于 20 mm。

2. 填包料的配制

根据表 13—9 的内容选择合适的填包料配方。

根据需求量按重量比进行称量，将称量好的填料各组分调拌均匀，可采用混料机机器调拌，也可人工调拌，必须保证填料各组分的均匀性。

3. 牺牲阳极的组装

组装阳极必须采用棉布袋或麻袋来包装。

首先在棉布袋底部垫不小于 50 mm 厚的填包料，然后将已经处理好的阳极本体放入布袋中部，四周填包料的厚度不得小于 50 mm。要保证阳极体四周的填包料厚度一致。

二、安装牺牲阳极

1. 阳极坑开挖

按施工图样在阳极安装位置开挖阳极坑和电缆沟，阳极坑的大小应满足阳极埋设及电缆焊接要求。阳极坑的深度应与管道同深。

2. 阳极的埋设

阳极埋设可以采取立式或水平式。将装有填包料的阳极运到现场，先用水浇阳极包并使填包料达到饱和，然后放入阳极坑内。投放前应对坑进行检查，不允许坑内有石块杂物，并要求铺 20 ~ 30 mm 厚的细土。阳极连接电缆的埋设深度不应小于 0.7 m，敷设时，电缆线长度要留有一定余量。

3. 牺牲阳极电缆与被保护体的焊接

（1）用锉刀、钢丝刷等工具将焊接面打磨清洁，应做到无锈无水、无油脂。打磨面面积适度（在 4 ~ 6 cm^2）即可。

（2）用电工刀和钢丝钳将电缆剥掉长约 5 cm 的绝缘护层。

（3）打开焊剂瓶，将其中的铜片取出置入焊模腔的底部，使焊模的上模腔与焊点的成型腔之间隔断。随后，将焊剂倒入焊模的上模腔中，并用装焊剂的塑料瓶稍稍加以捣实。

（4）将装好焊剂的焊模放置在打磨清洁的焊接部位，把剥掉绝缘护层的电缆插入焊模底部的孔槽，插入深度应超过焊模的中心。

（5）将点火具放在焊剂表面或插入少许，并用焊模盖压住点火具的引出线，以免其翻动，脱离焊剂。连接好引燃点火具的外线，待一切准备就绪后，方可接通电源，进行焊剂点火。3 ~ 5 s 后，反应即完成。

（6）半分钟后，慢慢将焊模移开，清除覆盖在焊点上的熔渣，检查焊点质量。

（7）用旋具清除焊模内的残渣，以备下次使用。

（8）若要进行电缆对接，需在焊模下套上一个与焊模型号对应的底模。其他一切操作步骤同上。

4．填包料浇水

确认焊点符合要求后，在回填之前要用水浸泡阳极，以降低阳极周围的电阻率。

5．回填

待阳极全部浸泡在水中后，用回填土将阳极布袋回填，第一层回填土用细土，其他层可用原土。每 20～30 cm 应手夯一次，直至填平，恢复地貌。

三、牺牲阳极焊点的防腐处理

1．焊点处理

焊接完成后应对焊点进行处理，清理焊渣，用锤子将焊点凸起部分敲平整。

2．防腐处理

阳极连接电缆与被保护金属构筑物焊接完成后首先应用环氧树脂对焊接点进行防腐处理，然后缠绕玻璃丝布，再涂环氧树脂，最后覆盖防腐垫或防腐胶带。整个绝缘防腐处理要保证焊接点的防腐处理等级不低于原有防腐等级。

四、注意事项

1．阳极组装时的注意事项

（1）防止阳极钢心与电缆引出头焊接处的折断。

（2）阳极组装前应对表面进行处理，清除表面的阳极膜及油污，使其呈金属光泽。

（3）袋装阳极的引出电缆与袋口要绑扎牢固，以防止填包料洒落。

（4）阳极运输过程中要注意防潮。

2．阳极安装时的注意事项

（1）阳极应埋设在冰冻线以下。

（2）埋设阳极时，注意阳极与管道间不应有其他金属构筑物。

（3）阳极埋设位置距离被保护金属构筑物不应小于 0.3 m。

（4）成组埋设的阳极，阳极的间距不应小于 2 m。

3. 铝热焊注意事项

（1）为了防止焊剂热反应时溅出的火花伤人，操作者应戴护镜和手套。

（2）铝热焊剂切忌受潮，不得用火烘烤。

（3）若用高温火柴进行点火，可将高温火柴头部表皮剥去 1～2 mm 厚的一小部分，再在普通火柴盒上划着，插入焊剂即可引起反应。

学习单元 2 参比电极的安装

学习目标

➤ 了解参比电极的材料性能及安装方法。

➤ 能安装参比电极。

知识要求

一、常用参比电极的特点和性能

参比电极也称半电池，是测量暴露于电解质中的金属表面电位的重要设备。牺牲阳极阴极保护中常用的参比电极是饱和铜—硫酸铜参比电极（CSE）和锌参比电极（ZRE）。

1. 饱和铜—硫酸铜参比电极的特点和性能

饱和铜—硫酸铜参比电极是由铜和饱和硫酸铜溶液组成的，其制作的基本要求是电极必须用电解铜，以保证铜的纯度；硫酸铜溶液必须是饱和的。饱和硫酸铜溶液中的铜离子可以防止铜棒腐蚀并使参比电极电位保持稳定。用蒸馏水和化学纯硫酸铜晶体配制。饱和的标志是在使用过程中，溶液中一直保持有过剩的硫酸铜晶体。

饱和铜—硫酸铜参比电极分为便携式和固定式（长效埋地型）两种，便携式参比电极可以从一处移动到另一处，广泛用于现场和实验室检测，而且可以进行定期维护。固定式（长效埋地型）参比电极安装在构筑物内部或附近，用于检测构筑物/电解质电位，这些电极安装后不能移动，而且安装后不能进行维护。图 13—3、图 13—4、图 13—5 所示为常见的饱和铜—硫酸铜参比电极。

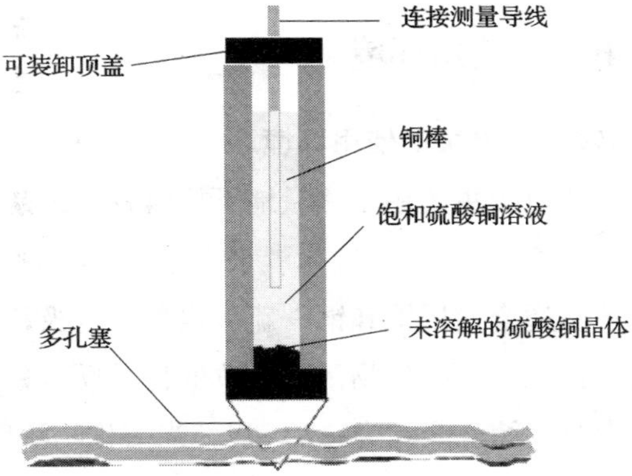

图 13—3　与土壤接触的饱和铜—硫酸铜参比电极

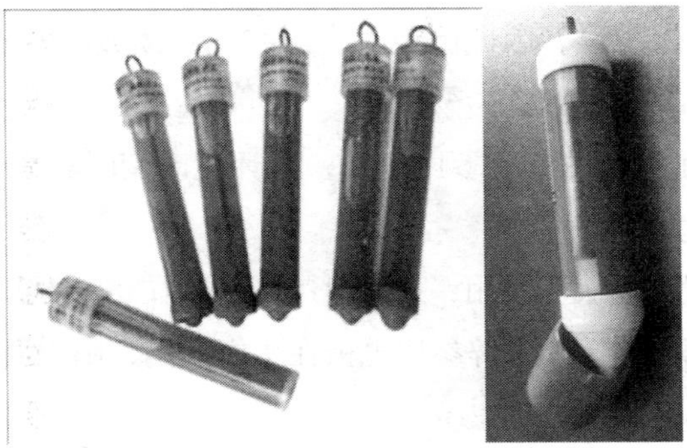

图 13—4　常见的便携式饱和铜—硫酸铜参比电极

2. 锌参比电极的特点和性能

由于锌的电位相对比较稳定，所以锌有时也被用作参比电极。用作参比电极的锌必须是高纯金属（99.995%以上的纯度），铁的含量不超过 0.001 4%。被保护体当使用饱和铜—硫酸铜做参比电极时，电位为 -0.85 V，而当使用锌参比电极时电位值为 +0.25 V。图 13—6 所示为常见的锌参比电极。

图 13—5　长效饱和铜—硫酸铜参比电极

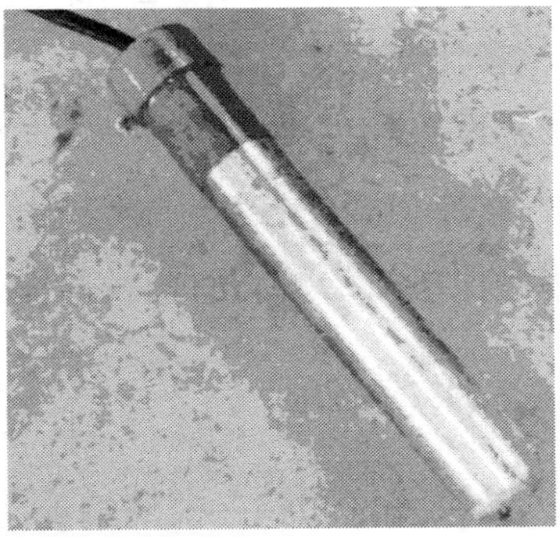

图 13—6　锌参比电极

二、常用参比电极的使用环境

1. 饱和铜—硫酸铜参比电极的使用环境

饱和铜—硫酸铜参比电极主要用于测量地下构筑物以及暴露于淡水中的构筑物的电位。

含有氯离子的环境不适合使用饱和铜—硫酸铜参比电极，因为氯离子通过多孔塞会污染铜—硫酸铜参比电极，氯化物污染会改变化学反应，使参比电位变负。当氯化物浓度为5×10^{-12}时，综合误差为-20 mV，当氯化物浓度为10×10^{-12}时，综合误差为-95 mV左右。

温度变化也会引起电位的变化，因此当温度低于或高于室温时需要进行温度校对（校对量为0.5 mV/℃），因此测量时应当在记录读数的时候同时记录温度。

2. 锌参比电极的使用环境

锌参比电极实际上是一个准参比电极，当环境改变时其电位也会改变。锌在碳酸盐中或高温下不稳定。

锌参比电极一般在土壤中使用，使用时应当包装在布袋中，袋中的填包料与锌阳极周围的填包料是相同的。如果锌参比电极在水中使用，则锌电极是裸露使用的。

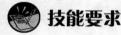

技能要求

一、长效参比电极的安装

1. 参比电极坑的开挖

按施工图样在参比电极安装位置开挖参比电极坑和电缆沟，参比电极坑的大小应满足参比电极埋设及电缆焊接要求。参比电极坑的深度应与构筑物同深。为了减少与电解质的IR降误差，参比电极应放置在距离构筑物尽可能近的地方。

2. 参比电极的埋设

参比电极的埋设方式与牺牲阳极相同。

3. 参比电极的接线

将参比电极的测试引线按照图样连接到测试桩的接线板上。

二、注意事项

1. 便携式饱和铜—硫酸铜参比电极的使用及维护

（1）保持清洁、避免被污染。

（2）不使用时在多孔塞上套上塑料或橡胶套，定期清洗多孔塞以防止被堵塞。

（3）定期更换硫酸铜并用非金属研磨材料清洁铜棒。例如，可用二氧化硅砂纸而不是氧化铝砂纸清洁铜棒。如果硫酸铜溶液变混浊了，应将其倒掉并更换新鲜的硫酸铜溶液。刚换时应确保溶液中总有未溶解的硫酸铜晶体，从而产生一个过饱和溶液，铜在这种溶液中不会被腐蚀，因此可以保持电位稳定。

（4）要定期用新鲜的电极进行校对，如果现场的电极与校准电极的电位差超过 5 mV，则应考虑清洗或更换参比电极。

（5）测量时应避免阳光照射。

2．长效参比电极运输时的注意事项

（1）防止参比电极与电缆引出头焊接处的折断。

（2）参比电极装袋后的引出电缆与袋口要绑扎牢固，以防止填包料洒落。

（3）参比电极运输过程中要注意防潮。

3．参比电极安装时的注意事项

（1）参比电极应埋设在冰冻线以下。

（2）埋设参比电极时，注意参比电极与管道间不应有其他金属构筑物。

（3）参比电极埋设位置距离被保护金属构筑物应尽可能近。

学习单元 3　测试桩的安装

学习目标

➢ 了解测试桩的分类及应用。

➢ 能安装测试桩。

知识要求

一、测试桩的种类

测试桩分为电流桩和电位桩。

二、测试桩的安装要求

1. 测试桩的位置要求

阴极保护测试桩应沿管道线路走向进行设置，相邻测试桩间隔应在1～3 km。在城镇市区或工业区，相邻的间隔不应大于1 km。

2. 测试桩接线板的连接方法

按照图样进行测试桩接线板的连接。

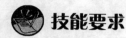

技能要求

一、测试桩的安装和接线

1. 测试桩安装坑的开挖

测试桩的安装坑与管道的水平距离应该为0.5～1 m，安装坑的大小为长0.5 m、宽0.5 m，深与管道同深。

2. 测试线的焊接

（1）在管道的防腐层上开一个长方形口（大约40 mm×60 mm，能放下焊模），把上边的油漆刮干净，做到无锈无水无油漆。

（2）把连接电缆的电缆头剥掉50 mm长的绝缘护层，如有氧化层需作处理后才可使用。

（3）连接电缆的长度在管沟内需有余量。

（4）按铝热焊接的规范进行测试线的焊接。

3. 测试线焊接点的防腐处理

同牺牲阳极电缆线焊接点的防腐处理方式。

4. 测试桩的就位

测试桩焊接完毕后，将安装坑填实。

5. 测试线的连接

参见测试桩连接示意图。

二、注意事项

（1）测试桩安装后应对电缆线进行标注，以方便测量。

（2）测试桩中接线板的连接方式必须符合图样要求，必要时应当附图在测试桩门板内侧。

第 2 节　检　　测

学习目标

➢ 了解电位、接触电阻以及土壤电阻率的测量方法。

➢ 能测量腐蚀电位和保护电位以及土壤的电阻率。

知识要求

一、电位的测量方法

在阴极保护中，电位的测量包括自然电位、通电电位以及断电电位等，本节将详细介绍这几种电位的测量方法。

1. 测量仪器

测量仪器必须具有满足测试要求的显示速度、准确度和量程，同时还应具有携带方便、供电方便、适应现场测量环境的特点。对所用的测量仪表，必须按照国家现行标准的有关规定进行定期校验。

（1）直流电压表（为了提高测量的准确度，应优先选用数字式仪表）

直流电压表的选用原则如下：

1）数字式电压表的输入阻抗应不小于 10 MΩ，指针式电压表的内阻应不小于 100 kΩ/V。

2）电压表的分辨率应满足被测电压值的精度要求，至少应具有 3 位有效数字。

3）数字式电压表的准确度应不低于 0.5 级，指针式电压表的准确度应不低于 2.5 级。

4）测量受交流干扰的管道的管地电位时，应选用对工频干扰电压具有足够滤除能力的数字式直流电压表，确保直流电位的显示值中叠加的交流干扰电压值不超过 5 mV。

（2）参比电极

通常情况下，在进行管地电位测量时，应采用饱和铜—硫酸铜电极（以下简称硫酸铜电极，代号 CSE）作为参比电极。其制作材料和使用必须满足下列要求：

1）铜电极采用紫铜丝或棒（纯度不小于99.7%）。

2）硫酸铜为化学纯，用蒸馏水或纯净水配制饱和硫酸铜溶液。

3）渗透膜采用渗透率高的微孔材料，外壳应使用绝缘材料。

4）流过硫酸铜电极的允许电流密度不大于5 $\mu A/cm^2$。

2. 测量方法

测量中采用直流数字式电压表时，应将电压表的负接线柱（COM）与硫酸铜电极连接，正接线柱（V）与管道连接，管地电位测量接线如图13—7所示。仪表指示的是管道相对于参比电极的电位值，正常情况下显示负值。当采用直流指针式电压表测量管地电位时，应采用的测量接线图如图13—8所示，在指针没有发生反转的情况下，所记录的数据应该加负号。

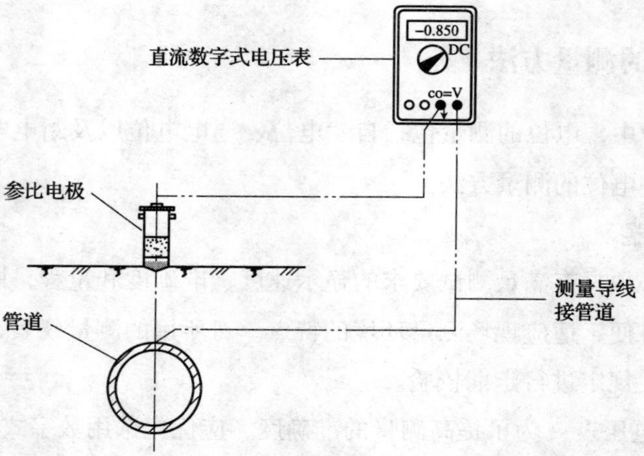

图13—7　直流数字式电压表管地电位测量接线

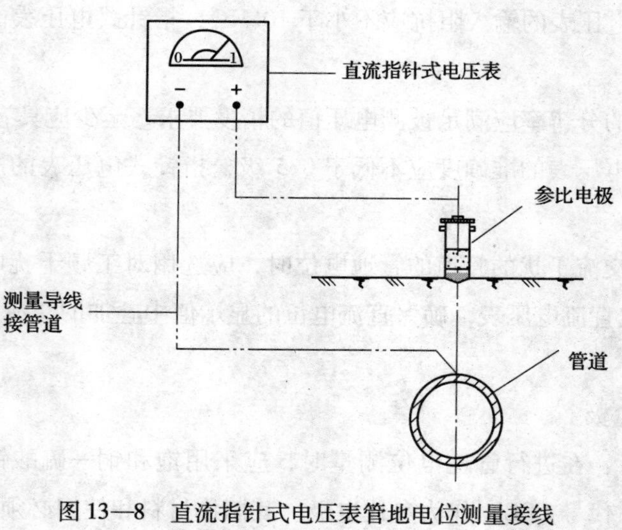

图13—8　直流指针式电压表管地电位测量接线

二、接触电阻的测量方法

1．测量仪器

（1）数字式电压表（阻抗大于 10 MΩ，精度为 0.001 V）。

（2）稳流器（提供恒定的 5 V 直流电）。

（3）双刀双掷开关。

（4）直流放大器。

（5）M4 铜棒。

2．测量方法

测量时将阳极与铁脚按照如图 13—9 所示的方式进行连接。

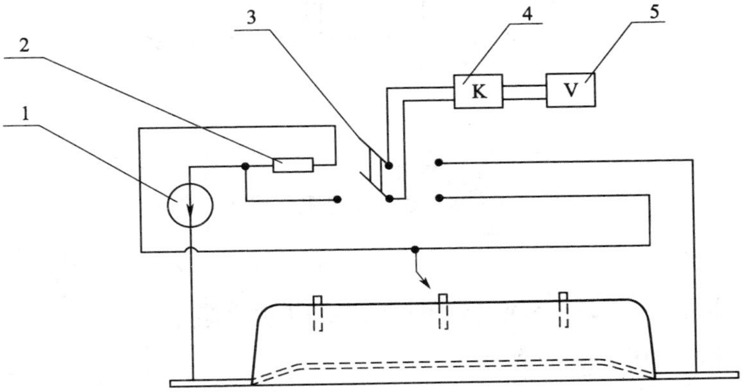

图 13—9　接触电阻测试连接图

1—稳流器　2—精度为 0.01 级标准电阻，阻值为 0.001 Ω　3—双刀双掷开关
4—直流放大器　5—数字式电压表（阻抗大于 10 MΩ，精度为 0.001 V）

取牺牲阳极上的各测点和铁脚间电压降的算术平均值，按式（13—1）计算牺牲阳极—铁脚之间的接触电阻：

$$R = \frac{U}{100 \times 5} \tag{13—1}$$

式中　R——牺牲阳极与铁脚之间的接触电阻，Ω；

U——牺牲阳极表面上的各测点和铁脚间电压降的算术平均值，V。

三、土壤电阻率的测量方法

1．测量仪器

土壤电阻率的测量常用接地电阻测量仪（误差不大于 3%）。图 12—3 所示为常用接地电阻测量仪器 ZC－8。

2．测量方法

采用四极法进行测量。

（1）等距法（适用于测量从地表至深度为 a 的平均土壤电阻率）

将测量仪的四个电极以等间距 a 布置在一条直线上，电极入土深度应小于 $a/20$，如图 13—10 所示。按操作步骤测量并记录土壤电阻 R 的值。从地表至深度为 a 的平均土壤电阻率 ρ 按式（13—2）计算。

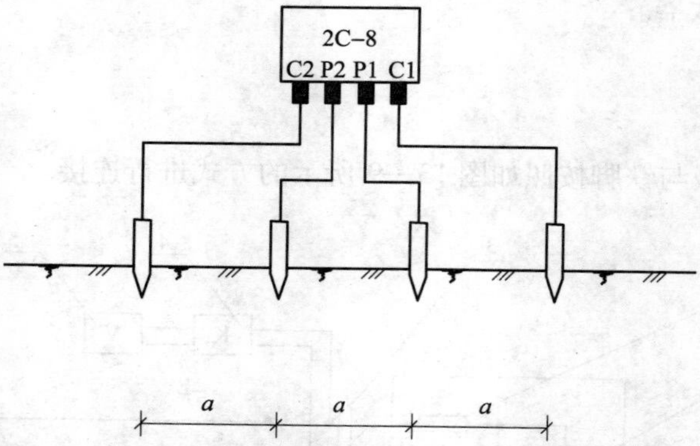

图 13—10　等距法土壤电阻率测试接线图

$$\rho = 2\pi aR \quad (13—2)$$

式中　ρ——测量点从地表至深度 a 土层的平均土壤电阻率，Ω · m；

a——相邻两电极之间的距离，m；

R——接地电阻测量仪示值，Ω。

（2）不等距法（适用于小于 20 m 深情况下的土壤电阻率的测量）

采用不等距法测量时应先计算确定四个电极的间距，如图 13—11 所示，此时 $b>a$。a 值通常情况可取 5 ~ 10 m，b 值根据测深计算确定。计算见式（13—3）：

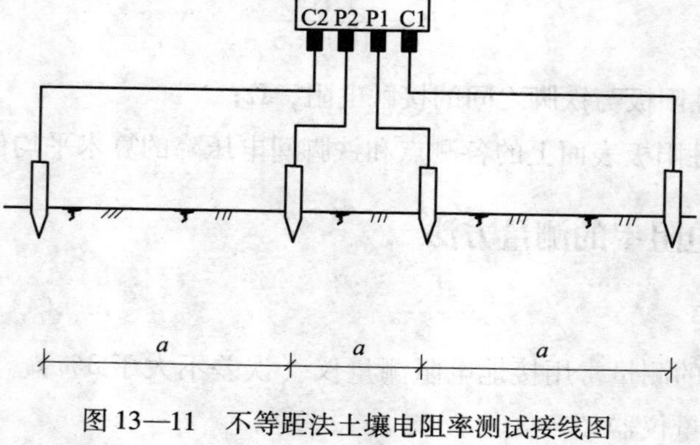

图 13—11　不等距法土壤电阻率测试接线图

$$b = h - \frac{2}{a} \qquad (13—3)$$

式中　b——为外侧电极与相邻内侧电极之间的距离，m；

h——测深，m；

a——相邻两内侧电极之间的距离，m。

测深 h 的平均土壤电阻率按式（13—4）计算。

$$\rho = \pi R\left(b + \frac{b^2}{a}\right) \qquad (13—4)$$

式中　ρ——测量点从地表至深度 h 土层的平均土壤电阻率，Ω · m；

R——接地电阻测量仪示值，Ω。

技能要求

一、电位的测量

1. 自然电位（未施加阴极保护电流的管道腐蚀电位）的测量步骤

（1）测量前，应确认管道是处于没有施加阴极保护的状态下。对已实施过阴极保护的管道应在完全断电 24 h 后再进行测量。

（2）测量时，将硫酸铜电极放置在管顶正上方地表的潮湿土壤上，应保证硫酸铜电极底部与土壤接触良好。

（3）按图 13—7 或图 13—8 的测量接线方式，将电压表与管道及硫酸铜电极相连。

（4）将电压表调至适宜的量程上，读取数据，做好管地电位值及极性记录，注明该电位值的名称。

2. 通电电位（施加阴极保护电流时，管道对电解质的电位）的测量步骤

（1）测量前，应确认阴极保护运行正常，管道已充分极化。

（2）测量时，将硫酸铜电极放置在管顶正上方地表的潮湿土壤上，应保证硫酸铜电极底部与土壤接触良好。

（3）管地通电电位测量接线如图 13—7 或图 13—8 所示。

（4）将电压表调至适宜的量程上，读取数据，做好管地电位值及极性记录，注明该电位值的名称。

3. 断电电位（管道对电解质的极化电位，即消除了由保护电流所引起的 IR 降后的管道保护电位）的测量步骤

（1）在测量之前，应确认阴极保护正常运行，管道已充分极化。

（2）测量时，在所有电流能流入测量区间的阴极保护电源处安装电流同步断续器，并设置在合理的周期性通/断循环状态下同步运行，同步误差小于0.1 s。合理的通/断循环周期和断电时间的设置原则是：断电时间应尽可能短，以避免管道明显的去极化，但又应有足够长的时间保证测量采集及在消除冲击电压影响后读数。为了避免管道明显的去极化，断电期应不大于3 s，典型的通/断周期设置为：通电12 s，断电3 s。

（3）将硫酸铜电极放置在管顶正上方地表的潮湿土壤上，应保证硫酸铜电极底部与土壤接触良好。

（4）管地断电电位（V_{off}）测量接线如图13—7或图13—8所示。

（5）将电压表调至适宜的量程上，读取数据，读数应在通/断电0.5 s之后进行。

（6）记录下管道对电解质的通电电位（V_{on}）和断电电位（V_{off}），以及相对于硫酸铜电极的极性。所测得的断电电位（V_{off}），即为硫酸铜电极安放处的管道保护电位。

（7）如果对冲击电压的影响存在怀疑，应使用脉冲示波器或高速记录仪对所测结果进行核实。

二、接触电阻的测量步骤

（1）分别在牺牲阳极产品上表面和两个侧面的左、中、右三个点上拧上M4铜棒，测点深度应大于10 mm，但不得接触铁脚。

（2）双刀双掷开关投向标准电阻两端，直流放大器放大倍数取100，调节稳流器，使数字电压表读数为0.500 V。

（3）把双刀双掷开关投向牺牲阳极—铁脚之间，逐点测量两者间的电压降。

（4）读取读数，按公式进行计算。

三、土壤电阻率的测量步骤

1. 等距法土壤电阻率的测量步骤

（1）将测量仪的四个电极以等间距a布置在一条直线上，电极入土深度应小于$a/20$。

（2）仪表水平放置后，调整检流计的机械零位，归零。检查仪表端所有接线，应正确无误。将“倍率开关”置于最大倍率，逐渐加快摇柄转速，使其达到120 r/min，当检流计指针向某一方向偏转时，旋动刻度盘，使检流计指针恢复到

“0”点，此时刻度盘上读数乘以倍率挡即为被测电阻值。若刻度盘读数小于 1 时，检流计指针仍未取得平衡，可将倍率开关置于小一挡的倍率，直至调节到完全平衡为止。

（3）根据测量所在的倍率读取读数，带入公式进行计算。

2．不等距法土壤电阻率的测量步骤

（1）采用不等距法进行测量时应先计算确定四个电极的间距，此时 $b>a$。a 值通常情况可取 5 ~ 10 m，b 值根据测深计算确定。

（2）根据确定的间距将测量仪的四个电极布置在一条直线上，电极入土深度应小于 $a/20$。

（3）转动接地电阻测量仪的手柄，使手摇发电机达到额定转速，调节平衡旋钮，直至电表指针停在黑线上，此时黑线指示的刻度盘读数乘以倍率即为接地电阻值。若 R 值出现小于零时，应加大 a 值并重新布置电极。

（4）根据测量所在的倍率读取读数，带入公式进行计算。

四、注意事项

（1）所有测量均应在受过阴极保护专业知识培训并具有相关实践经验的人员指导下进行。

（2）所有测量连接点应保证电接触良好。

（3）测量导线应采用铜心绝缘软线；在有电磁干扰的地区（如高压输电线附近），应采用屏蔽导线。

（4）测量仪表应按使用说明书的有关规定操作。

（5）测量接线应采用绝缘线夹和插头，以避免与未知高压电接触。测量操作中应首先接好仪表回路，然后再连接被测体，测量结束时，按相反的顺序操作，并采用单手操作法。

（6）在对电隔离设施进行测量之前，应检查是否存在危险电压。

（7）在雷暴天气下，应避免测试。

（8）当测量导线穿越街道、公路等交通繁忙的地段时，应设置安全警示标志或设安全监护人员监护。

（9）在涵洞或隧道中测试时，应首先对涵洞或隧道的结构安全性及对有害气体的浓度进行检查与测量，在确认安全的条件下方可进行测量。

（10）测量接触电阻时测点应在牺牲阳极表面上均匀分布，各测点电接触应良好，避免因测点的设置影响测量结果。

（11）进行土壤电阻率测试读取读数时，应当首先读取所选用的倍率，然后再用仪器显示的读数乘以倍率才是正确的读数。

本章思考题

1. 牺牲阳极分几类，分别适用于什么环境？
2. 牺牲阳极安装时有哪些要点，需注意什么事项？
3. 有哪几种常用参比电极可以应用于土壤中？分别适用于什么环境要求？
4. 参比电极如何保养？
5. 如何测量管地电位？

第 14 章

阳极保护

第 1 节　阳极保护系统安装及维护

学习目标

➢ 了解阳极保护的基本概念。

➢ 熟悉阳极保护系统组成、作用和安装要求。

➢ 能安装阳极保护系统，并对电源设备进行日常维护。

知识要求

一、阳极保护的基本概念

与阴极保护相比，阳极保护是相对较新的技术，在腐蚀控制领域，既具有独特的优越性，又具有很大的局限性，目前主要用于保护储存和处理硫酸的设备。阳极保护管壳式不锈钢浓硫酸冷却器（简称阳极保护酸冷器）的大量销售是该技术最成功的案例之一，这些被售出的酸冷器全部安装有阳极保护系统，该系统选用价格低的材料满足使用要求，具有明显的商业优势，现已成为现代硫酸生产中的主流设备；接触浓硫酸的其他设备，如管道、分布器和储槽等也可使用阳极保护技术。但阳极保护对保护金属不受其他电解质溶液腐蚀的开发应用工作却做得很少或被更廉价可靠的防腐蚀技术取代，这是因为受到能用阳极保护减轻腐蚀的金属—电解质溶液体系的限制，且如果没有进行正确的控制，阳极保护则可能会加速设备的腐蚀。

因此，阳极保护技术的应用范围很窄。

1. 电极电位

当金属浸入电解质溶液中时，金属表面与溶液之间就会建立一个双电层，该双电层的电动势称为电极电位。不同金属在同一溶液中的电极电位是不同的，同一金属在不同溶液中的电极电位也是不相同的。如果电极系统是一个平衡体系，则该电极电位称为平衡电极电位；如果电极系统是一个非平衡体系，则该电极电位称为稳定电位。腐蚀体系往往属于这一情况，稳定电位又称自然腐蚀电位，简称自腐蚀电位，用 *Ecorr* 表示。金属表面不同部位可能存在较大电位差，正是这种电位差值导致金属发生电化学腐蚀。

2. 极化及极化曲线

向浸在电解质溶液中的金属（电极）施加直流电流，金属的电极电位会发生变化，这种现象称为极化。所通电流为负电流（金属为阴极），金属的电位向负方向变化，这种过程称为阴极极化，如果随着阴极极化金属的腐蚀速度越来越小，则可利用此现象实现阴极保护（如碳钢在海水或土壤中）；反之，通过的电流为正电流（金属为阳极），金属的电位向正方向变化，此过程称为阳极极化，随着阳极极化大多数腐蚀体系金属的腐蚀速度会增大，但也有少数腐蚀体系随着阳极极化金属表面出现钝化行为（如钢铁在浓硫酸中），腐蚀速度显著降低，则就可以利用这种现象实现阳极保护。金属极化电位与对应电流密度之间的关系曲线称为极化曲线，图 14—1 所示是某些可钝化体系极化曲线示意图。

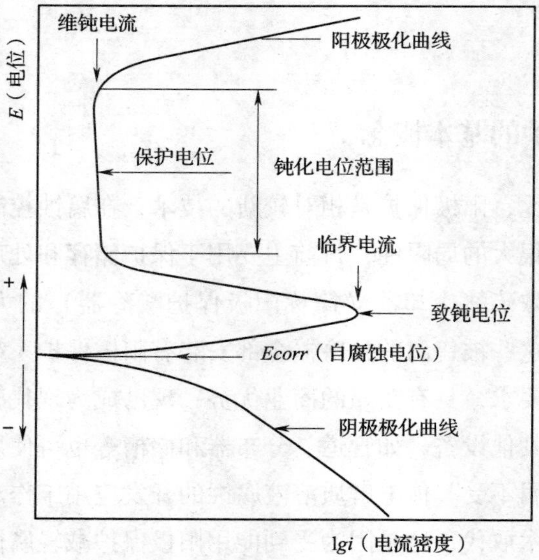

图 14—1 可钝化体系极化曲线示意图

3. 阳极保护定义

图 14—2 所示为阳极保护系统示意图。在可钝化的金属—电解质溶液体系中，将被保护设备连接至电源设备的阳极（正极），通过阳极极化，使其电位从自腐蚀电位迅速超越致钝电位，并逐渐进入钝化电位范围，设备表面建立钝化状态，且能在保护电位下维持（见图 14—1），阳极腐蚀过程受到抑制，金属的腐蚀速度显著降低，这种防止金属设备腐蚀的技术称为阳极保护。

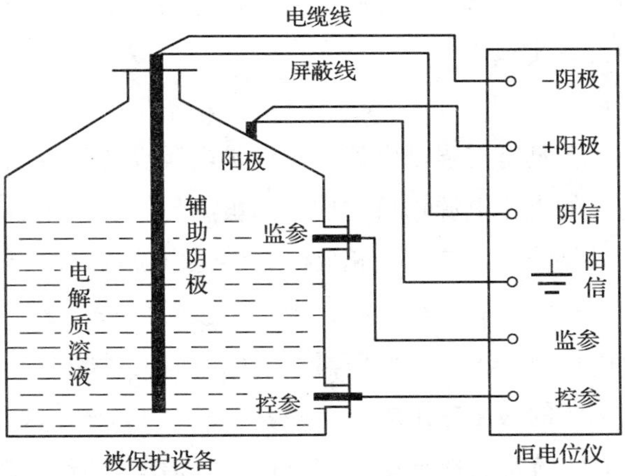

图 14—2 阳极保护系统示意图

二、阳极保护系统组成及作用

阳极保护系统由阳极（被保护设备）、辅助阴极、参比电极、电源设备和导线（电源线常用普通橡胶套铜心软电缆，简称电缆线；信号线常用塑料套铜心屏蔽软电缆，简称屏蔽线）组成（见图 14—2）。

1. 参比电极

对于腐蚀体系，金属自腐蚀电位的绝对值是无法测量的，要使用一种电极电位比较稳定的电极作为基准，才能测量金属与该电极之间的相对电极电位，该电极称为参比电极。在阳极保护中，参比电极是阳极的自腐蚀电位、极化电位和保护电位测量、调控或监测的基准。通过恒电位方式使被保护设备阳极极化并将其电位控制在保护电位的参比电极称为控制参比电极（简称控参），其他测量阳极不同部位电位的参比电极称为监测参比电极（简称监参）。

参比电极可分为可逆电极和不可逆电极两种。可逆电极即平衡电极的电位非常稳定，但常需盐桥和特定溶液，这就使阳极保护出现很多问题。故经常选用电位稳定性较差但能满足使用要求的金属电极，其中绝大多数为不可逆电极，它们具有结构简单和经久耐用的优点，一般由棒状金属电极和密封绝缘体组成，并在引出端金属棒上加工螺纹，作为接线柱，可以做得小巧玲珑。

2. 辅助阴极

顾名思义，辅助阴极是阳极保护所必须的附加系统。一般由金属型材或其加工件等导电体和密封绝缘体组成，并在引出端加工或焊接螺栓，作为接线柱。它的作用是通过溶液与阳极构成电流回路，经过科学的结构设计、合理的布置和正确的安装使电流均匀分布到阳极各部位，并减小阴阳极电路的电阻，保证阳极保护能在各种复杂结构设备中得以实施。

3. 电源设备

阳极保护电源设备具有与强制电流阴极保护电源设备相类似的设计和要求，一般低电压大电流输出的直流电源均可选用，如恒电位仪、整流器、直流发电机、电焊机及蓄电池等，只是输出电流流向相反，其中恒电位仪可以自动控制，其余电源只能手动控制。但阳极保护有一个例外，由于阳极活化—钝化行为的性质，为维持阳极的电位在钝化电位范围内，因此所需要的电流有时可能变得非常小，这就需要专门要求降低直流电源的最小输出电流。随着电源电子学和信息技术的发展，现在已很容易做到使所有系统都具有连续的比例控制和信息通信，智能恒电位仪得到了普遍应用。虽然一些手动控制电源设备具有价格低且操作简单方便等优点，但是其只能用于形状简单、技术和管理要求均很低的设备阳极保护，应用实例较少。本教程主要介绍HD型智能恒电位仪，它是阳极保护酸冷器专用电源设备。如果在工作中涉及其他类型电源设备，则应仔细阅读其使用说明书，熟悉其组成和作用、安装和维护要求及使用和操作方法等。

（1）HD型智能恒电位仪按电路划分由整流输出、电位控制、数字通信和报警电路组成。整流输出电路的作用是为阴阳极回路提供阳极极化直流电流；电位控制电路的作用是为控参和阳极信号（简称阳信）回路提供与之比较的保护电位设定值，并将阳极电位始终控制在保护电位值上，电流的大小可根据单片机控制器输出信号的强弱自动改变；数字通信的作用是将这些阳极保护主要参数通过数字通信电路传输到上位机；报警电路的作用是当阳极保护系统发生故障时，发出相应声光报警。

（2）HD型智能恒电位仪按结构划分由控制面板、单片机板、电源板、变压器、整流桥和接线端子板等组成（见图14—3）。仪器整体为箱体结构，变压器放在箱体最下部，其他电气元件分别安装在控制面板、单片机板、电源板和整流桥上，直流信号输入和输出、直流电源输出及交流电源输入接口集中安装在接线端子板上，各部件组成和作用如图14—4所示。

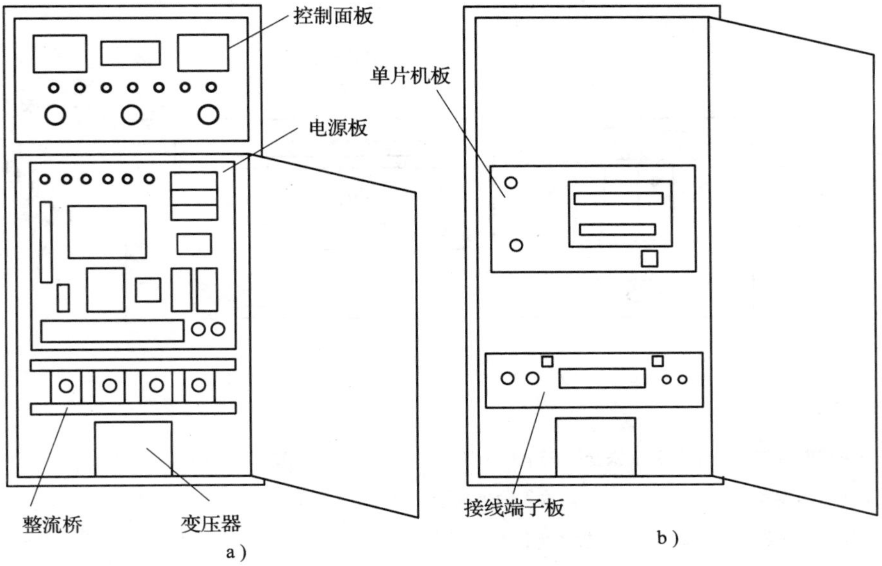

图 14—3　HD 型智能恒电位仪整体结构组成示意图

a）仪器正视图　b）仪器后视图

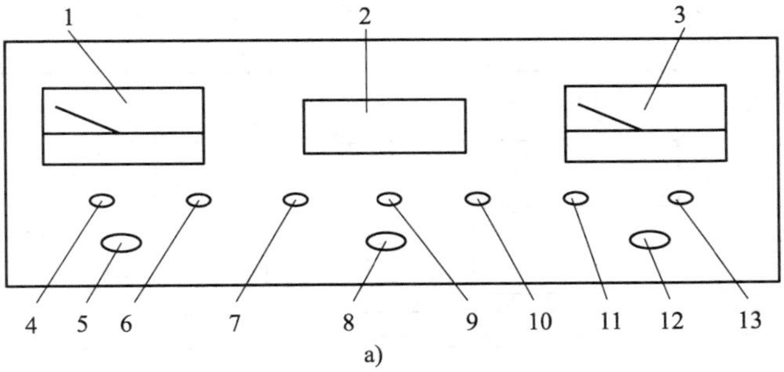

1—直流指针式电流表（分大小两个量程）　2—直流数字式电压表（显示与开关 8 各挡相对应的数据）　3—直流指针式电压表（0 ~ 30 V）　4—大小量程指示灯（灯灭时电流表 1 为小量程 0 ~ 30 A；灯亮时电流表 1 为大量程 0 ~ 75 A）　5—声报警旋钮开关（当旋开，若输出电流大于 45 A，占仪器额定值的 90%，则蜂鸣器鸣叫；反之则不叫）　6—输出开路故障报警灯　7—门限电流报警灯　8—测量和设定选择波段开关（共 8 挡。1 挡：监参 1 电位值测量或显示；2 挡：监参 2 电位值测量或显示；3 挡：控参电位值测量或显示；4 挡：保护电位值设定或显示，出厂设定值对应 93% 硫酸为 100 mV，对应 98% 硫酸为 200 mV，可调节记忆，CPU 保存值随调节变化；5 挡：控参电位上限值设定或显示，出厂设定值为 600 mV；6 挡：控参电位下限值设定或显示，出厂设定值为 -100 mV；7 挡：监参电位上限值设定或显示，出厂设定值为 600 mV；8 挡：门限电流值设定或显示，出厂设定值为 150 mV，为输出电流额定值的 30%。4 ~ 8 挡设定值调节：按 26，增加；按 27，减小。若某参数测量显示值超过其设定值，则相应报警灯亮）　9—监参电位上限报警灯　10—控参电位下限报警灯　11—控参电位上限报警灯　12—主回路电源按钮开关（按下，灯亮，主回路电源接通；再按下，按钮弹起，灯灭，主回路断电）　13—钮子开关（拨至 V1，电压表 3 指示槽压；拨至 V2，电压表 3 指示输出电压）

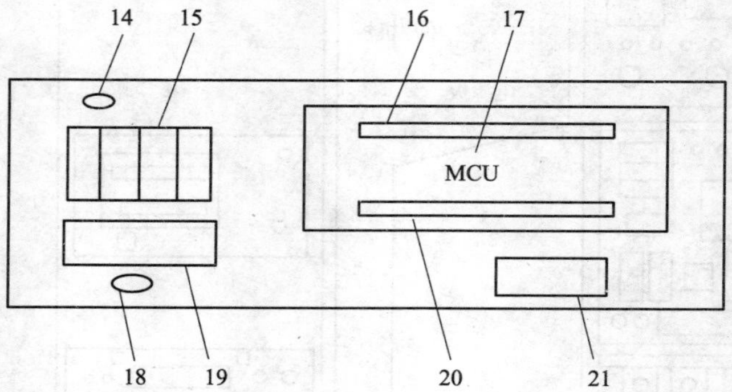

b)

14—保护电位选择钮子开关（拨至“93 酸”，100 mV；拨至“98 酸”，200 mV） 15—4～20 mA 输出模块插座（有需要可配接） 16—开关量输入输出端子 17—单片机控制器（通过软件实现过程控制及主要功能） 18—蜂鸣器 19—24 V 直流电源（若没有配接模块 15，则无） 20—单片机电源及 A/D 和 D/A 数字通信端子（可配接 RS485 串行通信接口） 21—主电源连锁继电器

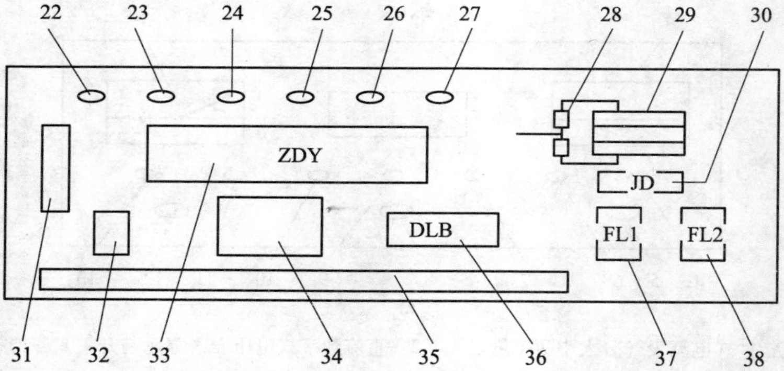

c)

22—熔断器 23—控制电源钮子开关（拨至“开”，直流稳压电源 33、单片机电源 20 和数字电压表 2 通电有显示，反之则断电） 24—手动/自动选择钮子开关（“手动”输出由电位器 25 手动调节，“自动”输出由单片机自动控制） 25—手动调节旋钮（24 在“手动”状态，顺时针旋转，输出电流增大，反之则减小） 26—参数设定“增加”按钮（与开关 8 配合使用） 27—参数设定“减小”按钮（与开关 8 配合使用） 28—模拟负载取样电阻 29—模拟负载（28 和 29 用于模拟负载调试） 30—电流量程切换继电器 31—电源输出端子 32—浪涌保护器（交流电源过压保护。模块状态指示灯为绿色表示工作正常，若为红色则表示模块失效需更换） 33—直流稳压电源（±5 V、+12 V） 34—调压模块 35—输入/输出信号端子 36—电流变送器 37—分流器 FL1（75 A/150 A） 38—分流器 FL2（30 A/75 A）

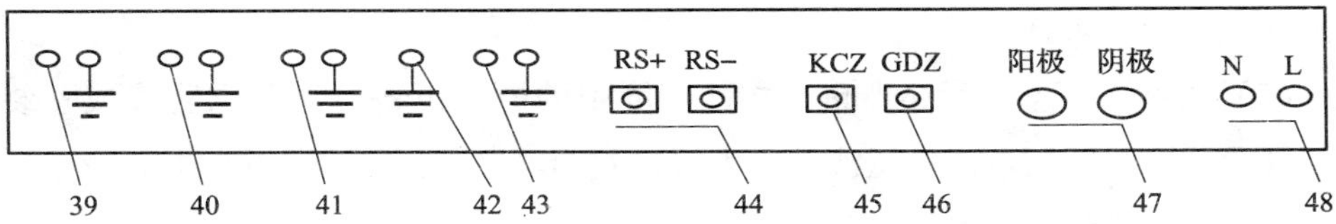

d)

39—控参信号端子　40—监参 1 信号端子　41—监参 2 信号端子　42—阳信端子（电路基准信号即电路地，其他信号线屏蔽层也接此地）　43—阴信端子　44—与上位机 IPC 或 PLC 通信端子　45 和 46—分别为 28 和 29 的模拟控参信号和阳信端子（用于模拟负载调试接线，将 39 ~ 43 和 47 接线端子上的导线拆开，45 与 39 连接，46 与 42 连接。调试结束后，拆除临时连线，恢复 39 ~ 43 和 47 接线）　47—直流电源输出阳极和阴极端子　48—交流电源输入端子（220 V，50 Hz，L 接火线，N 接零线）

图 14—4　HD – A 型智能恒电位仪

a）控制面板示意图　b）单片机板示意图

c）HD – A/B 型智能恒电位仪电源板示意图　d）接线端子板示意图

三、阳极保护系统安装要求

1. 基本要求

（1）与阴极保护系统不同，阳极保护系统的辅助阴极和参比电极的材质、结构、布置和安装等因被保护体系性质不同而有很大差异，迄今没有制定统一标准，故无规范可循。单就安装而言，结实牢固、与阳极绝缘良好及电极引出部位需要密封是基本要求。

（2）阳极保护酸冷器出厂时已安装有辅助阴极和参比电极，因为运输颠簸，固定螺母可能松动，故现场安装时还要检查电极是否有损坏，并拧紧密封压盖压紧螺母。其他阳极保护系统的辅助阴极和参比电极可能要在现场组装，应按图样或其他要求精心施工，同时要考虑方便使用后的维修或更换。

（3）阳极接线柱或接线板可以焊接安装在被保护设备外表面的任何位置，但通常还是选择安装在不显眼的位置上，既方便敷设和连接导线，又不妨碍平时检修设备，安装后总体还比较美观。

（4）电源设备一般安置在控制室内水泥基础或型钢架上，应离开地面一定高度，以防水或其他腐蚀性介质浸入。

（5）阳极保护控制室应尽量靠近被保护设备，缩短导线的长度（最好小于 50 m），避免因信号衰减或现场干扰造成控制误差，阳极保护主要参数可通过通信电路传输到厂总控制室内的上位机或以 4 ~ 20 mA 输出信号将其传输到厂总控制室。

（6）若现场需要导线较长或干扰很强，则需加粗导线并将仪器（阳信）接地，接地电阻不大于4 Ω。

（7）有些工厂空气污染严重，在此环境中的电源设备可能要求防爆或安装防腐蚀外罩；有些工厂电网电压波动很大（超过10%），在此情况下，电源设备的交流电输入端应安装交流稳压电源。

2. 导线的敷设和连接

（1）阳极保护电缆线和屏蔽线应按有关电工规范采用电缆桥架或穿管方式敷设，不允许直接架空。暴露于桥架或钢管外的接线头需用钢制或塑料软管保护，防止由于机械、物理、化学或人为等原因而损坏导线。

（2）阳信和阴信需单独引线，不得与直流电源阳极和阴极输出电缆线共用，也不允许用多芯电缆中的一芯代替屏蔽线，否则可能会因胶（塑）套破损、雨水或介质渗透引起漏电，致使恒电位仪无法调控或测量不准。参比电极信号线和阴信线的屏蔽层应与线芯绝缘，屏蔽层接至恒电位仪接线端子板的接地端，导线另一端（阳极现场）的屏蔽层应剪除，并用电工胶带包扎绝缘，否则可能会与阳极短路，发生故障。

（3）连接导线时，连接点需接触良好，否则将增大阴阳极之间的电压，减小电源额定输出电流，或降低电缆接触截面积，使其载流量减小而发热，甚至无法正常输出电流或使信号传输发生故障。经过日积月累的大气腐蚀，连接点的接触电阻也可能增大，甚至造成接头断裂，所以必须采用可靠的接线方法和较好的保护措施。通常先将铜线头与相应规格铜接头进行锡焊连接，焊肉应光滑饱满，再将铜接头与电极接线柱用螺栓连接，然后在剥线部位、焊接点和螺栓连接处涂抹优质凡士林或导电硅油，用电工塑料胶带密实缠绕包扎，或用环氧树脂密封绝缘胶涂封，有时可能还要安装防护罩，以防液体淋湿或意外磕碰。尤其是参比电极接线头，如果受到介质渗透、雨水淋湿或大气腐蚀等，则可能因接线头材质和介质不同而产生混合电位，使电位基准发生变化，测量或控制值将出现偏差，甚至无法实现恒电位控制，故参比电极接线头应仔细包扎防护，最好外加防护罩。

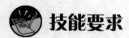

技能要求

一、安装阳极保护系统

1. 安装电极和电源设备

（1）在被保护设备上按要求安装辅助阴极和参比电极，指导电焊工焊接阳极接线柱或接线板。若已配备，则只需与高级工协调配合，打开电极防护罩，待其完成电极绝缘检测后，重新安装检测电极，重新紧固其余未动电极的密封压紧螺母，并确保所有电极完好无损。

（2）检查电源设备包装箱是否完好，取出电源设备，将其安装在阳极保护控制室内的相应基础上，并做与被保护设备相应的标记。按要求（台数及其相应最大负载功率）在控制室内就近配置交流电源箱。

（3）有些电源设备的控制器和电源是分开的，控制器一般安装在控制室内，而电源可以安装在控制室内，也可以就近安装在被保护设备现场，在此情况下，按有关要求安装即可。

2. 敷设及连接导线

（1）根据各台被保护设备阳极、辅助阴极、参比电极接线柱和电源设备的相对位置及其导线的直径和根数，选择合理且较短的路线架设相应规格的电缆桥架或管架。

（2）敷设导线，在每根电缆线和屏蔽线的两头标记对应的名称，或先将所有导线放在各台被保护设备的每个连接点位置附近，再逐根校线并在控制室内导线的一头标记对应的名称。

（3）用砂纸打磨所有电极接线柱至清洁光亮为止；用电工刀将所有接线头的铜丝和铜接头刮亮，并分别往接线头和铜接头上焊锡。

（4）安装与现场各接线头相应规格的钢制或塑料软管，按要求锡焊连接所有现场接线头和铜接头，用螺栓将其紧固在对应接线柱上，再包扎导线头和连接点，最后安装防护罩，并将其进线口接管与保护软管连接起来。

（5）按要求将控制室内各接线头分别连接至电源设备对应接线端子上。

图 14—5 所示是阳极保护酸冷器电气系统接线示意图。设备里布置两根辅助阴极，在冷却水进口端插入（视设备直径大小可布置阴极 1 ~ 5 根；换热管长度不大于 6 m，从一端插入；换热管长度大于 6 m，从两端插入），阴极电缆可以单独使用两根规格较小的单芯线，也可以在现场并联后接到一根规格大两倍的单芯电缆上，还可以使用一根相应规格的双芯电缆，分别接至两根辅助阴极，另一端并联后接至直流电源输出阴极（两端插入两根以上阴极时，用同样方法接线，但电缆的规格和长度应相同，否则流经两端的电流不相等）。控参布置在硫酸进口高温端的筒体上，只布置一支监参，在硫酸出口低温端筒体上，接线端子板上的监参 2 必须与监参 1 短接，否则监参 2 将处于开路状态，导致监参电位上限报警。阳信屏蔽线和阳极电缆线并联后接至设备阳极接线板（阳信线的屏蔽层可以与线芯拧在一起），阳极接线板焊接在设备鞍座上。

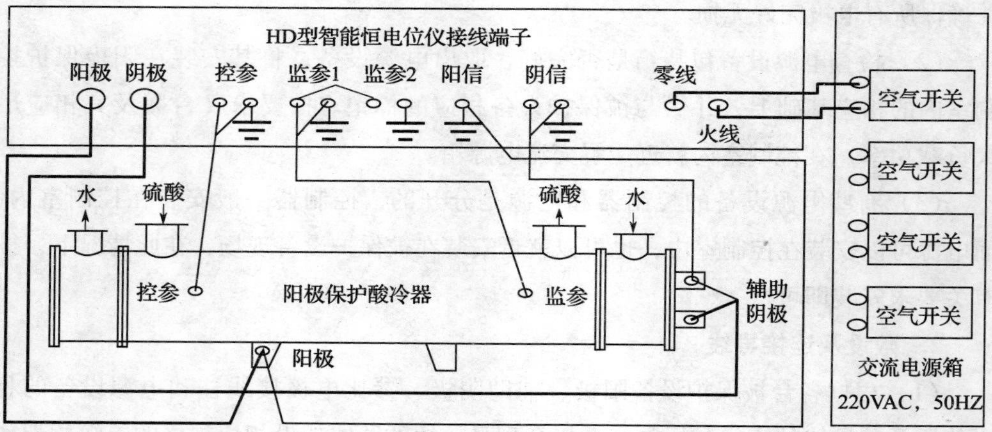

图 14—5　阳极保护酸冷器电气系统接线示意图

——塑套屏蔽软电线　——普通橡套软电缆

（6）如果工厂要求将阳极保护主要参数传输到总控制室的计算机上，则还要安装通信线路（按规定通信方式有关要求进行）。图 14—6 是 HD 型智能恒电位仪与总控制室计算机通信线路示意图，除用屏蔽线将对应通信端子连接起来外，还要在通信网络最远端下位机的通信端子之间连接一个 100 Ω 终端电阻。

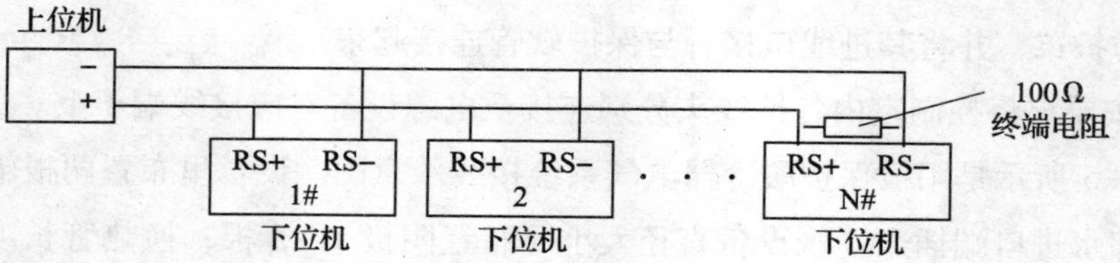

图 14—6　HD 型智能恒电位仪与总控制室计算机通信线路示意图

二、电源设备日常维护

（1）电源设备应由专人负责管理和维护，不允许无关人员随意乱动各旋钮、开关和接线。

（2）保证电源设备连续供电，偶尔因故停电，应尽快查明并使其恢复。

（3）当电源设备箱内温度较高时，应打开箱门通风冷却。

（4）经过长期使用，电源设备的指示表头可能出现不准现象，某些旋钮或开关也可能接触不良，阳极保护参数设定值也可能发生漂移，应立即报告并择时检修和调节。

（5）保证阳极保护控制室环境条件（温度、湿度、粉尘含量或空气污染程度等）满足电源设备使用要求。

三、注意事项

（1）在导线敷设过程中，必须保证每根导线的标记是唯一的和正确的，以免连接错误。

（2）要求锡焊连接的焊肉光滑饱满，是为了保证焊透，防止虚焊，从而实现增大接触面积，减小接触电阻。

（3）在用螺栓连接铜接头和电极接线柱（板）时，必须保证接触面平整清洁光亮，以免造成接触不良或降低载流量。

第 2 节　调　控　操　作

学习目标

- 掌握阳极保护基本参数和操作方法。
- 能进行阳极保护日常操作。
- 能判断阳极保护故障。

知识要求

一、阳极保护基本参数

1. 致钝电流密度

致钝电流密度为使金属设备从自腐蚀电位阳极极化进入钝化电位范围所需的电流密度，常用 $i_{\text{致}}$ 表示。通常 $i_{\text{致}}$ 必须大于临界电流密度（$i_{\text{临}}$），只有这样才能使金属设备表面迅速钝化。临界电流密度越小，钝化越容易。

2. 维钝电流密度

维钝电流密度为维持金属设备电位始终在钝化电位范围内所需的电流密度，常用 $i_{\text{维}}$ 表示。通常 $i_{\text{维}}$ 越小，阳极保护效果越好。

3. 钝化电位范围

钝化电位范围也称钝化区宽度。设备电位在此范围内，金属表面氧化膜致密耐蚀，组成和性质稳定。若设备电位负于或正于此范围，则氧化膜将活化溶解或转化为可溶性氧化物（或析氧）。因此，设备电位必须始终被控制在这个范围内，即保护电位及其上下限设定值必须确定在此范围。该范围越宽，对阳极保护系统的性能要求越低，实现阳极保护越容易可靠。

上述 $i_{临}$、$i_{维}$ 和钝化区宽度可以从阳极极化曲线直接测得（见图 14—7 和表 14—1），但临界电流密度和维钝电流密度往往偏大，这是由于测量时间短而它们随着时间的延长会逐渐减小的缘故。

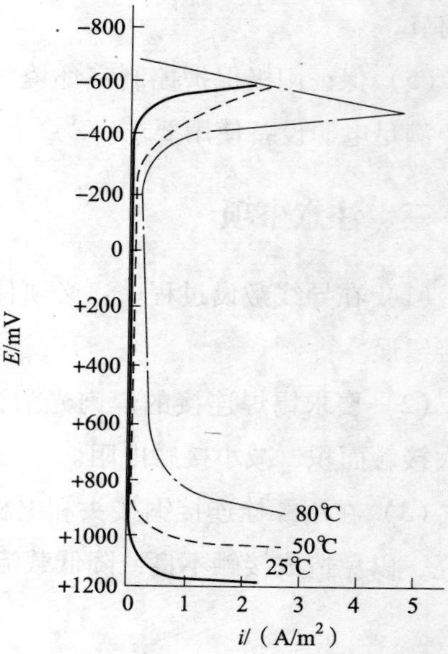

图 14—7　304 L 不锈钢在 98% 硫酸中的阳极极化曲线

表 14—1　　钢铁—硫酸体系阳极保护基本参数

材料	介质	温度（℃）	$i_{临}$（A/m²）	$i_{维}$（A/m²）	钝化区宽度（mV）
碳钢	104.5% H_2SO_4（20% 发烟酸）	常温	10～15	0.1～0.3	400 以正
		100～200	自钝化	0.05～0.30	400 以正
		250	460～600	0.2～0.5	400 以正
	93%～98% H_2SO_4	常温	26.4	0.40	400 以正
304 L 不锈钢	93% H_2SO_4	常温	0.45	0.03	-500～800
		50	5.66	0.05	-400～700
		80	9.72	0.15	-300～600
	98% H_2SO_4	常温	2.30	0.03	-400～1 000
		50	2.51	0.05	-200～900
		80	4.92	0.13	-200～700
		110	1.60	0.17	400 以正

续表

材料	介质	温度（℃）	$i_{临}$（A/m^2）	$i_{维}$（A/m^2）	钝化区宽度（mV）
316 L 不锈钢	93% H_2SO_4	常温	1.0	0.03	-500 ~ 900
		50	1.3	0.04	-400 ~ 800
		80	5.45	0.17	-200 ~ 600
	98% H_2SO_4	常温	自钝化	0.01	-400 ~ 1 000
		50	0.16	0.02	-400 ~ 700
		80	0.23	0.06	-200 ~ 600
		110	1.58	0.17	400 以正

注：①自腐蚀电位 *Ecorr* 可能处于钝化区或在活化—钝化过渡区波动，为了测出阳极极化曲线活化区，起始电位是经过阴极极化人为确定的，故临界电流密度值 $i_{临}$ 是活化状态下的数据，往往比自腐蚀状态下的致钝电流密度 $i_{致}$ 大得多。

②表中钝化区宽度电位值的测定均相对于 Hg/Hg_2SO_4—饱和 K_2SO_4 参比电极。

4. 槽压和输出电压

（1）槽压表示现场设备与辅助阴极之间的电压，可用式（14—1）表示：

$$V_1 = E_a + IR - E_k \tag{14—1}$$

式中 V_1——槽压，V；

E_a——阳极电位，V；

I——输出电流，A；

R——阴阳极之间的溶液电阻，Ω；

E_k——阴极电位，V。

（2）输出电压表示电源设备输出阳极和阴极之间的电压，可用式（14—2）表示：

$$V_2 = V_1 + IR_c \tag{14—2}$$

式中 V_2——输出电压，V；

V_1——槽压，V；

I——输出电流，A；

R_c——阴阳极回路的电缆电阻之和，Ω。

二、操作方法

实现阳极保护要经过两个操作过程，第一步要使被保护设备表面建立钝化状态（致钝），第二步要维持这种钝态（维钝）。通常会遵守这样的规律，即为了产生钝化可能需要很高的电流密度（$i_{\text{致}}$），但要维持钝化可能只需要较小的电流密度（$i_{\text{维}}$比$i_{\text{致}}$要小数十倍甚至数百倍）；在钝化区内，被保护设备金属的腐蚀速度与$i_{\text{维}}$成正比（金属电极表面无副反应）。致钝是短期过程，而维钝是长期过程。

1. 致钝

钝化的相对趋势主要取决于金属设备（材质和几何形状）及其环境（介质组成、浓度、温度、扰动和溶液电导率等）之间的相互作用，钝化行为随着其中的任何一个变化而强烈变化。

在工厂现场条件可以满足和生产工艺允许的情况下，可以先选用容易钝化的方法致钝（如改变工艺介质的温度和浓度或用临界电流较小的不同电解质等），再用腐蚀性较强的生产工艺介质钝化，这样能减小致钝电流，降低致钝技术难度和经济成本。

2. 维钝

待工艺生产正常和金属设备表面钝态稳定后，阳极保护即可进入维钝过程，并一直伴随着工艺生产。钝态能否维持主要取决于钝态是否完全建立和工艺介质条件（组成、浓度、温度、流速或是否存在局部冲刷等）是否正常稳定。如果致钝效果好且工艺介质条件始终正常，则维钝持续稳定；否则钝态可能难以维持。

阳极保护研究和设计者必须仔细地研究和评价特定体系的钝化行为和保护效果，有时要根据现场复杂设备的工艺介质条件经过模拟试验来确定其阳极保护参数；对于比较熟悉的体系往往根据丰富的知识和经验来判断、分析和处理。现场安装测量得到的经验数据是阳极保护研究信息的最好来源和最终目的，阳极保护操作工只要能应用其评价结论并掌握现场特定指标和运行规律即可。

技能要求

一、阳极保护日常操作

当阳极保护致钝完毕且工艺生产稳定后，阳极保护自然进入日常操作状态，即维钝状态。此处以阳极保护酸冷器为例介绍维钝的操作步骤和要求。在工作中，如果遇到其他阳极保护体系，则需根据其阳极保护基本参数、工艺过程特点和维钝方法等进行维钝操作。

1．维钝操作

（1）阳极保护酸冷器致钝完毕且硫酸生产稳定（达到工艺设计指标）后，阳极保护自然进入维钝状态。需确认 HD 型智能恒电位仪的开关 24 在“自动”状态，开关 14（93 酸/98 酸）的位置与被保护的 93%酸冷器/98%酸冷器相对应，开关 8 的 3 挡（控参电位）和 4 挡（保护电位设定值）显示值几乎相等，通常保护电位设定值 93%酸冷器为 100 mV，98%酸冷器为 200 mV。

（2）长期监视上述维钝状态是否正常。只要 HD 型智能恒电位仪的恒电位功能正常（开关 8 的 3 挡和 4 挡显示值几乎相等）且输出维钝电流一直比较小（比如 1～5 A），监参电位值（开关 8 的 1 挡或 2 挡显示值）在 -100～600 mV 范围内，且无故障声光报警，即可认为维钝操作正常。在任何情况下，一旦听见蜂鸣器鸣叫且发现输出电流很大，应立即关断主回路电源开关 12，切断电流，然后再向技师（管理人员）报告。

2．参数测量

表 14—2 为阳极保护酸冷器操作参数日常报表的格式和内容。在致钝操作期间，应每小时测量记录一次阳极保护设备操作参数；在维钝操作期间，应至少每 4 h测量记录一次阳极保护设备操作参数。需认真记录备注栏内应记录的内容，并做好交接班工作。

表 14—2　阳极保护酸冷器操作参数日常报表

时间		干燥酸（中间吸收酸、最终吸收酸或成品酸）冷却器										备注
日	时	酸浓（%）	酸温（℃）		水温（℃）		电流（A）	槽压/输出电压（V）	设定（mV）	控参（mV）	监参（mV）	
			进	出	进	出						
								/				

注：①根据现场实际设备台数，干燥酸、中间吸收酸（一吸酸）、最终吸收酸（二吸酸）或成品酸冷器需每台一张表，表中项目可酌情增减。

②备注栏记录阳极保护操作名称、操作前或特殊状况下设备的自腐蚀电位、故障现象和起止时间、报告人姓名和时间、被报告人姓名和处理结果及其他有关事项。

二、判断阳极保护故障

在维钝操作期间，如果发现 HD 型智能恒电位仪工作状态和阳极保护参数均不正常，或时有灯光声音报警（如有阳极保护参数超限但无报警，则可能是控制器出故障），或仪器工作状态正常，但输出电流大大超过平时维钝电流，甚至出现波动现象，暂无恢复正常迹象，门限电流报警灯亮，则可判断为阳极保护故障。发现故障应立即向技师（管理人员）报告，以便将其及时排除，并详细记录有关内容。

三、注意事项

（1）阳极保护酸冷器日常维钝操作稳定性的关键是保持硫酸浓度、温度和流量及水温和水量的稳定且满足使用要求，这些因素条件变化越小，阳极保护维钝电流越可能趋于稳态值，否则维钝电流很难趋于稳定，只能由技师负责与工艺操作工沟通协调，调整和稳定工艺操作条件。通常，维钝电流随着酸浓度降低和酸温、酸速和水温升高而增大。在同等条件下，酸液静止，维钝电流最小；冷却水静止，维钝电流最大。另外，水侧结垢或硫酸生产装置频繁开停车也会致使维钝电流增大或不稳定。

（2）在维钝操作期间，严禁使用HD型智能恒电位仪的“手动”功能（即不允许开关24置于“手动”状态）。否则，不能保证设备电位始终被控制在钝化区内。

（3）在维钝操作期间，某些酸冷器的维钝电流很小（小于1 A），且时有时无，恒电位仪的工作状态间隙正常；在北方，尤其是在冬季，某些酸冷器的控参电位值甚至高于保护电位设定值（其中有些设定值低于正常值50 mV或100 mV），恒电位仪无维钝电流输出，且没有故障报警，有些持续时间很长。如果监参电位值与控参电位值接近或仍在钝化区内，且输出电压也很小，则此状况不是阳极保护故障，而可能是当时酸浓度较高，酸温和水温均较低以致不锈钢表面氧化膜只需很小电流或无须电流维钝的缘故。当维钝电流小于恒电位仪最小输出电流时，仪器工作状态不稳定；只有当控参电位值一直具有负于保护电位设定值10 mV以上趋势且输出电压大于0.8 V时，恒电位仪才有可能稳定输出电流。

本章思考题

1. 电极电位的概念是什么？自腐蚀电位是平衡电极电位吗？

2. 阳极保护系统由哪几个部分组成？它们的作用分别是什么？

3. HD型智能恒电位仪主要由哪些硬件组成？电源设备日常维护有哪些事项？

4. 阳极保护系统安装的主要要求有哪些？安装的主要步骤是什么？安装时应注意哪些事项？

5. 阳极保护基本参数有哪些？物理意义是什么？

6. 怎样实施阳极保护？操作时有哪些基本规律？关键步骤是什么？钝化的相对趋势取决于什么？

7. 阳极保护日常操作的主要步骤是什么？应注意哪些事项？

第15章

石墨浸渍、粘接

第1节 准备工作

学习单元1 原辅材料准备

学习目标

➢ 了解机械识图基本知识、零部件检验基本知识以及呋喃树脂浸渍，粘接原辅材料的基础知识。

➢ 能检查零部件质量和原辅材料质量。

知识要求

一、机械识图基本知识、零部件检验基本知识

本工序是对石墨零部件进行浸渍或粘接，浸渍、粘接工为了更好地开展本职工作需掌握适用于本专业的机械识图及其零部件的检验知识。请参考有关专业书籍熟练掌握。

二、呋喃树脂的基础知识

1. 呋喃树脂的分类及品种

呋喃树脂是具有呋喃环结构的一类热固性树脂的统称。主要包括糠醇树脂、糠醛树脂、糠酮树脂（也称糠醛—丙酮树脂）、糠醇—糠醛树脂和苯酚—糠醛树脂等。

2. 呋喃树脂的基本性能

呋喃高聚物的树脂能耐强酸（由于含有部分双链，故氧化性酸除外）、强碱和多数有机溶剂腐蚀，可耐 180 ~ 200℃ 的高温，由于交联度高而缺乏柔韧性，固化树脂性脆易裂。

三、呋喃树脂的质量指标

1. 浸渍用呋喃树脂及其固化剂

浸渍用呋喃树脂及其固化剂的质量指标见表 15—1。

表 15—1　　浸渍用呋喃树脂及其固化剂的质量指标

项目	指　标	
	糠醇树脂	糠酮树脂
外观	黑褐色或红棕色液体	黑褐色黏状液体
黏度	涂—4 杯，漏斗 ϕ7 mm，2 ~ 3 min，20℃	涂—4 杯　40 ~ 60 s
水分	<1%	<1%
密度（g/cm^3）	1. 24	1. 4
pH 值	7 ~ 8	6 ~ 7
配套固化剂	氯化锌酒精溶液	硫酸乙酯溶液

注：糠醇树脂浸渍时采用糠醇单体稀释黏度。

2. 粘接用呋喃树脂

（1）粘接用呋喃树脂及其固化剂的质量指标（见表 15—2）

表 15—2　　粘接用呋喃树脂及其固化剂的质量指标

项目	糠醇树脂	糠酮树脂
外观	黑褐色或红棕色液体	黑褐色黏状液体
黏度 s	涂—4 杯，20℃ 180 ~ 200	涂—4 杯，20℃ 40 ~ 60

续表

项目	糠醇树脂	糠酮树脂
树脂含量	>95%	>94%
水分	<1%	<1%
密度（g/cm^3）	1.24	1.4
配套固化剂	盐酸酒精溶液①	硫酸乙酯②

注：①盐酸酒精溶液的配制

盐酸：31%（工业纯）

乙醇：无水

两者质量比：2∶1

②硫酸乙酯的配制

硫酸：>98%（工业纯）

乙醇：无水

两者质量比：2∶1

（2）改性呋喃树脂及其固化剂的配制

1）酚醛糠醇树脂。是一种酚醛改性糠醇树脂的呋喃树脂。

①酚醛树脂质量指标。同第七章所介绍2130酚醛树脂胶粘剂指标。

②糠醇树脂质量指标。同前述糠醇树脂质量指标。

③α、γ-二氯丙醇的质量指标见表15—3。

表15—3　　　　α、γ-二氯丙醇的质量指标

项目	指标
含量	≥92%
密度（g/cm^3）	1.35~1.36
H_2O	<2%
其他有机物	<0.2%
沸点（℃）	213~227
pH值	6~7

2）环氧改性呋喃树脂及其固化剂。环氧改性呋喃树脂是一种环氧改性糠酮树脂的呋喃树脂，即以30%的E-44环氧树脂与70%的糠酮树脂混合制得。

①糠酮树脂的质量指标。与常用呋喃树脂中的糠酮树脂（见表15—2）相同。

②E-44环氧树脂的质量指标见本书相关内容。

③固化剂。硫酸乙酯，其中硫酸：浓度大于 98% 的工业纯硫酸；无水乙醇；两者质量比为 2.5∶1。

3．糠醇型呋喃树脂

糠醇型呋喃树脂用于浸渍或粘接时，会在加热、固化时有游离态糠醇单体逸出。

按危害介质不同程度分类，糠醇型呋喃树脂只列入轻度危害介质，在应用中应注意现场的通风措施。

4．糠醇糠醛型树脂

糠醇糠醛型树脂用于浸渍或粘接时，会在加热固化过程中有游离态的糠醇与糠醛单体逸出。糠醛毒性经皮肤吸收后能引起中枢神经系统损伤、呼吸中枢麻痹，严重时可致死亡，对皮肤、黏膜均有刺激作用，有时会使人出现皮炎、鼻炎、嗅觉减退。按 GBZ 203—2010《职业性接触毒物危害程度分级》规定划分为中度危害的化学物质。

5．糠酮及糠酮甲醛型呋喃树脂

这两种类型的呋喃树脂在浸渍与粘接应用中会出现的游离态物质为糠醛单体、丙酮单体与甲醛单体。

丙酮是有机溶剂，对人黏膜有轻度刺激，作用于中枢神经，若吸入量大会使人头昏，属于低毒性类物质。

较纯的气态甲醛对皮肤、黏膜有严重的刺激作用，能引起结膜炎，严重者发生喉痉挛、肺水肿等。甲醛的毒性属于高度危害的化学物质。

6．糠酮酚醛树脂

酚醛改性的糠酮树脂，在浸渍或粘接应用中会有游离态的苯酚与甲醛逸出。游离苯酚属于高毒性，对各种细胞有直接损害，对皮肤黏膜有强烈腐蚀，乳剂比水溶液更易经皮肤及黏膜吸收。

技能要求

一、操作准备

1．按图检查石墨工件尺寸与石墨表观质量

（1）核对石墨工件与图样的尺寸精度、数量的一致性。

（2）检查石墨工件拼接缝的加工质量、图样规定的拼接型式及粘接缝加工精度。当零件的最大尺寸超过石墨毛坯的最大尺寸时，石墨工件需要拼接。

1）单层平板拼接（见图15—1）

①阶梯式。

②榫槽式。

③对拼。

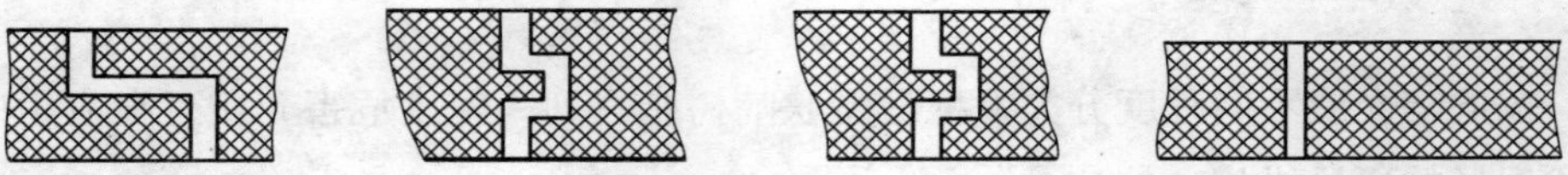

阶梯式　　榫槽式　　对拼

图15—1　单层平板拼接

2）多层平板拼接（见图15—2）

①三层错缝。

②双层错缝。

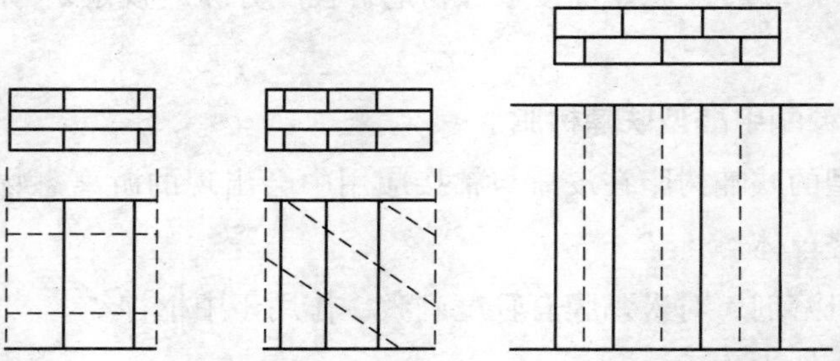

三层错缝　　双层错缝粘接

图15—2　多层平板拼接

3）板与板的垂直粘接一般采用阶梯粘接，也可用平接（常压时采用）。如图15—3所示。

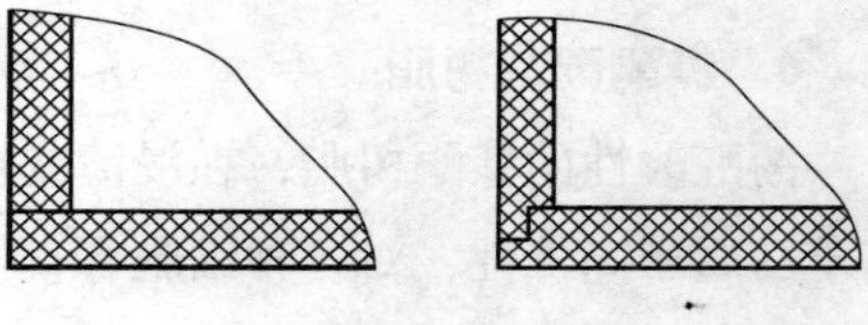

图15—3　垂直粘接结构

2. 核对识别所用原辅材料

（1）呋喃浸渍剂

1）核对呋喃浸渍剂的品种，识别此品种是否与已用旧呋喃浸渍剂同属一类品种。

2）核对所用浸渍剂的外观，黏度指标、水分、密度、pH值等质量指标。

（2）呋喃胶粘剂

1）核对呋喃胶粘剂的品种。

2）核对所用胶粘剂的外观、黏度、树脂含量、水分、密度等质量指标。

（3）石墨材料

检查材料疏松、裂纹、孔洞、杂质情况及完整或破损情况等。

二、操作程序

1. 配制浸渍用呋喃树脂

（1）糠醇浸渍树脂

1）测定糠醇树脂黏度。

2）将糠醇单体按 1:（1～3）的比例加入至糠醇树脂中。

3）控制浸渍剂的黏度在 7～10 s。

4）做小样试验，测定所需氯化锌酒精溶液的加入量。

（2）糠酮浸渍树脂

1）测定糠酮树脂黏度，应符合小于 60 s 的黏度指标。

2）做小样试验，测定硫酸乙酯溶液的加入量。

（3）把测定的所需适量固化剂加入浸渍树脂中搅拌均匀后存放于原料釜。

（4）关闭原料釜盖待用。

2. 配制粘接用呋喃树脂

（1）测定选用呋喃胶粘剂品种的黏度指标，应符合质量规定指标。

（2）固化剂配制

1）硫酸乙酯。按配比将浓硫酸缓缓倒入无水乙醇中混匀待用。

2）盐酸酒精溶液。按配比将浓盐酸缓缓倒入无水乙醇中混匀待用。

3）硫酸乙酯与苯磺酰氯复合固化剂。按配比将硫酸乙酯缓缓倒入苯磺酰氯中混匀待用。

（3）做小样试验，按环境温度测定应加入的固化剂用量。

三、注意事项

（1）重视浸渍用呋喃树脂的质量指标。

（2）重视粘接用呋喃树脂的质量指标。

学习单元 2　安全防护

学习目标

➢ 了解呋喃树脂浸渍、热处理对设备的安全要求及其防护知识。

➢ 能检查、调试设备、工机具。

知识要求

一、所用设备的维护、保养知识

1. 浸渍釜、热处理釜的维护保养

（1）维护保养内容

1）每次浸渍作业完工后，应及时清理釜内残留树脂，由于浸渍剂已加有酸性固化剂，应防止积余。

2）呋喃浸渍作业通常与酚醛作业在同一釜内轮换作业，当呋喃浸渍量不大时，可做专用浸渍桶放在浸渍釜内，有利于减少釜壁的腐蚀。

3）呋喃浸渍石墨应设置专用原料釜，不能与酚醛共用。

4）定期（每月一次）清理（用工具或热水管冲刷，树脂进出管路，呋喃浸渍应设置专用管路）。

5）定期（每月一次）检查校验附属测温精确度，检查测压仪表、安全阀和爆破片装置。

6）定期（每月一次）检查釜盖螺栓、垫片、螺母是否有滑牙、磨损，发现问题应立即更新。

（2）停机时的全面检查（五年一次）

1）钢制釜壁的厚度测试，并做耐压试验。

2）校核或更换附属仪表、安全阀与爆破片装置。

3）拆下清理附属管路内堵塞物，修理成更新管路与仪表管路垫片。

2. 真空泵、空压机的维护保养

（1）工作期间维护保养内容

1）定期清洗油箱、油杯（两星期一次）。

2）运转时应使油杯满注。

3）运转时应定时检查运行过程中是否有异常响声，若发现问题应立即通知专职人员维修。

（2）停机时的全面检查

1）清洗缸体、活塞。

2）补充或更新油箱内的润滑油。

3）拆卸并清洗附属管路，必要时进行更换。

4）检查、校验附属仪表。

二、浸渍、热处理设备的安全防护要求

1. 呋喃浸渍操作的防爆要求

（1）浸渍工艺操作上的防爆

由于呋喃的浸渍工艺不同于酚醛，呋喃浸渍添加了酸性固化剂，因此不能将浸渍工艺的防爆单纯寄希望于浸渍釜的强度。固化剂促使呋喃树脂的缩聚反应受到固化剂的酸度及其加入量的影响，浸渍剂与固化剂加入操作时放热反应热的释放速度以及操作期间的环境条件，一旦处理不当，随即就会有大量放热，导致迅速升温。酚醛树脂的浸渍不存在上述隐患。

（2）浸渍釜的防爆要求

1）釜盖必须设置安全阀与防爆片装置。

2）每次浸渍操作前检查附属管路的畅通程度。

3）每次浸渍操作前，检查安全阀与防爆片装置。

2. 呋喃热处理的防爆要求

（1）热处理工艺操作上的防爆

1）遵守浸渍石墨工件的室内存放时间，并应考虑环境条件，过低室温与过大的相对湿度会延迟小分子的逸出。

2）遵守热处理操作的升温曲线，不遵守升温速率与节点温度的保温时间，会带来灾难。

（2）热处理釜的防爆要求

1）对釜必须设置安全阀与防爆片装置。

2）每次热处理操作前，检查附属管路的畅通。

3）每次热处理操作前，检查安全阀与防爆片装置。

技能要求

一、操作准备

1. 从安全角度检查设备及工机具

（1）以浸渍釜、热处理釜的最高使用压力乘以安全系数定期对釜进行水压安全检查。

（2）对釜的附属安全阀、防爆装置定期作最高使用压力下的泄压检验。当内

部大量逸出的气体使釜内急速增压而导致仅依靠安全阀泄压太慢时，就必须由防爆片来保证安全。

2. 检查防爆装置及放空管路

（1）每次浸渍热处理前必须检查防爆装置。

（2）当釜内压力超过设定值而安全阀不启动或效果差时，可立即打开放空阀放空，因此每次的放空管畅通检查是必要的。

3. 选用通风设施、防火器材、劳防用品

（1）通风设施的选用。

可选用与酚醛浸渍场所相同的 SF 型低噪声轴流风机、T35－11 轴流风机或 FA、FTA 排气扇。

（2）防火器材。

采用干粉或二氧化碳灭火器材。

（3）劳防用品。

与酚醛浸渍、粘接作业的穿戴相同。

二、操作程序

1. 调试真空泵、空压机

与酚醛作业相同。

2. 调试浸渍釜、热处理釜

（1）呋喃专用原料釜的容量估算。

（2）专用于浸渍釜的呋喃内套桶的容量估算，并进行试吊运转。

（3）釜本身的调试与酚醛作业相同。

3. 检查调试过程中的仪表显示

注意温度、压力显示的正确性，对比仪表读数与远程显示数据的误差范围。

三、注意事项

1. 防爆装置及放空管路的检查

釜内快速增压时需要尽快排气减压，因此防爆片的大面积泄压与放空管道的协助泄压就显得十分必要。所以，呋喃作业中防爆装置能否安全泄压及放空管路是否畅通十分重要。

2. 呋喃浸渍树脂储存仓库的安全防护措施

（1）注意通风，储存期间浸渍树脂气体的逸出积累于仓库内，不利于环境保护。

（2）注意避日光照射，保持室温，否则会引起呋喃浸渍树脂的黏度增大，并加速有害气体的挥发。

第 2 节　基体材料表面处理

学习目标

- 掌握石墨表面处理的知识。
- 能选择并使用表面处理工具和表面处理剂。
- 能进行石墨表面处理操作。

知识要求

一、水分、粉尘、油污等的影响

1. 水分影响石墨元件浸渍、粘接操作的危害

（1）酚醛或呋喃浸渍剂、胶粘剂与石墨间（两者之间称为界面）的浸润、粘接主要依靠分子的扩散、渗透。界面的水分存在影响了浸渍剂或胶粘剂对界面的浸润，黏附并阻止了对石墨孔隙的渗入，因此危害是很大的。

（2）在升温时，水的蒸发会使浸渍石墨或黏合界面中的树脂产生气泡，影响浸渍、粘接质量。

2. 粉尘的危害性影响

（1）酚醛或呋喃类的高聚物浸渍剂或胶粘剂对被粘物石墨表面的浸润是获得高强度黏合的必要条件，粉尘的存在影响了浸渍剂或胶粘剂对石墨表面的吸附、浸润，此时浸渍剂或胶粘剂先要吸附并浸润粉尘后，再到达界面来吸附、浸润石墨表面并深入石墨孔隙内部。

（2）一旦粉尘恰好堵塞了进入石墨孔隙的通道，就会影响浸渍或粘接质量。

3. 清除油污的重要性

油污对黏结界面的浸润影响大于水分，浸渍操作时的抽真空可以除去部分界面的水分，但不能除去油污，它会深入石墨孔隙，影响石墨浸渍与粘接质量。

4. 酸碱等杂质

石墨设备使用后修复时，如不彻底除去酸碱等杂质，将会影响石墨的干燥及浸渍或粘接的附着力，甚至影响树脂质量。故首先应用大量的水冲洗，然后进行碱洗、中和与除油污，最后进行干燥处理。

二、表面处理的方法

1. 清洗及干燥处理

（1）石墨的表面清洗主要是去除夹带来的粉尘、油污或酸碱等杂质。

1）粉尘可用空压机的压缩空气来去除。

2）油污的清洗主要有溶剂法、碱洗法。

3）采用碱洗法需进行加热，很不方便，室温的碱液可中和残留的酸性介质，但会渗入石墨孔隙内部，再用大量水冲洗非常不便，而且残留物会影响浸渍剂的浸渍质量。

（2）干燥处理。

1）溶剂对皂化油脂和非皂化油脂有很强的溶解能力，油污被擦拭干净后再用水冲洗，水分的干燥十分重要。

2）除了室温干燥（例如室内放置7天以上），一般都用不小于100℃的烘房作干燥处理，可有效清除残留在石墨孔隙内部的水分。

2. 石墨表面处理剂的分类及选择

（1）油污的种类。

1）可皂化油污。如植物油、动物油。

2）非皂化油污。如矿物油、凡士林、石蜡等。

（2）表面处理剂的分类。

按油污的种类，表面处理剂可分为以下三种：

1）溶剂。主要清理石墨表面的油脂及有机物污染。用溶剂清理是通用的方法，所用的溶剂要求溶解力强（即清洗能力强），不易着火，毒性小，便于操作，挥发慢，不易使空气中水分冷凝于物体表面，价格低廉，如汽油、石油溶剂。而氯化烷烃类，三氯乙烷、四氯乙烯和四氯化碳等应用亦广，虽然其清洗力强，又不易着火，没有爆炸危险，但有毒，成本高，故在石墨表面处理中采用不多。

2）碱液。借助于碱和碱性盐等化学药品的作用来清除石墨表面的皂化油脂。通常采用氢氧化钠和碳酸钠为主的配方，但碱液清洗后必须用水把碱液彻底洗净。含酸性介质的石墨件清洗主要采用此法。

3）乳化清理。乳化清理是用乳化剂使有机溶剂分散在水中的乳化液里从而实现石墨的除油处理。乳化清理不像有机溶剂清理时易出现着火及中毒危险，是表面去油处理中较好的方法。洗后还需用清水冲洗残液。

（3）选择

由于实际生产中，被油污染的石墨工件的量并不多，而且使用有机溶剂清理的方法简便，故采用有机溶剂作表面处理剂的较多。

三、溶剂的特点及使用知识

1. 溶剂的特点

在涂料中溶剂是涂料配方中的一个重要组分，它不仅溶解涂料中的成膜物质而且降低涂料的黏度使施工更方便。但本工序并不涉及上述使用优势。对石墨的表面清理而言，溶剂应当具备良好的溶解性能，它能适时地除去石墨表面的油污，而没有不挥发的残余物，在选择时应考虑以下几个问题：

（1）溶解力。

在溶解油污时不应引起沉淀，溶解力要强。

（2）挥发性。

挥发速度太快，会影响油污溶解，故挥发性应适中。

（3）毒性与可燃性。

为了施工操作的安全，应采用毒性小的溶剂，且需注意劳动保护，所采用的溶剂的闪点不能过低，不然易发生火灾。

2. 使用知识

（1）安全防护。

1）作业场所应通风，但又不能使用大风量的通风装置，这会降低汽油的去油污效率，即汽油还来不及溶解油污，已被挥发。

2）操作人员需处于上风位置。

3）作业场所禁止明火。

（2）油污的彻底去除应在除酸碱介质后进行，但表面容易清除的油污应预先清理，以免被水冲稀后扩散。

（3）采用溶剂去除油污前，应预先判断油污的种类。

技能要求

一、操作准备

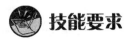

1. 按石墨表面被沾污程度选择清洗、干燥等表面处理程序

（1）化工介质及粉尘污染程度检查。

（2）油污的种类分析及被污染程度检查。

（3）水冲洗准备。

（4）清洁并清理干燥场地，以备清洗后石墨工件的堆放干燥。

（5）烘房干燥准备。

2. 空气压缩机除油、水装置准备

3. 有机溶剂、碱液选择准备

二、操作步骤

（1）将表面易清除的油污预先除去。

（2）开启空气压缩机，使压力达0.1～0.3 MPa，清除石墨表面粉尘。

（3）有化工介质污染时，用大量水或水枪喷射冲洗。

（4）水冲洗后的石墨，空放在作业场所内去除表面水分。

（5）有机溶剂或碱液多次擦拭除净油污，再用水冲洗干净。

（6）调整烘房温度不小于100℃，干燥石墨孔隙内残留水分。

三、注意事项

1. 重视石墨表面的污染处理。

2. 要获得石墨的良好浸渍与粘接质量，表面处理是非常关键的，石墨表面的污染物及水分存在会影响浸渍剂对石墨孔隙的渗入及胶粘剂与石墨表面的粘接强度。

第3节 浸渍作业

学习单元1 浸渍

学习目标

➢ 掌握人造石墨的物理化学性能、浸渍树脂原材料的知识及其浸渍工艺。

➢ 能进行呋喃树脂浸渍操作。

知识要求

一、人造石墨的物理化学知识

1. 化学稳定性

人造石墨的化学稳定性较好，因此可作为结构材料使用。石墨在 400℃以下的空气中，除了强氧化性的酸（如硝酸、发烟硫酸、铬酸、王水、卤素等化学介质）外，在大多数介质中均很稳定。

2. 热性能

（1）线胀系数低

石墨的线胀系数 α 在（0.5 ~4）$\times 10^{-6}$/℃，随着石墨化程度的提高其 α 会更低，也不会再增大。

（2）高熔点

在常压下，石墨的熔点为 4 000℃，而且随温度升高，机械强度有随之升高的特点。如当温度达到 2 500℃时，石墨的机械强度约为室温时的两倍。

（3）能经受热冲击

在 450℃温度下工作时，石墨结构稳定不易被破坏，在高温下具有还原性，在中性介质条件下，热稳定性很高。

（4）优良导热性能（λ）

石墨在常温下的 λ 比碳钢大 2 倍，比铅大 3 ~5 倍，比不锈钢大 4 ~5 倍，所以石墨是制造换热设备的理想材料。

3. 人造石墨的机械性能

（1）机械加工性能好

由于硬度不高，因此加工性能好，可研磨，易于制成各种结构形状的设备和零部件。

（2）摩擦阻力小，不易着垢，质量轻

（3）机械强度随其结构和工艺条件而有差异

1）密度高，机械强度也高。一般石墨制品容积密度为 1.55 ~1.98 g/cm^3 时，其抗压强度为 20 ~68 MPa。

2）随工作温度的升高，石墨不会变形，强度也不降低。

3）与金属相比，机械强度较低且性脆。

用细颗粒碳材料制成的人造石墨，机械强度比粗、中颗粒的高，这主要是由于粗颗粒间的孔隙尺寸较大。用煤沥青或树脂浸入制品孔隙后，再碳化或固化，不但可提高其不透性，且能显著增大机械强度。

二、酚醛浸渍树脂对浸渍质量的影响

1．黏度

控制树脂黏度指标时，必须同时把水分指标、游离酚指标以及游离醛指标控制在合格范围以内。以牺牲后三个性能来达到降低黏度的目的，不利于酚醛浸渍工艺的控制，既影响到石墨浸渍的质量，又会产生安全生产环境保护方面的问题。

2．水分

在酚醛树脂热处理固化期间，过多的水分逸出会使固化膜产生小泡。在浸渍作业期间，经浸渍树脂的石墨元件取出后，由于过短的室温存放时间，或浸渍后的石墨元件在热处理作业时升温速率过快，使过多的水分来不及逸出，就容易产生这种缺陷。

3．游离酚、醛

游离酚、醛会在热处理阶段作为挥发分逸出，过高的游离酚、游离醛挥发会影响石墨的浸渍质量。这种小分子有机挥发分的逸出，十分不利于环境保护。而且由于苯酚有毒，甲醛可燃、有毒，因此还会存在安全隐患。

4．聚合时间

聚合时间是保证酚醛树脂能在规定的热处理温度与时间内正常聚合组成立体交叉的网状结构，使石墨具备应有的耐腐蚀性能、耐温性能与一定的机械强度的一个指标，同时也影响到浸渍树脂可存放时间的长短。如果要求浸渍树脂有较长的存放时间，那么聚合时间不要太短。

三、呋喃树脂及其固化剂的相关知识

1．呋喃树脂的综合性能

（1）良好的耐酸碱腐蚀性能。

（2）不耐氧化性介质腐蚀。

（3）耐热性优于酚醛树脂。

（4）固化后的呋喃胶泥脆性大。

（5）呋喃树脂的固化收缩率要大于酚醛树脂，因此影响了它的浸渍质量。

2．呋喃浸渍树脂固化剂的相关知识

（1）呋喃浸渍树脂

1）与酚醛树脂不同，呋喃浸渍工艺的特点是必须在酸性固化剂的作用下，才能缩聚固化，它的固化速度取决于呋喃树脂的品种及其固化剂的酸度强弱。

2）不同品种的呋喃树脂，当使用同一种酸性固化剂时，所取得的固化效果并不一样。因此，为了选择合适的固化剂，应作固化剂的选择试验。

3）常用的呋喃浸渍树脂有糠醇、糠酮、糠酮甲醛以及糠醇糠醛树脂等。

（2）呋喃浸渍树脂固化剂的相关知识

1）呋喃浸渍树脂的固化剂及其用量选择，必须满足浸渍工艺的需要，以及以后的重复使用。一旦选择试验不当必会产生配料时或入浸渍釜浸渍期间的爆聚，或在浸渍后出现旧呋喃树脂存放期间的快速凝聚。因此选用固化剂时酸度都偏低且用量较少。

2）常用的固化剂有硫酸乙酯或氯化锌酒精溶液等。

四、呋喃树脂的浸渍工艺

1．浸渍工艺的特点

（1）与酚醛浸渍工艺相似，都必须经抽真空、加压以及加压条件下的热处理工艺。

（2）呋喃浸渍必须在酸性固化剂作用下才能缩聚固化，不接触酸性固化剂，呋喃树脂即使在加热条件下也无法缩聚固化。

2．浸渍工艺的分类及其流程

以糠酮树脂为例。

（1）浸酸法

浸酸法工艺流程如图 15—4 所示。

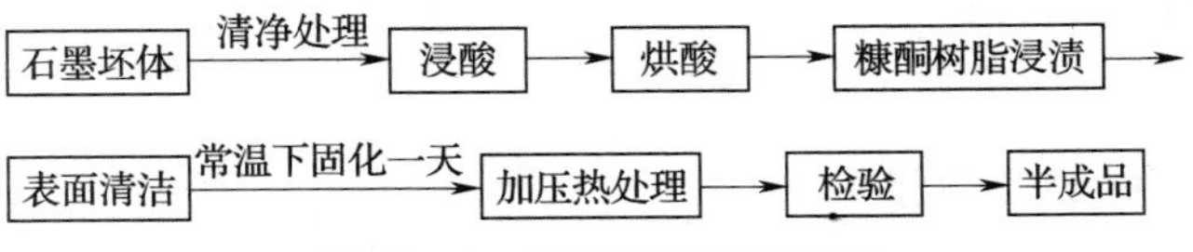

图 15—4　浸酸法工艺流程图

（2）加酸法

加酸法工艺流程如图 15—5 所示。

3．不同浸渍工艺的使用价值

（1）浸酸法特点

浸酸法对几何尺寸不大的石墨坯体浸渍效果较好，对尺寸较大和石墨孔隙较大的石墨制品，残酸量不易控制，不易确保浸渍质量。

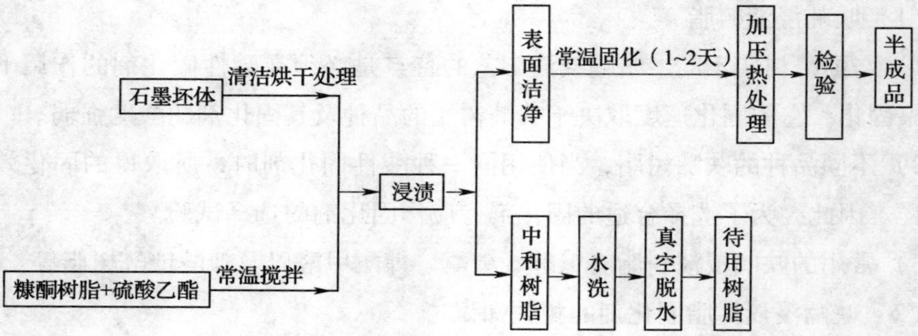

图15—5　加酸法工艺流程图

（2）加酸法特点

1）工艺简便，节省浸酸和烘酸工序。

2）浸渍效果好，树脂增重率可达17%～18%。

3）浸渍时间比浸酸法短。

4）旧浸渍树脂经中和处理，存放时间较长。

技能要求

一、操作准备

1．呋喃树脂黏度测试

（1）糠醇树脂

涂—4杯　小于2～3 min。

（2）糠酮树脂

涂—4杯　小于60 s。

2．呋喃树脂的黏度调整

（1）糠醇树脂

糠醇单体以1:（1～3）比例加入糠醇树脂中，浸渍致密石墨时为1:1，浸渍电极石墨时为1:（2～3）（加入以黏度指标合格为准）。

（2）糠酮树脂

当黏度指标合格时不用调整。

3．呋喃树脂浸渍剂的配制

（1）糠醇浸渍剂的配制，按表15—4配制。

表 15—4　　糠醇浸渍剂配方

组成的原料名称	规格	质量（kg）
糠醇树脂	黏度（漏斗 ϕ7 mm，20℃）2 ~ 3 min 水分含量 < 1% 密度（1.12 g/cm^3） pH 值 7 ~ 8	100 ~ 300
糠醇单体	纯度 > 98%，水分 < 1% 外观黄白油液体 折射率 n_D^{20}　1.48	100
氯化锌乙醇溶液	氯化锌二级品，工业乙醇 两者质量比　1∶1	20

（2）糠酮浸渍剂的配制，按表 15—5 配制。

表 15—5　　糠酮浸渍剂的配方

原料	规格	配比（质量比）（kg）	配制条件
糠酮树脂	黏度 < 60 s（漏斗 ϕ7 mm，20℃）；pH 值 6 ~ 7；水分微量；灰分 < 1.5%	100	两者在室温下搅拌均匀即可浸渍
硫酸乙酯	外观为墨棕色，具有臭味黏稠液，硫酸 > 98%，无水乙醇 硫酸：无水乙醇 = 2∶1（质量比）	1	

二、操作步骤

1. 糠醇浸渍工艺

呋喃树脂浸渍石墨加酸法浸渍工艺流程，如图 15—6 所示。

（1）糠醇单体按比例与糠醇树脂搅拌均匀。

（2）逐步加入酸性固化剂并搅匀。

（3）逐桶加入原料釜并搅拌。

（4）浸渍操作的操作程序同酚醛浸渍。

（5）出釜后石墨元件在室温存放两天以上，再入热处理釜。

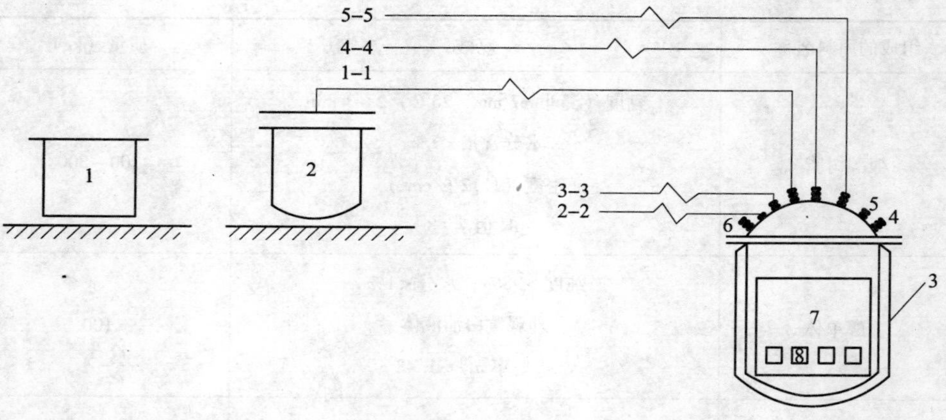

图15—6 呋喃树脂浸渍石墨加酸法浸渍工艺流程

1—配料桶（混匀树脂与固化剂） 2—原料釜（非固定式平盖、常压） 3—浸渍釜（夹套加热、承压）
4—安全阀 5—防爆片装置 6—泄压阀 7—呋喃浸渍敞口专用槽 8—待浸渍石墨制品
1—1 可移动式原料抽吸管系（PE管） 2—2 自动温度记录及水银温度计
3—3 自动压力记录及压力表 4—4 真空泵管系 5—5 空气压缩管系

2. 糠酮浸渍工艺

（1）浸酸法

1）将石墨先用35%硫酸进行浸渍，然后烘去部分酸，使酸的残留量控制在2%～4%。

2）将已浸酸石墨工件入浸渍釜，以下操作程序同酚醛浸渍。

3）浸渍结束后，出釜石墨元件在室温下存放两天以上再入热处理釜。

（2）加酸法

1）将经小样测试约占树脂量1%的固化剂缓缓加入低黏度树脂中，充分混匀后再入原料釜。

2）浸渍操作的操作程序同酚醛浸渍。

三、注意事项

1. 旧呋喃树脂浸渍剂的存放

（1）测定旧树脂黏度和pH值并记录在册。

（2）用氨水中和旧树脂降低酸度并记录在册。

（3）小桶存放，桶间应有间隔。

（4）存放于避光并通风的室内场所。

2. 呋喃浸渍树脂的配制与防爆聚措施

（1）应先作小样试验，测定加入固化剂的用量。

（2）调配浸渍树脂时应以 20 kg/桶为单位，各桶自配，待配制正常后入原料釜。

（3）入原料釜的浸渍树脂，应检查无放热反应后再进入浸渍操作的操作程序。

学习单元 2　热处理

学习目标

- 掌握呋喃树脂的热固化知识及其热处理工艺。
- 能操作浸渍热处理。

知识要求

一、呋喃树脂的热固化知识

1. 呋喃树脂在酸性固化剂的条件下可在室温下逐渐缩聚而成固体，提高固化剂用量与环境温度可加快固化速度。

2. 呋喃树脂要加固化剂才能固化。

随着固化温度的提高，浸渍石墨的耐蚀性能将会提高。

二、呋喃热处理的操作控制

1. 以糠醇浸渍树脂为例，它的常规热处理操作控制按表 15—6 进行。

表 15—6　　**糠醇浸渍的热处理升温曲线**

温度（℃）	20～30	30～40	40～50	50～60	60～70	70～80
时间（h）	1	1	1	1	1	1
温度（℃）	80～90	90～100	100～110	110～120	120～130	130
时间（h）	1	1	1	1	10～15	缓慢降至室温

注：①整个热处理过程中，保持 0.5 MPa 压力。

②热处理最高温度按设计要求执行时，可高于 130℃。

2. 以糠酮浸渍树脂为例，加酸法热处理操作

以20℃缓慢升温至130℃，升温速度约为10℃/h，至130～140℃，保温20～25 h。整个热处理过程中，保持0.5 MPa压力。

浸酸法的热处理操作：先在室温下放置1～2天后再在加压条件下按加酸法进行热处理操作。

三、影响呋喃浸渍后树脂黏度变化的因素

1. 影响黏度变化的主、次因素

（1）主要因素

加入浸渍呋喃树脂中的酸性固化剂，当酸度大且用量过多时，黏度就容易变大。

（2）次要因素

1）存放地点的环境条件，如避光、室温。

2）存放方式。如大桶存放与小桶存放，桶之间的间隔，通风条件，大桶的存放间隔过小会阻碍散热。

2. 旧呋喃树脂重复使用的工艺控制

（1）了解旧呋喃树脂已使用的次数，因为过多的单体稀释加入会降低树脂含量，影响浸渍质量，若上次的浸渍质量已有降低，则旧树脂应弃去不用。

（2）旧树脂黏度与pH值的测定。

（3）黏度的调整

1）新树脂的添加稀释。

2）单体的稀释。

3）酸性固化剂加入量的小样测试。根据已测旧树脂的pH值确定小样应加入固化剂的用量。

（4）应作重复试验验证。

技能要求

一、操作准备

（1）清除已存放两天以上的浸渍石墨元件表面的残留树脂。

（2）合理堆放石墨元件入热处理釜，然后合上釜盖。

（3）掌握呋喃树脂热处理操作工艺的节点控制。

二、操作步骤

呋喃树脂浸渍石墨热处理工艺流程，如图 15—7 所示。

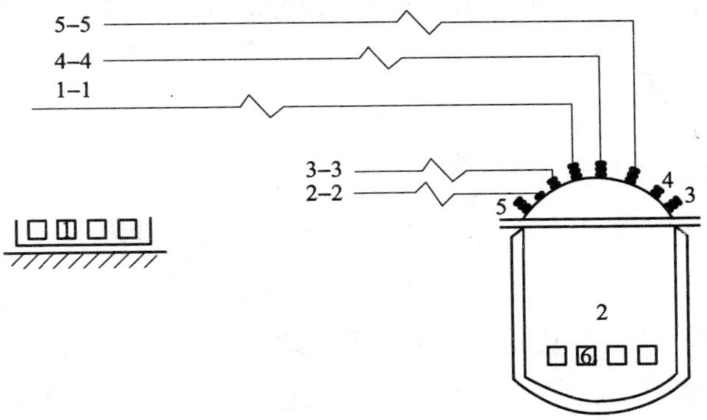

图 15—7 呋喃树脂浸渍石墨热处理工艺流程

1—已浸渍石墨制品堆放于室内场地 24 h 后等待热处理 2—热处理釜（夹套加热、承压）
3—安全阀 4—防爆片装置 5—泄压阀 6—间隔堆放的待热处理浸渍的石墨制品
1—1 原料抽吸管系（用于浸渍釜时，备用） 2—2 自动温度记录及水银温度计
3—3 自动压力记录及压力表 4—4 真空泵管系 5—5 空气压缩管系

（1）热处理釜内加压至 0.5 MPa。

（2）在保压前提下，按知识要求中所述的升温方式进行升降温操作。

（3）降至室温卸压后石墨元件出釜。

三、呋喃浸渍石墨的安全操作规程

（1）操作人员穿着防护衣服，佩戴防护口罩与防护镜。

（2）浸渍操作前检查各项电气开关、温度计、压力表以及管道开启阀门及安全阀门是否正常。

（3）专职人员要预先检查核验安全阀与防爆装置，合格后方可操作。

（4）开启操作环境的排风装置，保持操作场所通风。

（5）抽吸或抽出呋喃浸渍树脂时，防止树脂飞溅触及人体，如果溅入眼睛应使用大量温水冲洗，并送医治疗。

（6）按规程进行浸渍或热处理操作，发现异常情况应及时汇报，如釜内超压则先打开放空阀排气，再按应急预案进行处理。

（7）剩余树脂按规定存放于专用库房保存。

（8）操作完毕后，室内应及时排风更换空气，操作人员应脱去工作服淋浴更衣。

四、呋喃浸渍石墨的高温热处理

按设计要求可在高于130℃的温度条件下热处理，但应按工艺评定书下达的热处理升温曲线执行。高于130℃的热处理，浸渍石墨可获得更佳的耐蚀性能。

五、注意事项

1. 热处理工艺的节点控制

由于呋喃浸渍树脂中已加入了固化剂，所以它在热处理工艺操作的升温速率与酚醛的热处理有所不同，一旦失控就会有爆釜危险。

2. 呋喃浸渍石墨热处理后表面呈现气泡的原因分析

（1）呋喃浸渍石墨在浸渍后的存放时间过短或存放环境的相对湿度较大，水分与小分子有机化合物来不及逸失。

（2）热处理操作时，前过程的升温速率太快或保温时间过短。

第4节　粘接作业

学习目标

➢ 掌握呋喃胶粘剂的相关知识。

➢ 能进行元件的粘接作业。

知识要求

一、呋喃胶粘剂物理力学性能，见表15—7

表15—7　　呋喃胶粘剂的物理力学性能

性能项目	糠酮粘接剂	石墨糠酮—甲醛粘接剂	石墨糠醇粘接剂
容积密度（g/cm^3）	1.4	1.4	1.3~1.4
吸水率	—	0.20%	0.60%
渗透性（胶结缝宽度为1~1.5 mm）	0.5~0.6 MPa 不渗透	0.5~0.6 MPa 不渗透	0.5~0.6 MPa 不渗透
线胀系数（1/℃）	3.9×10^{-5}	—	—
导热系数［W/（m·k）］	9.3	—	—
抗拉强度（MPa）	9~15	>8	>20

续表

性能项目	糠酮粘接剂	石墨糠酮—甲醛粘接剂	石墨糠醇粘接剂
抗压强度（MPa）	>50	84.5	56.1～69.4
抗弯强度（MPa）	23.4	—	—
抗冲击韧性（$N \cdot cm/cm^2$）	—	—	22～28
与浸渍石墨粘接强度（MPa）	>5	5～6	8.0～9.0
温差急变性（200℃急冷至20℃次数）（$N \cdot cm/cm^2$）	—	—	10 次，>0.4 MPa 气压下不渗透
固化型	冷固化	冷固化	冷固化
使用温度（℃）	≤180～200	≤180～200	≤180～200

注：温差急变性数据，是指石墨压型管之间用承插粘接，粘接缝宽度为 1～1.5 mm，粘接长度为 20～30 mm 的试样，通过加温与急冷试验后测得的数据。

二、呋喃胶粘剂的缺点

1. 胶粘剂性脆易裂

固化后的呋喃树脂，固化收缩率大，缺乏柔韧性，故黏结面性脆易裂。

2. 胶粘剂的黏结力差

由于固化后的呋喃树脂结构中不含有可交联的极性基团，故它的黏结力差。

三、提高呋喃胶粘剂黏结强度的途径

呋喃胶粘剂的黏结强度低、固化收缩率大、性脆，可从如下途径予以改善。

1. 合理的配比

（1）树脂与粉料的配比

一般按 1:(1～0.8)，过多的石墨粉会影响树脂的黏结力，增加胶泥的脆性，而过少的石墨粉意味着过多的树脂而产生过大的固化收缩率。

（2）呋喃树脂的黏度控制

必须控制在规定的黏度指标内，如果黏度过高，就要加入粉料，这样它的黏结强度就会下降。

2. 采用改性呋喃黏结剂的配方

既有利于黏结强度的提高，又改善了胶粘剂的脆性。

（1）环氧改性呋喃配方

环氧具有优良的物理机械性能，黏结力高，固化物尺寸稳定，用环氧改性呋喃可提高呋喃的物理机械性能，减少固化收缩率，提高黏结强度。环氧改性呋喃胶泥性能优于糠酮胶泥，但耐蚀性略差。

（2）酚醛改性呋喃的配方

由于酚醛树脂结构中含有糠酮树脂结构的活性基团，因此可在适当条件下进行交联，形成糠酮酚醛树脂，改性后的树脂性能优于原来的糠酮与酚醛树脂。

配方中的酚醛树脂和游离酚能与1，3－二氯丙醇（即α、γ－二氯丙醚）反应，对碱稳定，再加入糠醇树脂可进一步提高耐碱性能。两种常用配方如下：

1）2130#酚醛∶中黏度糠醇树脂∶1，3－二氯丙醇（化学纯）∶石墨粉∶硫酸乙酯（1∶1）重量比＝70∶30∶15∶（100～150）∶（8～10）。

2）中黏度糠醇树脂∶2130#酚醛∶石墨粉∶硫酸乙酯（1∶1）重量比＝（40～50）∶（60～50）∶（80～100）∶（8～12）。

四、呋喃胶粘剂的初凝与固化知识

在呋喃树脂中不加酸性固化剂，即使加热也不会固化，甚至存放数年外观也不会发生显著变化，仍为可溶性的液态树脂。各种品种的呋喃树脂均以酸作为固化剂，固化速度取决于酸的强弱。

1．呋喃胶粘剂的初凝

初凝是指呋喃树脂加入酸性固化剂后，产生交联反应，直至呋喃胶泥外表不粘手，但仍有形变的阶段。通常在呋喃加入固化剂后的4～8 h内若达到初凝，则可认为呋喃胶粘剂的配方是合理的，此时胶粘剂的适合施工时间为0.5～1 h。

2．呋喃胶粘剂的固化

呋喃树脂加入酸性固化剂产生交联反应后达到紧密的网状结构，且其外表用硬币擦划不显痕，即可被认为呋喃固化了。一般呋喃树脂在室温存放2～7天只能达到初固化，呋喃的完全固化必须经过热处理才可到达。

五、呋喃树脂产生黏结质量缺陷的原因

1．树脂原因

（1）树脂牌号选用不当。

（2）树脂黏度指标过高或过低。

2．配比原因

（1）固化剂过多，导致胶粘剂来不及湿润石墨表面，即进入初凝。

（2）固化剂过少，初凝时间过长，导致黏结面形变产生孔隙。

（3）填料过多，影响黏结面的紧密结合；或量过少，造成固化收缩较大。

3. 工夹具紧固后有松动、走移，造成黏结面形变。

技能要求

一、操作准备

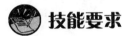

1. 核对工件尺寸，选择合适的工夹具

（1）简单的石墨工件对接可采用对接的工夹具，用螺栓夹紧后不移位即可。

（2）复杂的石墨工件对接，例如多边形的石墨筒体拼接，就需按石墨筒体设计、制作专用工夹具来定位黏结面，在胶泥抹于缝合面后用专用夹具定位、固定。

2. 呋喃胶粘剂原、辅材料的估算与配置

（1）按黏结工作量，估算用量。

（2）核对呋喃胶粘剂品种与黏度指标。

（3）核对固化剂品种。

3. 按环境条件作胶粘剂的小样试验，确定固化剂所需的加入量。

二、操作步骤

（1）清洁黏结面。

（2）胶粘剂配制，确保可工作时间在 0.5～1 h。

石墨呋喃胶粘剂原材料及配比见表 15—8。

表 15—8　　呋喃胶粘剂的配比

原材料	规格	石墨糠酮胶粘剂	石墨糠酮－甲醛胶粘剂	石墨糠醇胶粘剂
糠酮树脂	漏斗 ϕ7 mm 20℃ pH＝7　5～7 min	100	—	—
糠酮－甲醛树脂	漏斗 ϕ7 mm 20℃ pH＝7　5～7 min	—	100	—
糠醇树脂	漏斗 ϕ7 mm 20℃ pH＝7　5～7 min	—	—	100
硫酸乙酯	浓硫酸（98%）∶无水乙醇＝2∶1	6～7	6～7	—
盐酸乙醇溶液	盐酸（31%）∶无水乙醇＝2∶1	—	—	4～5
石墨粉	过筛 100 目＞95%	65～70	65～70	65～70

（3）黏结面均匀抹胶泥，粘接后用工夹具固定。

（4）工夹具固定后不准松动、移动，直至胶粘剂经初凝至初固化。

（5）呋喃胶粘剂的固化处理

呋喃胶粘剂在达到初固化后，用手触摸，不变形时，仅是假硬化，与酚醛的初固化不同，呋喃胶粘剂必须经热处理方能达到紧密的网状结构，此时的呋喃树脂才能具备应有的物理化学性能。

1）粘接好的石墨工件室温固化2～3天。

2）进烘房常规热处理。

①温度在60～80℃，时间为3～4天即可达完全固化。

②温度在100～130℃，时间为1～2天即可达完全固化。

适用的呋喃树脂品种为糠醇、糠酮、糠酮甲醛树脂。

三、注意事项

（1）呋喃胶泥的固化与酚醛的区别

呋喃胶泥必须热处理后方能达到完全固化，然后才能投入使用；而酚醛则未必，它可以在室温固化后投入正常使用，酚醛只有在高温或有溶剂的介质中使用时，才需经高温热处理。

（2）呋喃胶泥固化后断面呈现多孔的原因分析

1）未经室温固化处理即进行加热处理。

2）胶泥在室温固化期间环境的相对湿度太大。

3）胶泥配方中的树脂黏度过低，水分及小分子有机化合物含量过高。

第5节　质量检查

学习目标

- 掌握浸渍石墨元件的表面质量要求，试样的制作标准及技能，黏结质量的评定。
- 能制作检测试件，判断浸渍的质量。

知识要求

一、呋喃浸渍石墨的质量评定知识

（1）中级工参与质量评定有利于企业质量管理的提升，职工应熟悉并掌握本企业呋喃树脂的浸渍与热处理的操作规程，重点掌握呋喃浸渍树脂的品种、牌号、生产厂商及浸渍剂的调配。

（2）对照下达的浸渍工艺指导书，掌握所拟订的呋喃浸渍规程。重点关注浸渍操作节点，如浸渍剂调配、浸渍真空度与施压时间；以及热处理操作节点，如升温速率、最高温度与保温时间。

（3）配合浸渍工程师，按标准 GB/T 13465.1—2002 规定制作浸渍试样，供工艺评定备用。

（4）从同批号石墨材料（≤30T/批）中随机取样不小于 3 块，并按规定截料，然后加工测试所需试件：

1）浸渍增重率按 HG/T 2060—1991 规定加工试件 5 块。

2）抗弯强度按 GB/T 13465.2—2002，加工试件 5 块。

3）抗压强度按 GB/T 13465.3—2002，加工试件 5 块。

4）抗拉强度按《工业设备及管道防腐蚀工程施工规范》（GB 50726—2011）标准加工试件 5 块。

（5）按已拟订的浸渍工艺进行呋喃的浸渍与热处理。

（6）将已浸渍的石墨试件进行表面清理树脂瘤等沉积物，然后分类存放，等待浸渍工程师检验后，按标准进行性能测试。

二、呋喃浸渍质量产生缺陷的原因

①黏度指标过高。黏度过大会导致树脂无法深入石墨孔隙。

②水分过高。水分过高会使浸渍树脂在浸渍后的热处理期间因水的逸出，而留出过多气孔，导致一次浸渍增重率降低。

③浸渍工艺中的真空度下降。真空度下降会导致浸渍树脂渗透力降低。

④浸渍工艺中加压不足。加压不足会降低浸渍树脂的渗入深度。

⑤热处理期间施压不足。热处理期间施压不足会导致加热期间，浸渍树脂溢出。

⑥入浸渍釜前的石墨工件表面处理不当。水分、油污、灰尘等未处理干净。

⑦入浸渍釜的石墨工件堆放不当。部分石墨工件堆放未隔开而重叠在一起会影响浸渍树脂的渗入。

三、浸渍增重率与浸渍质量的关系

（1）一般石墨电极均存在孔隙，存在孔隙率可大于 30%，浸渍后必然增重。

（2）浸渍增重率的大小取决于两方面的因素：一是原材料（石墨及树脂）的性能；二是操作工艺控制。

（3）同一品种的石墨制品，经常测定它的浸渍增重率，就可以了解浸渍质量是否正常。通常第一次的浸渍增重率是十分重要的，如果第一次浸渍时的真空度低、混入空气、石墨工件含水、油污或树脂黏度偏高等则都会影响到第一次增重率。而如果原材料的性状稳定、合格，但各次增重率差异大，就需从操作控制上查找原因。这些规律都需要分析总结。

（4）低黏度的酚醛树脂，由于它容易浸透，在同样浸渍工艺中可以获得较高的浸渍增重率。

（5）同一种石墨材料，在采用不同浸渍剂或不同批次的同一种浸渍剂时，增重率就具备了可比性，可以从中发现浸渍存在的问题。

四、浸渍深度与浸渍质量的关系

（1）常规 2 mm 左右粒度的石墨材料，经三次浸渍后它的浸渍深度可以超过 25 mm。浸渍工艺中的浸渍真空度越高，浸渍深度越好，浸渍质量越高。因此，经常查看浸渍石墨断面的树脂浸渍深度，可以了解浸渍工艺是否正常。

（2）浸渍工艺并无大的改变时（指浸渍真空度），有时发现浸渍深度提高了，这可能与人造石墨的颗粒度或制造工艺有关。

（3）采用黏度低的酚醛树脂，可以提高浸渍深度，有利于浸渍质量的提高。提高浸渍、热处理压力，也有利于提高浸渍深度，但会降低抗渗性。

五、呋喃黏结石墨的质量评定知识

（1）熟悉并掌握本企业呋喃黏结树脂的品种、牌号和黏结操作规程。

（2）对照下达的黏结工艺指导书，了解所拟订的黏结规程的操作节点与本企业的常规操作上的不同，例如呋喃黏结树脂的品种、牌号及胶粘剂的配制，黏结缝宽，操作工艺以及热处理要求。

（3）配合黏结工程师，按标准规定制作黏结试样，供工艺评定备用。

从同批号石墨材料（≤30T/批）中，随机取样不小于 3 块，并按 GB/T 13465. 1—2002 规定截料，然后加工测试所需试件。

黏结抗拉强度按 HG/T 2378—2007 规定，加工试件 5 块。

黏结剪切强度按 HG/T 2379—2007 规定，加工试件 5 块。

六、质量报表

质量报表可以进行各工序的质量检验控制及各工序间的检验传送。中级工应能按要求填写并检查质量报表。

技能要求

一、操作准备

1. 协助浸渍、黏结工程师作石墨浸渍工艺评定